용 갑 식

공영토속주택;

21세기
도시 빈민을
위한
저개발 국가의 도전

공 간 예 술 사

[주] 엄 & 이 종합건축사사무소
AUM & LEE ARCHITECTS ASSOCIATES

공영토속주택

펴 낸 날　2021년 5월 25일
지 은 이　용 갑식
펴 낸 이　신 창근
펴 낸 곳　공간예술사
서울특별시 종로구 사직로 97(MG 새마을금고 빌딩 304호)
전　　화　02-737-1020
팩　　스　02-737-1500
이 메 일　spacearts@korea.com
홈페이지　www.spacearts.co.kr
출판등록　제 9-315 호

ISBN 978-89-7799-118-7

공영토속주택;

21세기
도시 빈민을
위한
저개발 국가의 도전

용 갑식 bonayon@naver.com

연세대학교 건축공학과 및 동 대학원 졸업(공학석사)

논문: 경사지를 이용한 地下住居空間計劃에 관한 연구

프랑스 국립 마르세유-뤼미니 건축대학 3기과정(구 대학박사) 졸업(CEAA)

공동논문: Institute Africain d´Architecture, d´Urbanisme et d´Aménagement à Dakar, Sénégal(아프리카 건축, 도시계획 및 도시정비 연구소 기본계획에 관한 연구)

譯書: 시드니 오페라 하우스 건축 이야기

저서: #건축기술; 건축시공실무+이론(상)

#건축공사 **현장관리+가설공사**(종이책<주문생산> 및 전자책 5권)

#지속가능, 명품 **건축물+재료정보**(종이책<주문생산> 및 전자책 8권)

#최적화 공사 **건축+조경**(종이책<주문생산> 및 전자책 8권)

#Logement Autochtone Social(공영토속주택; 프랑스어 판)

#사람과 건축문명

#사람, 주거 그리고 빠리 씨떼

특허: 발명특허 제10-0578102호(골프퍼터)

국가자격: 조경특급기술자, 건축특급기술자, 중등학교준교사(제29152호: 건축)

現職: ㈜엄앤드이종합건축사사무소 www.aumlee.com

주택연구실장(지속가능 건축, 조경계획 및 개도국 주택정책개발 연구)

<건축, 조경 설계 및 감리>;

#우공정(개인 전원주택, 경기 연천 백학면)

前職: *동양미래대학교 건축과 겸임교수(1998~2011)

*한국종합조경공사에서, 조경기본계획 및 설계 실무

<담당 프로젝트>;

국립현충원 재개발계획
안동댐 용성공원 조경계획
이리수출자유지역 조경기본계획
대덕연구학원도시 조경기본계획
설악동신집단시설지구 개발계획 및 기본설계

*건설회사 동아, 율산, 금호, 한양에서

FED현장, 해외공사 현장 및 본사, 지사 실무

<담당 프로젝트>;

미합중국 극동지역 주한 공군기지 사령부 본관, 한국 경기 오산: 공무담당
Housing & Community Facilities of Air Base, Taif, Saudi Arabia: 공무담당
Single Women's Housing of King Faisal Hospital, Riyadh, Saudi Arabia: 입찰 및 공무담당
Gygynya Hotel & 240 D.U. Housing, Sokoto, Nigeria: 입찰, 턴키설계 및 공무담당
King Saud University Campus Facilities, Riyadh, Saudi Arabia: 공무담당

책 소개

20세기는 역사상 유례가 없는 도시 팽창의 시기로 남게 될 것이다. 각국의 수도를 포함한 주요 도시들은 20세기 말을 지나 21세기 초까지도 확장을 멈추지 않고 있다. 의심할 바 없이 메갈로폴리스 문명이 수많은 도시의 한복판에 자리하게 될 것이다. 메갈로폴리스는 자체의 도심과 여러 개의 위성도시를 거느리는 거대 집합도시이다. 위성도시들은 스스로 확장하면서 그때그때에 따라 도시에서의 수많은 문제, 즉 불법 주택의 확산, 주택 가격의 폭등, 식수 부족, 환경오염, 빈민-굴, 소득 격차 등등의 문제를 발생시킨다. 통제 불능의 이런 문제들은 오랜 세월에 걸친 자유방임 전통에 기인한다.

대도시로의 인구 집중은 필연적으로 수많은 도시 빈민들의 주택 위기를 야기한다. 주택 위기는 언제라도 사회 불안정을 촉발시킬 수 있는, 내재되어 있는 필연 요소이다. 그럼에도 불구하고 주택 위기는 거의 모든 개발도상국에서 일상화되고 있는 경향이다. 더구나 저개발국가에서는 주택 부족에 기인하는 소요사태가 발생하면 궁여지책으로 미봉하는 일이 항다반-사이다. 중대한 문제는, 이런 문제의 표출이 주의 깊은 소수 관찰자, 즉 주택 문제에 있어서 자유방임주의의 폐해를 간파하고 있는 소수 사람들의 눈에만 비춰진다는 점이다. 자유방임주의의 폐해가 30~40년 동안 지속되었다면, 그 폐해에 대한 인식이 늦어질 때마다, 그리고 그 폐해를 바로 잡으려는 결정이 늦어질 때 마다 엄청난 비용이 점점 더 증가한다는 것이다.

매우 오래 지속되어온 자유방임주의에 연관되면서, 부동산 투기에도 관련된, 집지을 땅에 대한 부적절한 통제는 프로그램을 기획하고 시행하려는 조정자의 모든 시도를 철저하게 무위로 만든다. 이것이 주거환경 개선을 위해서 더욱더 많은 비용을 지불해야하는 이유이다. 반면에, 구역을 정비해야할 필요가 있는 도심 지역에서 홍수나 지진 등의 천재지변이 일어난다면, 우리는 주거환경 개선 작업을 위해서 좀 더 용이하게 위협적이고 독선적인 조치들을 취할 수 있다. 이 경우에는 무절제한 이기적 투기를 잠재울 수 있을뿐더러 가난한 주민들을 생활기반 시설이 거의 없는 교외로 강제 이주시키는데 대한 저항도 완화 시킬 수 있기 때문이다.

도심 및 교외의 불안정한 빈민굴은 가장 가난한 계층 주민들의 비참한 생활 모습의 상징이며, 또한 도시의 기묘한 이상 비대 현상이 빚어내는, 해결 방법이 없는 문제이기도 하다. 우리는 도시화, 산업화 그리고 드문 경우이기는하지만 전쟁이나 홍수 등의 자연재해 등으로 인한 주택 위기를 경험한다. 실제로 도시화나 산업화로 인해 사람들이 몰려드는 지역에서는 주택의 규모나 품질, 가격 폭등과 같은 실질적인 문제가 발생한다.

국제연합, 즉 유엔은 1982년에 "집 없는 사람들을 위한 국제 안식처의 해 *International Year of Shelter for the Homeless*" 를 선언했다. 동시에 "인간 정주를 위한 유엔 센터 *United Nation Center for Human Settlements*", 즉 해비태트 *HABITAT* 가 주택 문제 해결을 위해서 많은 노력을 했음에도 불구하고 전 세계의, 가족 수가 많은 약 천만 가정은 도시 인구 대-밀집 지역의 고약한 주거환경 속에서 끔찍하고 비인간적인 삶을 지속하고 있다. 사람들은 오늘날의 현실이, 하층 무산 노동자들에게 살기에 괜찮은 주택을 마련해 주려는 모두의 갈망을 충족시켜 주기에는 너무 거리가 있음을 한탄할 뿐이다. 결국 국가는, 주택문제 해결을 위한 국가의 역할은 도시 극빈 노동자들에게 위생적이지만 저렴한 주택 *logement à bon marché* , 즉 쓸만한 주택을 필요한 만큼 공급해주는 일이라는 결론을 내리게 된다. 하지만 고려해야 할 사항은 사람들에게 가장 평온하고 살만한 원초적인 집의 형태는 생명의 발원지인 어머니의 자궁이며, 또한 생명의 종착지인 동시에 영혼의 안식처로서의 집인 관 *棺* 이다.

이 책에서는, 비참한 주거환경 속에서 사는 가난한 사람들에게 쓸만한 집을 제공할 수 있는 해법을 제시하고자 한다. 우선 이 책의 제1부에서는 해석학적 방법론에 따른 논리적 배경을 제시하고, 제2부에서는 실증주의적 방법론에 따라서 공영토속주택의 생산계획, 분배에 관한 명확한 근거를 제시한다. 끝으로 결론에서는, 가상의 모의시험을 통해서 저개발 국가, 한 도시의 빈민을 위한 공영 토속주택 생산, 분배 계획을 실현한다. 이 책은 저자의 다른 책, Logement Autochtone Social *(공영토속주택: 프랑스어 판, 2016)* 과 학위 논문 연구 계획서, Le programme de la production du logement Autochtone *(토속주택 생산 프로그램, 1991)* 의 한글 수정판이다.

프랑스 마르세이유 구항 부두 앞바다에서 물고기를 잡고 있는 어부들

용 갑식
프랑스 마르세이유, 구항 부두
1991년 11월 22일

사진 001 : 벵골 보리수 *banyan tree*, 앙코르, 타프롬

12세기 말부터 수세기 동안 열대강우림 속에서 성장, 나무뿌리가 건축물을 완전히 집어 삼켰다.

차 례

제2장 : 주택 문제에 관한 사회정책

제2부
토속주택 생산

제1장 : **자료수집**

제1절 통계자료

제2절 주택 규범

제3절 주택 부지 설정

제2장 : **자원개발 및 토속주택 생산 프로그램**

제1부

주거문제
와
사회정책

국가가 도시 빈민들을 위한 주택문제를 해결하기 위해서는, 사회 모든 분야의 역사적 사실을 분석해서 얻은 이론을 바탕으로 해서 최상의 방법으로 주택정책을 수립해야한다. 국가의 주택정책은 정치문제, 경제파동, 사회적 대사건, 사회사상, 사회적 관습 등의 영향을 감안하면서 신중을 기해 수립되어야 한다. 이런 연유로, 대부분의 국가에서 거의 모든 주택정책은 언제나 변함없는 해법으로 지속될 수가 없다. 결론적으로 말하면, 수요 공급이라는 시장원리를 무시한 대부분의 국가주택정책은 오직 실패하기 위해서만 존재하는 것이다. 주택정책과 같은 고도의 전문분야에의 도전은, 해석학적 방법론에 따라, 정치문제와 경제파동이 미치는 영향력의 저편에서 이루어져야한다.

제1장

주택, 공영주택, 토속주택

사진 002 : 세네갈 전통 토착주택, 세네갈 생-루이 인근 마을
목재, 볏짚 등의 토착 건축재료 사용

제1절
주택이란 무엇인가?

1. 개념 및 정의

1) **주택**의 **통속적 개념**

일반적인 관점에서 볼 때, 주택은 한 가정, 즉 사회 구성의 기본 단위를 담는 그릇이며, 또한 인간의 원초적 욕구를 충족하는데 필요한 상자이다. 게다가 주택은 거주자의 삶의 질과 사회적 신분을 판별하는데 쓰이는 매개 수단이기도하다. 다차원적 특성에서 볼 때, 주택은 주소를 갖는 실체적 존재인 동시에 국가 경제의 한 부분인 사회재, 즉 사회의 재산이기도하다. 옛날에는, 주택의 중요한 역할은 자연 또는 인위적 위협으로부터 가족을 보호하는 것이었다. 그러나 오늘날 자유경제 체제아래에서의 주택은 재산이며 매우 유동적인 재고 상품이다. 따라서 주택은 투기를 유발하거나 주택 거주자에 의해서 지불되는 주택 사용료의 대량 유통을 초래하기도 한다. 주택 사용 비용은 재산-주택을 소유하는 쾌락을 가져오며, 가정에서 발생되는 소비유통의 대상이기도하다. 주택의 특성은 관리비용과 부동산 특수성, 즉 임대차 형식으로 대량 공급되는 내구성 재물이다. 하지만 주택은 많은 가정에서 대량으로 소유하고 있는 다른 내구재와는 다른 특성을 갖는다.

실제로 주택 거주자의 신분은 넓은 의미에서 소유주-거주자이지만 임차인인 경우도 있다. 전자는 소유주 자신이 소유한 재산-주택에 의해서 발생되는 주택 서비스의 소비자이며, 후자는 소유주-임대인이 세놓은 재산-주택에 의해서 발생하는 주택 서비스의 소비자이다. 만일 주택을 자기 자신의 자금으로 구입하지 않았다면, 소유주-거주자를 위한 주택 사용료는 일반적으로 부동산 대출금의 월부 상환 금액에 의해서 계산된다. 임차인에

사진 003 : 스리랑카 나무 위의 집, 스리랑카 농촌지역

게는, 이것은 소유주-임대인이 임대료를 받고 서명해준 영수증에 해당한다. 주택을 자신의 자금으로 구입한 경우에는 주택구입 지금에 대한 은행의 가상 이자와 각종 세금이 주택 사용료가 되는 셈이다. 여기서 주택 가격의 상승, 하락까지 고려해야 한다면 셈은 너무 복잡해진다.

임대료는, 공권력의 개입과는 상관없이, 주택의 사용가치, 즉 주거 면적, 안락함의 수준, 편의설비, 주택위치, 주변 환경 등을 셈에 넣어서 정해진다. 주택 서비스의 품질은 오직 재산-주택의 투자비용, 실제로는 서비스의 교환가지, 다시 말해서 시장가격에 따라서 결정된다.

2) **주택**의 **내재적 특성**

몇몇 이동주택을 제외하면, 주택의 필연적 특성은 부동성이다. 주택을 지은 땅이 부동산이기 때문이다. 주택의 다른 특징은 생산기간 및 소비기간이 길다는 것이며 또 다른 특징은, 가격 결정 체계가 법적 수속을 동반하는 복잡한 거래이다. 주택가격의 속성, 즉 본질적인 특성중의 하나로서의 속성은 외부적이며, 비-동일성인 동시에 외인적이다. 엄밀히 말해서 주택 구매자가 지불하는 주택가격은 일반적으로 주택 타입, 적확한 위치에 따르는 생활환경 수준, 국가의 강력한 주택정책 등과 같은 조건에 따르는 수요공급 물량의 다소에 따라서 결정된다.

요즈음 사람들은, 오랜 기간에 걸쳐 집을 짓던 옛날 방식에서 벗어나, 눈 깜짝할 사이에 집을 짓는다. 사실 옛날에는 집을 짓는데 오랜 시간이 걸렸는데, 이것이 주택의 특징 중의 하나였다. 지금은 이런 특징은 사라졌다. 실제로, 1957년 프랑스에서 주택 한 채를 짓는 데는 20개월의 노동력이 필요했다. 1959년에는, 중량 콘크리트 판재 생산 기술의 발달로 그 기간은 6개월로 단축되었으며 이어서 1973년에는 2주일이면 족했다. 다시 말해서 짧은 기간 내에 대량의 주택공급이 가능해 진 것이다. 물론 이 경우 공장에서의 주택생산 준비기간과 현장에서의 콘크리트 기초 공사기간은 포함되지 않았다. 사실 이런 통계자료들은 수공업적 생산체계에서는 유효하지 않다.

튼튼한 집의 수명은 한 세기에 다다르며 가끔은 그 이상이 되기도 한다. 이런 집은, 비록 끊임없이 수리하고, 변형하고 개축하기는 하지만, 한 개인에서 다른 개인으로 넘어가면서, 3세대 *3-générations* 또는 4세대에 걸쳐 사용한다. 주택이 단 한세대 동안에만 유효한 재산이라면, 이는 비교적 값비싼 내구재이다. 거기에는, 부동산 대출을 고려해야만 한다는 가장 중요한 개념이 내재되어있다. 주택의 값비쌈과 장기간 사용은 인류의, 수천년 동안 이어져 내려오는 전통적인 특성인데, 이런 특성이 오류를 경험하게 했다. 한 개인에게는, 주택판매 비용 및 주택 소유주가 되는 비용이 너무 무겁고, 주택거래 및 건축절차 역시 너무 복잡하다. 반면에 그런 전통은 개인에게 심리적 특권, 즉 부동산 소유권을 취득함으로서 사회 우월집단의 일원이 되었다는 자부심을 주었다. 특히 도시 부동산 소유권 취득은 도시에서 당면하는 생활환경이 빈번하게 변하는데 따르는 극심한 정신적 충격을 막아준다. 도시의 특유한 성질중 하나는 생활환경이 너무나도 손쉽게 변한다는 것이다. 우리시대의 미래학자, 앨빈 토플러 *Alvin Toffler* 는 그의 저서 "미래의 충격 *Chock du future* "에서, 극심한 정신적 충격을 막아줄 수 있는 "주거지역의 변화"에 관한 정의를 제시했다. 이와는 다른 길에서 이런 현상을 찾아본다면 우리는, 원시 유목민들이 어떤 장소로 이동하든 간에, 이동주택의 내부 구조를 언제나 꼭 같은 형태로 재창조하는 원칙을 갖고 있었음을 알 수 있다. 즉, 생활환경의 변화를 최소화하여 정신적 안정감을 얻기 위함이었다.

3) 주택 및 가정의 단위

효과적인 주택정책을 수립하기 위해서는, 주택 및 가정의 단위에 대한 구체적인 기준을 정의 할 필요가 있다. 주택 단위의 정의에 대해서는 각국의 기준이 각기 다르기는 하지만, 여기서는 비교적 최근에 정의된 한국의 자료를 인용하기로 한다. 그들 자료에 따르면 주택 단위는 다음과 같이 정의 된다;

① 거주 장소
② 최소 한 개의 방과 독립된 주방
③ 외부에서 직접 진입
④ 건축물 단위

또 다른 측면에서 보면, 주택 단위는 주거용 장소와 비-주거용 장소, 즉 서비스 장소를 포함한다. 주거용 장소는 침실과 거실로 구성되며, 서비스 장소는 식당, 주방, 서재, 현관, 욕실, 세탁실, 변소, 창고, 발코니, 다락방, 지하 저장고 등을 포함한다.

가정 단위는, 같은 지붕 밑에서 살아가는 같은 혈통의 사람 집단, 즉 가족의 단위로 정의 할 수 있다. 가정 단위에 대한 정확한 수량 계산은 주택 수요를 파악하기 위한 필수요건이다. 가정 단위는 가족의 수, 즉 단 한사람의 가정, 한세대 *1- génération* 의 가정, 두세대 또는 세세대 이상의 가정 등으로 분류된다. 그리고 또한, 가장 현실적인 가정 단위의 형태인 한세대 *1- génération* 의 가정 단위는 다음과 같이 세분 된다;

- 아이가 없는 젊은 부부의 가정,
- 나이가 어린 아이를 가진 부부의 가정
- 아이가 없는 중년 부부의 가정
- 아이들이 있는 중년 부부의 가정
- 노년 부부의 가정

4) 전문 용어

사람들이 몸을 보호하기 위해서 집을 점유하는 것은, 여전히 생존의 문제이며, 정확하게 지적한다면 인간 생존의 역사이다. 사람들은 언제나 자신들이 처한 환경에 적응하고, 적들과 자연의 위협으로부터 자신을 보호할 방법을 찾으면서 살아간다. 사람들은 끊임없이 원시 형태의 집, 다시 말해서 동굴, 강변 갈대 오두막-집, 산간 오두막-집, 에스키모의 이글루, 집시의 큰 마차, 흙집 등을 짓고 살아왔다. 시간이 흐르면서 사람들은 자신들의 집을 짓기 위한 다양한 건축기술, 재료, 집의 새로운 형태 등을 찾아냈다. 전 세계 여러 대륙에서, 오랜 세월동안 집을 관찰하고 연구하면서, 사람들은 수많은 건축기술과 우리 선조들의 삶의 방식, 문화, 정신세계, 취미 등을 파악했다.

사람들이 거주하는 집에 관한 용어를 살펴보면, 우리 선조들은 오랜 세월에 걸쳐서 수많은 전문용어를 만들어 냈다. 그러나 용어의 의미는, 오랜 세월 동안 진화를 지속하면서 매우 애매모호하게 변질되었다. 용어의 개념을 정확하게 정의하는데 상당한 어려움이 뒤따를 지라도, 그 개념을 좀 더 정확하게 이해하기위해서는 여전히 용어의 실질적인 의미를 다시 검토할 필요가 있다. 이 주제로, 관련 사전이나 책에 기술되어 있는 전문용어에 관한 정의를 차용한데 대하여 양해를 구한다.

(1) **거주**와 **주소** *Demeure et Domicile*

거주 *demeure* 는 단독주택, 즉 메종 *maison* 이나 성, 즉 샤또 *château* 를 지칭하는 또 다른 용어이다. 거주는 사람이 머물러 사는 장소, 예를 들자면 오래된 거주 , 즉 오래된 메종을 말한다. 그리고 또한 거주는 개인의 주거, 다시 말하면 일반적 의미의 주소 *adresse* 를 뜻하기도 한다. 사람들은 두 개의 용어, 즉 "거주 *demeure*" 와 법률용어 "주소 *domicile*" 를 손쉽게 혼동한다. 나뽈레옹 법전 *Code Napoléon* 103조에서는 "주소 *domicile*" 를 두 개의 요소, 즉 "공동주택, 즉 아비따시옹 *habitation* 과 그곳에 주된 정착지를 정할 의향" 이라고 정의하고 있다. 그러나 사람들은 확고하게 자신의 주소에 거주할 수가 없다. 법률이 단순하게 실제의 주거인 제2의 주소에 관한 논리를 정립했다는 것이 그 증거이다.

(2) **공동주택**과 **주거** *Habitation et Habitat*

공동주택, 즉 아비따시옹 *habitation* 이란 물론 사람이 거주하는 메종을 말한다. 아비따시옹은 인류의 가장 오래된 개념 중의 하나 인듯하며, 또한 어느 정도까지는 식량의 개념만큼 중요한 것 같기도 하다. 예를 들어서, 사람들이 아비따시옹 이라고 말할 때, 사람들에게 항구적인 안식처를 제공한다는 관점에서 보면, 그 것은 특히 건축물과 주택 설비를 강조하는 듯하다. 아비따시옹은 서민 공동주택, 즉 로즈망 *logement* 이라는 말로도 통용되지만, 필요충분하게 로즈망일 수는 없다. 로즈망이 존재하기 위해서는, 사람들이 실제로 입주하기, 즉 집의 점유가 필요하기 때문이다.

"주거, 즉 아비따 *habitat*" 는 "주소, 즉 도미실 *domicile*" 이라는 관념을 더 많이 내포한다. 아비따는 전적으로 개인이 빈번하게 드나드는 장소, 즉 거기서 돌아다니고, 일하고, 기분 전환하고, 먹고, 휴식하거나 잠자는 장소이다. 프랑스 한림원 *Académie française* 이 취한, 생태학적으로 미묘한 차이를 갖는 아비따의 정의는 다음과 같다;

> "동물 또는 식물 종 *espèce* 이 존재하기에 적합한 지리학적 환경"

이런 의미로, 아비따는 도시계획과 국토정비의 주제가 된다. 국회 *Parlement* 는 아비따, 즉 로즈망의 생활환경 개량에 관한 법률을 가결했다.

한편 한 사전에서의 아비따의 정의는 다음과 같다;

> "사람들이, 자연 상태의 동물 또는 식물 종 *espèce* 을 전문적으로 접속할 수 있는 서식 장소"

아비따, 즉 정글은 호랑이가 살아가는 서식 장소이다.

(3) **주거 건축물** *Immeuble*

"주거 건축물, 즉 이뫼블 *Immeuble*" 은 저택 또는 대형 건축물, 즉 여러 채의 중산층 공동주택, 즉 아빠트망 *appartements* 또는 여러 채의 서민 공동주택, 즉 로즈망 *logements* 을 수용하는 건축물이다. 이 말은 1900년~1910년경부터 쓰이기 시작했으며, 법조계에서 먼저 쓰기 시작하여 건축계로 넘어왔다. 건축가들은 그 말을 집합 공동주택, 즉 로즈망 꼴렉티프 *logement collectif* 와 마찬가지로 개인 주택, 즉 메종 엥디비뒤엘 *maison indviduelle* 을 지칭하는 것으로 생각했다. 왜냐하면 법률이 이뫼블이거나 메종이거나 모두 같은 재산 취득으로 해석했기 때문이다. 1900년경엔 "이뫼블" 이라는 말은 행정기관의 보고서에는 아주 흔하게 사용되었다. 그러나 건축가들을 전혀 그 말을 사용하지 않았다. 여러 개 층으로 된 건축물, 즉 바띠망 아 에따즈 *bâtiment à étages* 란 뜻의 그 말은 1차 세계전이 끝난 다음에야 모든 사람들이 필수적으로 사용하는 용어가 되었다.

(4) **서민 공동주택** *Logement*

"서민 공동주택, 즉 로즈망 *logement*" 이라는 말은 넓은 의미로 사람이 거주하는 메종이나 아빠트망, 즉 우리가 말하는 아파트를 의미한다. 사교용 응접실, 즉 살롱 *salon* 이나 부속 대기실, 즉 앙티샹브르 *antichambre* 가 없는 아빠트망을 로즈망 이라고 했다. 다시 말해서 로즈망은, 단 한 개의 다락방을 갖는 모든 아비따시옹이나, 방이 2개 내지 3개 있는 모든 소형 아빠트망을 지칭한다. 예를 들어, "사회 최하등급" 신분의 사람들이 사는 로즈망은, 노동자 아파트, 즉 로즈망 우브리에 *logement ouvrier* 와 거의 같은 의미로 쓰인다. 여기서 문제가 될법한 방의 크기는 사실 그것이 어떻든 간에 상관이 없다. "아빠트망 우브리에 *appartement ouvrier*" 라는 말은 1900년에는 존재하지도 않았다.

로즈망 우브리에로 말하자면, 그 말은 명백하게, 경멸의 냄새를 묘하게 풍기는 뜻으로만 쓰였다. 1852년~1870년, 제2제정

Second Empire 시대의 예를 들자면, 그 말은 노동자 공동주택단지, 즉 씨떼 우브리에 *cités ouvrières* 의 오류를 비난하기 위한 것이었다. 씨떼 우브리에는 사실상 일상생활에 필요한 최소한의 주택설비만을 갖추었다. 그 말은 1890년에서 1914년 사이에 매우 드물게 사용되었다. 그런 오류에서 벗어나기 위하여, 그 당시 박애주의자들은 1900년경에서 1910년경 사이에 "홈 *home*" 이라는 설계안을 세상에 내놓았다. 사람들은, 가족의 사생활이 이루어지는 장소인 "홈 *home*" 이라는 말은 영국에 존재했었다고 상상했다. 로스쉴드 *Rothschild* 재단이 주최한 설계경기에서, 한 해설자가 그 말을 완벽하게 설명했다. "홈" 은 이상적인 로즈망 우브리에를 지칭하는 것이라고 했다: 매력 있고 사람을 기쁘게 하는 "홈" 은, 개인의 특성을 계발할 수 있는 곳이라고 했다.

세입자들에게 자부심을 주는, 이 "홈" 은 급속히, 부러움의 대상이었던 "아빠트망" 이라는 용어를 대체했다. 그러자 세입자들은 스스로 그런 변화를 알아차릴 겨를도 없이, 사회 신분 서열의 가장 중요한 단계중의 하나를 뛰어 넘었다. 동시에 로즈망은, 도시의 모든 아비따시옹을 지칭하는 총칭적인 용어로서, 공식 통계에서 사용되기 시작했다. 그런 용어의 의미는 1차 세계대전 이후에 우세를 보이다 끝났다.

(5) 단독주택 *Maison*

단독주택, 즉 "메종 *maison*" 은 한 개의 건축물로서, 아비따시옹의 건축단위를 지칭한다. 여기서 말하는 아비따시옹에는 특유의 명칭이 부여된 호화로운 거주 *demeure*, 즉 주택은 포함되지 않는다. 그러나 메종은, 작은 별장, 즉 빠비용 *pavillon* 에서 300세대의 로즈망 단지를 지칭하기도 한다. 그러나 당시에는, 개인단독주택, 즉 "메종 프리베 *Maison privée*" 는 개인 주택, 즉 아비따시옹 엥디비듀엘 *habitation individuelle* 을 지칭하기도 했다. 그러는 동안에 집합 건축물 , 즉 이뫼블 꼴렉티프 *immeuble collectif*

사진 004 : 골프 클럽 하우스, 미국 조지아, 애틀랜타 주택단지

는 로즈망에서 메종이 되었다.

(6) **중산층 공동주택** *Appartement*

아파트, 즉 아빠트망 *appartement* 은 이뫼블 *immeuble* 의 내부에 있는 한 개의 로즈망이다. 여기서 이뫼블은 오로지 중산층 공동주택, 즉 아빠트망 브루즈와 *appartement bourgeois* 를 지칭한다. 즉, 말하자면 아빠트망 브루즈와는 중산층 생활 방식에 필요한, 서로 완벽하게 연결되어 있는 모든 방을 갖춘 공동주택을 말한다. 아빠트망 브루즈와를 규정짓는 두 가지 기준은 규모와 방의 할당이며, 그 상세는 다음과 같다;

① 첫째는, 부속 대기실, 즉 앙티샹브르 *antichambre*, 식당, 침실, 주방, 변소, 지하창고 및 다락방 등이 있어야한다.
② 둘째는, 사교용 응접실, 즉 살롱 *salon* 은 필수적으로 갖추어야한다.
③ 셋째는, 주거용 방이 5개 이상이어야 한다.

(7) **집합주택** *Habitation collective*

집합주택, 즉 아비따시옹 꼴렉티브 *Habitation collective* 는 주거 공동체, 다시 말해서 기숙 고등학교, 군대막사, 수도원, 양로원 등을 지칭한다. 그러나 어떤 경우 일지라도 중산층의 고급 아파트에는 이 용어가 적용되지 않는다.

(8) **저가 공동주택** *Habitation à bon marché*

저가 공동주택, 즉 "아비따시옹 아 봉 마르셰 *Habitation à bon marché*" 라는 용어는 1889년, 저가 공동주택에 관한 최초의 국제회의서 처음 사용되었다. 이 특수 용어는 1894년, 노동고등이사회 *Conseil supérieur du travail* 가 "아비따시옹 우브리에 *habitation ouvrière*", 즉 노동자 공동주택이라는 용어를, 좀 덜 경멸적인 "아비따시옹 아 봉 마르셰" 로 대체할 것을 요구하면서

사진 005 : 현대적인 소형 서민 아파트(51~67m²), 구마모토, 일본 규슈, 1991년 준공

공식적으로 사용되었다. "아비따시옹 우브리에" 라는 용어는 노동자에 대한 차별적인 뉘앙스를 풍기기 때문이었다. 몇몇 건축가들과 박애주의자들은 너무 애매하고, 자신들의 건축물의 품질이 평가 절하될 수도 있는 그런 용어의 사용을 끈질기게 거부했다.

주택-군대막사, 즉 "메종-까제른 *Maison-caserne*" 또는 군대막사, 즉 "까제른 *Caserne*" 이라는 용어는, 1880년경에서 1890년경 사이에는 아주 흔하게 사용되었다. 당시 그런 용어는 집합주거 건축물, 즉 이뫼블 꼴렉티프 *Immeubles collectifs*, 특히 저가 공동주택, 즉 H.B.M. *Habitation à bon marché* 을 지칭했다. H.B.M. 은, 다른 용어에 비해서 지나치게 불공평하게 경멸적인 뉘앙스를 갖게 되었다. 그 용어의 어원은 종종, 독일어 "미테 카제른 *Miete Kaserne*" 인 것으로 소개되었다. 미테 카제른의 의미는 글자 그대로 임대 군대막사 *Caserne à loyer* 이다. 1900년경에 그 용어는 "블록 *bloc*" 또는 "메종-블록 *maison-bloc*" 으로 대체되었다. 이 용어는 건축가들이 영국에서 들여왔다. 그러나 블록은 10년 동안 일반적으로 이뫼블 꼴렉티프, 즉 H.B.M. 을 지칭하는 용어로 통용되었다. 사람들이 최초로 H.B.M. 을 건설하기 시작한 1880년~1890년에, 경멸적 평가를 받고 있던 "로즈망 *logement*" 은 아주 순수한 의미를 가지고 있었다. 로즈망 창시자들은 그 의미의 가혹함을 완화하려고 애썼다. 예들자면 그들은, "완벽한 작은 로즈망", "아빠트망처럼 설비를 갖춘 로즈망", "거의 아빠트망 수준의 로즈망" 이라고 말했다.

(9) 저가 임대 공동주택 *Habitation à loyer modéré*

저가 임대공동주택, 즉 "아비따시옹 아 루와에 모데레 *H.L.M. : Habitation à loyer modéré*" 는 아주 즉흥적으로 생겨난 용어이다. 빠리 행정관청의 한 관리에 의하면. 한 국회의원이, 빠리 성벽철거에 관한 1919년 법률에 관한 회의도중 무심코, 지극히 즉흥적으로 한 말이라는 것이다.

사진 006 : H.B.M., 프랑스 빠리

가장 가난한 도시 노동자들에게 제공된 혁신적인 유형의 아파트, 1911년

건축가, 행정관료, 시의회 의원 등이 그 용어에 내포되어 있는 기술적, 법률적 내용을 이해하는 데는 3년 이상의 세월이 필요했다. H.L.M. 은 중산계층을 위한 새로운 형태인 공동주택의 의미를 포함하게 되었다. H.L.M. 은 1923년에 공식 용어가 되었다. 일반적으로, 언급된 용어들은 실제로는 그들 본래의 의미대로 자리 잡지 못했다. 건축가들도, 1차 세계대전 *1914년~1918년* 이 끝나고 나서야, 원래 행정용어인 그 말의 의미를 조금씩 소화 흡수했기 때문이다.

2. 장구한 세월 동안의 변천

인류의 역사는 다양한 분야, 즉 의류, 식량, 주택, 교통, 의학, 상업, 통신 등의 분야에서 실현된 발달로 점철되어있다. 이들 분야 중, 경제 발전과 함께 점점 더 문제가 복잡해지는 산업분야는 서민 공동주택, 즉 서민 아파트이다.

집을 짓는 일은 인간뿐만 아니라 모든 동물들의 본능이다. 마찬가지로 물고기와 개미들조차도 스스로의 집을 만든다. 모든 동물 가운데 으뜸가는 건축가는 비버이며, 원숭이와 고릴라 또한 아주 훌륭한 집짓기 기술자들이다. 비버는 유인원처럼 재료를 가공하는 능력이 있다. 그 증거로 우리는, 스스로 재료를 가공해서 집을 잘 짓기로 유명한 비버의 이름을 따서 "비버 운동 *mouvement des castors*", 즉 "주택 공동건축 운동" 이라는 사회운동을 벌였다. 비버 운동이란 주택건설사업자의 손을 빌리지 않고 일반인들이 협력하여 공동으로 집을 짓는 사회운동이다. 이 운동은, 서민 공동주택의 위기를 해결하려는 선전활동의 일환으로 이루어 졌다.

선사시대 이래로 인류는 집짓기 기술을 계승 발전해 왔으며, 자연환경에 적응하는 기술을 개발해 왔다. 이 책에서 의도하는 목적을 달성하기 위하여, 우리는 우리 선조들이 활용해왔던 토속적인 공학기술과 토속 건축 재료를 이용할 생각이다. 연대순으로 옛날 집들을 재검토 수정했다. 우리는 집 짓는 기술의 발

사진 007 : 바위 밑 은신처, 프랑스 남부 바스크 지방, 사르 *Sare* 강변, 구석기시대, 위 사진은 서기전 35000년경, 크로-마뇽 *Cro-Magnon* 인들의 사냥터 휴식처 또는 계절용 공동주거, 아래 사진은 바위 밑 피난처 상상 그림

전에 따라서, 집을 싸게 잘 지을 수 있는 방법을 더 잘 습득할 수 있기 때문이다.

1) 구석기 시대

선사 시대의 인류는, 야생 동물과 비, 바람 따위의 악천후로부터 스스로를 보호하기 위하여 동굴이나 바위 밑 은신처에서 살았다. 은신처의 입구는 나뭇가지로 막았다. 그러나 동굴은 결코 사람들을 위한 진정한 집이 될 수는 없었다.

구석기 시대의 사람들은 대부분의 경우, 현재의 우리가 집에서 사는 것처럼 동굴 속에서 생활하지는 않았다. 구석기 시대의 일상생활은 주로 동굴 밖이나 바위 밑 은신처에서 이루어졌다. 동굴의 필요성은 달리 있었다. 사람들은 동굴을 피난소, 좀 더 많은 경우에는 시신의 안치소, 도구를 만드는 장소, 의식을 위한 축제의 장소 등으로 활용했다.

사람들은 불을 다루는 방법을 터득한 이후에 동굴 속으로 들어왔다. 그 순간부터, 사람들은 밤에도 일을 할 수 있게 되었다. 사람들은 불을 이용하여 동굴에서 잠자고 있는 동물들을 내몰았고, 동물들에게 겁을 주기도 했다. 이렇게 해서 사람들은 동굴의 가장 깊숙한 곳까지 들어갔으며, 이곳을 의식 활동의 장소로 활용했다. 불의 발견과 더불어 초보적인 건축기술도 터득했다. 원시적인 건축기술의 발견은 엄밀한 의미의 주거, 즉 아비따 *habitat* 의 최초의 출현을 기록했다.

인류 최초의 오두막-집은, 나뭇가지를 서로 엮은 다음 그 위에 점토를 바르거나 동물의 가죽을 덮어 만들었다. 그리고 오두막-집의 바닥에는 강가나 바닷가의 조약돌이나 동물의 가죽을 깔았다. 오두막-집의 겉모습은 원뿔 모양이었으며, 벽과 지붕은 일체형이었고 바닥은 원형이었다.

좀 더 세월이 흐른 다음, 인류는 돌을 깨트려서 가장자리나 끝이 날카로운 도구, 즉 칼, 화살촉, 창촉 등을 만들어 활용했다. 체계적으로 정밀하게 작업을 하면서, 사람들은 새로운 건축

사진 008 : 사냥꾼의 산막, 프랑스 뼁스방, 세느-마른 *Seine-Marne*, 후기 구석기시대 산막 복원

사진 009 : 호수 또는 함수호 위 플랫-폼, 상상 그림

기술을 찾아냈다. 다시 말해서 신 건축기술은 사람들에게 훨씬 더 많은 노력을 기울여 영구적인 주거, 즉 집을 지을 수 있도록 허용했다.

2) 신석기 시대

서기전 약 7000년~4500년경, 신석기 시대에 사람들은, 땅에 놓아둔 곡물, 예를 들면 보리, 조금 뒤에는 밀이 저절로 싹트는 것을 알아차렸다. 사람들은 곡물의 씨앗을 뿌려 새로운 식물과 아주 많은 곡식을 수확했다. 사람들은 또한 몇몇 동물들, 예를 들면 염소, 양, 소, 거위 등에게 먹이를 주면서 길들여 가축화하는 방법도 찾아냈다. 사람들은 가축화한 동물들로부터 유용한 생산물, 예를 들면 동물의 젖, 털, 뿔, 식용 고기 등을 얻어낼 수 있었다. 그렇게 해서 사람들은 수렵-채취의 생활에서 농경-가축사육의 생활로 변화했다.

사람들은 차츰 동굴의 은신처를 떠나, 강이나 호수로 다가갔다. 사람들은 거기서, 나무, 갈대. 짚 등을 이용하여 물가, 수면 위에 오두막-집을 짓고 살면서 조그마한 마을, 즉 씨족 공동체를 만들었다. 사람들은 또한 오두막-집을 좀 더 튼튼하게 짓기 위하여 짚과 갈대를 단단히 엮어 벽을 만들고 그 위에 보호용 덧칠을 하기도 했다. 또한 사람들은 목재 뼈대 위에, 팽팽하게 당겨서 꿰맨 동물 가죽을 덮고 그 다음 갈대나 짚의 다발을 덮어씌우는 식으로 집을 지었다. 그 당시 오두막-집의 평면은 4각형이었으며 지붕은 두 개의 경사면이 마루에서 만나는 박공이었다. 사각형 평면의 오두막-집은, 구석기 시대의 원형 평면의 집보다 분명히 좀 더 편안하고 기능적이다.

강가에 있는 집에서는, 물고기 잡이가 아주 쉽다. 따라서 필수적이고, 산이나 들판에서 야생식물을 채취해서 얻는 생산물의 없어서는 안 될 보완 식품 자원의 확보를 보장해준다. 그러나 가끔은 사람들은 홍수, 강물의 불어남, 연안 지역의 높은 밀물 등으로 몹시 두려워했다.

사진 010 : 인류의 동굴주거, 프랑스, 소뮈르, 멘-에-루아르 루아르 강 계곡, 아래 사진은 원시 인류의 동굴 주거 상상 그림,

그래서 당시 사람들은 호수나 함수호 위에, 수면으로부터 일정 높이를 띄워 대형 구조물, 즉 플랫-폼 *plates-formes* 을 구축했다. 플랫-폼은 나무줄기와 널빤지로 만들었다. 이들 플랫-폼 위의 오두막-집들을, 사람들은 물위의 피로티 *pilotis*, 즉 말뚝 위 오두막-집이라고 불렀다. 왜냐하면 목재 말뚝을 물 밑 진흙 속에 깊숙이 단단하게 박아 넣은 다음, 노출된 말뚝 위에 집을 지었기 때문이다. 오두막-집의 외벽은, 갈대나 골풀을 엮어 만든 다음 그 위에 진흙을 발랐다. 지붕은 들보로 바치고 그 위에 짚을 엮어 얹어 만들었다.

이어서, 사람들은 1만년에서 1만2000년 동안 인류와 자연환경의 관계 속에서 지속적으로 대단한 발전을 이루면서, 인류의 문화를 구축하고 가축양식을 실용화하는 방법을 터득했다. 그런 다음 사람들은 단단한 땅으로 돌아와 거기에 집을 짓기 시작했다. 목재기둥 또는 돌기둥 및 공동 *claire-voie*, *空洞* 의 내벽을 만들고, 지붕은 보온을 위해서 식물을 이용하여 매우 두껍게 만들었다. 원시적인 건축기술은 해당 지역의 자원을 활용하는 경험적이고 구술적인 기술이었으며, 또한 선사시대 해법의 모방을 통해서 커진 기술이었다.

농부들이 일정한 장소에 정착함으로서 각각의 정착지에서 생산한 농산물과 가축 생산물의 물물교환이 이루어졌으며, 농부들의 정착은 주택의 기원이 되었다.

서기전 5000년에서 3000년 사이 또는 그 이후 약간의 세월 동안 역사상 가장 번성했던 아래 기술하는 지역을 통해서, 우리는 당대의 주택 유형, 건축재료 및 건축기술 등을 다시 찾아낼 수 있었다. 이런 것들은 지역적으로 매우 안정적이었고 때로는 역사의 기록이 시작되는 유사시대 바로 직전까지도 그랬다.

(1) 근동 *近東*

인더스 강 유역 및 티그리스 강과 유프라테스 강 사이에 펼쳐져 있는 습지 지대에는, 왕갈대 또는 무디프 *mudhif* 라는 풀로

사진 011 : 왕갈대 집, 이라크

토착 재료, 왕갈대로 건축, 티그리스 강과 유프라테스 강 사이의 습지

지어진 집들이 있다. 또한 두강 사이의 평지에 정착한 농민들은 집을 짓는데 탁월한 기량을 보였다. 집은 햇볕에 말린 흙벽돌을 쌓아올려 지었다. 집의 뼈대는 초보적 구조였고 지붕은 밀집으로 만들었다. 집의 평면은 계획적으로 직교하도록 만든 사각형이었으며, 방은 건축적 기능에 따라서 배치했다. 또한 주택 계획에서는 중정을 두는 것을 원칙으로 했으며, 집의 모든 방들은 중정을 향하도록 했다. 한편 여기서, 집의 출입문은 외벽에 단 한개만 만들었다. 집의 벽은 햇볕에 말린 흙벽돌을 진흙 몰탈, 즉 진흙을 접착재로 하여 쌓아 올려 만들었다. 그리고 집의 기초, 개구부의 측면 돌 받침, 아치, 땅바닥 등에는 불에 구운 흙벽돌이 쓰였으며, 그 틈새는 역청으로 메꾸었다.

(2) 지중해 연안

지중해 연안 지역 사회에서는, 건축물의 특성이 거의 3000년 동안이나 계승, 발전되어 왔다. 이집트 북부 나일 강 유역과 현재의 모로코 지역에서는 목재는 매우 귀했지만 종려나무, 갈대, 골풀, 점토, 황토, 석회석 등은 풍부했다. 그리고 고온 건조한 기후로 인하여 뜨거운 햇볕에 말린 매우 단단하고 다양한 점토 제품을 얻을 수 있었다. 사람들은 햇볕에 말린 벽돌, 약간의 목재 그리고 골풀로 엮어 만든 문짝 등을 활용하여 집을 지었다. 창문은 날씨 탓으로 거의 없었다. 지중해 북쪽 해안, 특히 이탈리아, 그리스, 크레타 섬, 에게해 제도 등지에서는 사람들은 돌로 집을 지었다. 야산 구릉 지역에서 이로운 건축재료, 즉 석회석, 화강석, 현무암, 대리석, 편암 등을 쉽게 얻을 수 있기 때문이었다.

시클라드 제도에 있는 집들은 몸체는 입방체이고 지붕은 테라스로 뒤덮은 평지붕이었다. 여름철에는 과도한 햇볕의 열기를 완화하기 위해서 주택 몸체에 백색 석회를 칠했다. 그리고 겨울이 오기 전에 다시 회색 물감 칠을 했다. 이번에는 햇볕의 열기를 최대한 흡수하기 위함이었다. 창문은 폭이 매우 좁았고 집의

사진 012 : 백색 입방체 주택, 시클라드 제도, 에게 해, 그리스, 평지붕

사진 013 : 지중해 어부의 집, 프랑스 상-코르시카 *Haute-Corse* 해변, 토착재료, 해변의 자갈로 쌓은 벽

내부는 언제나 백색이었다.

(3) 유럽 북부 및 중부

영국 및 프랑스 중부 농촌의 흙집은 현대에 이르기까지 광범위하게 존재해왔다. 세월이 좀 더 흐르면서, 북유럽과 북-서 유럽, 엄밀히 말하면 프랑스 북부, 영국 그리고 독일 전 지역에서 목재 주택의 우세가 나타났다. 그들 도시의 인구 밀집 지역에서는 목재 뼈대의 칸막이벽으로 방을 여러 개 만든 주택이 유행했다. 목재 뼈대를 조립해서 지은 집이 흙집이나 벽돌집을 점차 대체했다. 알프스 산맥 지역, 스칸디나비아 특히 노르웨이 및 러시아에서는 껍질만 겨우 벗겨낸 통나무를 포개 쌓아 조립한 주택, 즉 산간 오두막-집이 오늘날 까지도 존재하고 있다. 주택 지붕은 외쪽의 완만한 경사였으며, 지붕 뒤쪽에는 곡물 창고가 있다. 곡물 창고는 지붕 경사의 높은 쪽에서 들어갈 수 있다.

주택은, 돌을 쌓아 기초가 노출되게 하여 지면으로부터 약간 띄어서 지었다. 알프스 산맥 지역의 산간 오두막-집의 경우, 집들은 돌로 기초를 만들고 그 위에 단순히 톱으로 자르기만 한 통나무를 조립해서 지었다. 다락방에는 격자창을 만들어 닫고, 지붕은 작고 얇은 돌 판이나 나무 판재로 덮었다.

(4) 극동 *極東*

극동의 해안지방이나 강가에서는 수많은 해양 방랑자들이 물고기, 조개류 및 갑각류 등을 찾아서 이동했다. 물고기 잡이 철이 끝나면, 그들은 일시적으로 다시 집결하여 정착했다. 그들은 종종 해안이나 강가에 피로티 *pilotis*, 즉 말뚝을 박고 그 위에 집을 지어 마을을 형성했다.

중국에서는 수많은 사람들이 양쯔 *揚子* 강을 비롯한 부지기수의 큰 강에서 작은 거룻배를 타고 돌아다니면서, 생활하면서 수많은 공동체를 이루었다. 수백 척의 소형 배들이 정박하면서 생겨난 마을 전체는 이내 항구와 포촌 *浦村* 으로 발전했다.

사진 014 : 한국의 전통 주택

사진 상: 농촌의 전통 초가, 토착 재료, 목재골조, 흙벽, 볏짚 지붕
사진 하: 전통 기와집, 토착 재료, 목재 골조, 흙 및 석회 벽, 기와지붕

중국 남부의 중국인들은 아주 일찌감치 주택 건설 사업을 시작했다. 주택 건설에는 주로 다진 흙을 사용하였으나 때로는 구운 흙벽돌을 사용하기도 했다. 주택의 목재 뼈대는 아름다웠다. 일반 주택, 정자, 왕궁, 불교승원, 전통 탑 등의 모든 건축물들은 섬세하게 다듬은 잡석으로 채워진 기초 위에 세워진, 눈부시게 아름다운 목재 골조 건축물이었다. 중국인들의 주택은 일반적으로, 도시에서는 마을 내부에 있는 중정 *cour* 둘레에 지었고, 농촌에서는 담으로 둘러쳐진 텃-밭 *jardin* 의 한가운데에 지었다. 식물군 **植物群** 의 역할, 모든 식물에 쏟은 세심한 배려, 꽃과 정원의 중요성 등은 중국인들의 주택에서 중요한 부분을 차지한다.

한국에서는 일반적으로 집을 지을 때 토속 재료, 즉 나무, 볏짚, 점토 그리고 돌 등을 사용했다. 벽은 옥수수 또는 대나무 줄기를 엮어 판재를 만들고 그 둘레에 사각이 아닌 둥근 테를 둘러 마감한 다음 그 위에 벽토를 발라 만들었다. 지붕은 목재 뼈대 위에 옥수수 줄기를 엮어 판재를 만들어 덮은 다음, 그 위에 모래와 흙을 섞어 바르고 짚을 덮어 마감했다.

한국인들은 로마인들처럼 뜨거운 공기로 난방하는 시스템, 즉 "온돌 *Ondol*" 시스템을 가지고 있었다. 로마인들의 난방 시스템은 벽과 바닥 난방인 반면 한국인들의 난방은 바닥 난방이다. 이 시스템에서, 방 밖, 부엌의 아궁이에서 출발한 뜨거운 공기와 연기는 구들-장, 즉 얇고 넓은 돌판 밑에 구불구불하게 만든 방고래를 따라 돌아서 지붕 위의 굴뚝으로 빠져나간다. 구들-장은 방의 아랫-목이 두껍고 윗목으로 갈수록 얇아진다. 구들-장 위에는 천연 점토를 덮어 펴 바르고 그 위에 식물성 기름을 먹인 두꺼운 종이, 즉 장판지를 펴서 발라 마감한다. 부엌 아궁이 위의 화덕에서는 그 열기로 음식을 만들었다. 한국인들을 신발을 벗고 난방이 된 방에 들어가서 방바닥에 자리를 깔고 잠을 자거나 책상다리를 하고 앉아서 음식을 먹는다.

일본의 전통 주택은 전적으로 목재, 볏짚 그리고 골풀을 엮어

사진 015 : 목재와 종이로 집짓기, 쓰시마 *Tsushima* 일본

아래 사진은 고대 일본인들이 목재로 집을 짓는 상상 그림

만든 돗자리, 즉 다다미로 만들었다. 일본의 주택은, 많은 생명을 앗아가는 잦은 지진에 완벽하게 적응할 수 있는 방법으로 건축되었다. 지진이 일어나면 일본의 주택은 지진응력에 따라서 스스로 변형하고, 스스로 파괴되면서 부득이한 경우에는 와르르 무너진다. 경량의 건축자재가 이런 비극적인 결과를 완화해주도록 한 것이다.

일본인들의 일상생활에서 가장 큰 특성은, 역시 언제나 주택의 현관에서 신발을 벗고 집안으로 들어가는 것이다. 일본인들의 주택에는 일반적으로 안뜰, 현관, 주방, 욕실, 우물, 다양한 형태의 창고 그리고 주택의 신사, 즉 사당 등이 있다. 주택의 사당은 일본인 개인들이 숭배하는 신을 모신 곳으로, 마루를 돗자리로 덮고 한층 더 높여 놓았다.

(5) 중앙아메리카

주택 단지들이 지리적으로 멀리 떨어져 있음에도 불구하고, 같은 사막성 기후대에 있는 주택은 놀랄만한 유사성을 보인다. 미국의 애리조나 주나 뉴멕시코 주에 있는 햇볕에 말린 흙벽돌집들은 직사각형 평면에 구불구불한 윤곽을 하고 있다. 사람들은 사다리를 타고, 나무 들보 뼈대로 만든 평지붕에 올라 집에 들어간다. 이들 지역에 있는 전통 주택은 반-동굴, 반-파사드 *mi-façade*, 형태, 즉 주택의 반은 동굴에 있고, 주택 정면은 반쪽만 보이는 형태이다. 주민들은 각자 사다리를 가지고 있다. 사다리는 주택 정면 반대편에 있으며 적이 쳐들어오면 사다리를 치웠다. 주택의 형태와 배치는 태양의 궤적에 따랐는데, 겨울철에는 햇볕을 최대로 받고, 여름철에는 일조량의 흡수를 최소화하기 위함이었다.

3) 고대 이집트

고대 이집트 모든 왕국의, 주택을 포함하는 모든 건축물은 아주 오랜 세월 동안, 건축자재 조직과 건축기술, 그리고 종교 의

사진 016 : 티엔안먼 *天安門* 의 빨강색 목재 기둥, 중국 베이징, 황궁, 쯔진청 *紫禁城* 의 남쪽 정문 뒷면

사진 017 : 작은 거룻배, 중국 양쯔 *揚子* 강, 상상 그림

식과 자연환경 사이에 밀접한 관계를 유지해 왔다.

(1) 고대 이집트 왕조

고대 이집트 왕조는 크게 고왕조 *서기전 3200~2160*, 중왕조 *서기전 2160~1580*, 신왕조 *서기전 1580~525* 로 분류된다. 그러나 이집트 왕조에 대해서는 전해져 내려오는 명확한 기록이 많지 않아 왕조의 연대를 정확하게 분류하기는 쉽지 않다. 여기서는 서기전 3세기 시대의 이집트 역사학자 마네토 *Manetho* 와 현대의 이집트 연구 전문가, 프랑스인 노블르꾸르흐 *Christiane Desroches Noblecourt* 의 왕조 분류를 참조했다.

중왕조 시대, 즉 서기전 1900년, 세소스트리스 2세 왕 *Sésostris II* 시대에 피라미드를 건설하면서, 공사현장에서 일하는 노동자들을 위한 숙소, 즉 카훈 주거단지 *village de Kahoun* 를 건설했다. 그러나 카훈 주거단지는 피라미드 공사가 끝나면서 철거되어 결국 흔적도 없이 사라졌다. 카훈 주거단지에는 채소밭이 있었으며 노동자들의 숙소는 다닥다닥 붙여지었다. 카훈 주거단지는 당시에 노동자 주택단지의 모델이었다.

신왕조 시대에도 노동자 주택단지, 즉 디에르 엘-메디네 *Dier el-Médineh* 유적의 흔적이 나타나고 있다. 이들 단지에 있는 노동자 주택의 형태는 길고 좁았으며 방들은 서로 통해 있었다. 주택의 부엌은 지붕 없이 하늘에 노출되어 있었다. 그러나 관리자, 즉 귀족, 고위 관리, 가장 부유한 사람들에게는 별도의 주거단지, 즉 텔 엘-아마르나 *Tell el-Amarna* 가 있었다. 관리자들의 주택은 평지붕이었으며, 진입이 가능했다. 중정도 여러 개 있었으며, 각각의 중정에서는 서로 다른 다양한 주택 서비스를 즐길 수 있었다. 주택은 북쪽 정원을 향해 열려있었으며, 그 정원 정면에는 주랑이 있었다. 정원이 있는 규모가 큰 주택, 즉 저택은 가정생활을 안락하고 평온하게 즐길 수 있도록 배려해서 기능이 다른 방들을 유기적으로 배치했다. 저택의 주방과 빵 굽는 방은 남-동쪽에 두었다. 그것은 음식을 만들 때 생기는 증기와

사진 018 : 프에블로 흙벽돌집, 미국 콜로라도, 토착 재료 사용

사진 019 : 예멘의 흙집, 아라비아 반도 남단, 토착 재료 사용

연기, 그리고 냄새가 쉽게 집밖으로 빠져나가 집안에 머무르지 않도록 하기 위함이었다.

(2) 토착 건축재료

고대 이집트 왕국이래, 대부분의 서민들은 갈대와 점토로 만든 오두막-집에서 살았다. 중산층의 사람들은 2층집에서 살았고, 최상의 부유층 사람들은 근동 제국풍의 집에서 살았다. 부유한 사람들의 주택에는 싱싱한 꽃들로 장식된 중정이 있다. 소위 말하는 지도자 계층의 사람들은, 부유층의 중정과 같은, 사치스러운 중정으로 아름답게 장식된 호화로운 저택에서 살았다. 지도층 사람들의 주택은 불에 구운 흙벽돌로 지어졌다. 흙벽돌을 흙으로 만든 접착재료를 이용하여 쌓아 올리고, 같은 재료로 평평하게 덧칠을 한 다음 그 위에 색칠을 하여 마감했다.

자연환경에 순응하면서 살아온 고대 이집트인들은 거의 모든 건축 재료를 나일 강에서 얻었다. 나일 강은 연중 일정기간 동안 주기적으로 범람했다. 나일 강의 범람은 비옥한 황토와 점토를 실어 왔다. 아이러닉하게도 나일 강 하구에서의 큰 홍수는 우기가 아니라 비가 거의 오지 않는 시기에 일어났다. 나일 강은 총길이가 6671~6695km 로 추정되는 세계에서 가장 긴 강이다. 나일 강 전체의 양쪽 둑과 언덕은 유용한 건축 재료, 즉 석회석, 화강석, 사암, 현무암 등을 공급했다. 비록 건축용 목재가 매우 드물기는 했지만, 식물류, 즉 종려나무, 백련 *白蓮*, 파피루스 *papyrus*, 골풀 등은 풍부했다.

(3) 기후와 주택

이집트의 건조한 기후로 인하여 사람들은 손쉽게 햇볕에 말린 매우 단단한 점토벽돌을 생산할 수 있었다. 점토벽돌은 잘게 썬 짚과 황토를 잘 섞어 이겨 형틀에 넣어 일정한 모양을 만든 다음 햇볕에 말려 만든다.

이집트 사람들은 수 천년동안, 흙벽돌로 오두막-집을 짓고,

사진 020 : 노동자 숙소 평면, 고대 이집트

카훈 주거단지 상상 그림

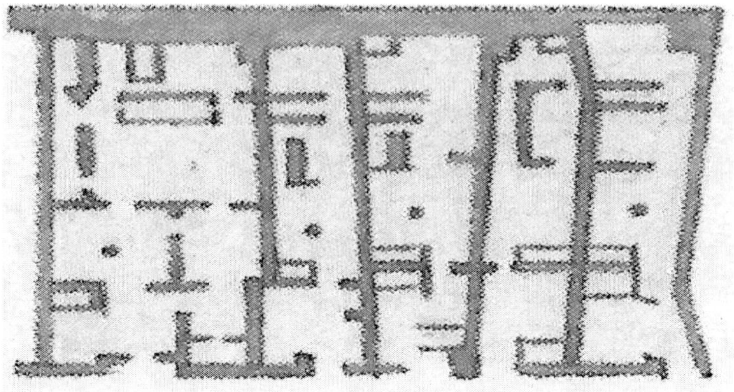

사진 021 : 고대 이집트 부유층 저택 평면도, 상상 그림

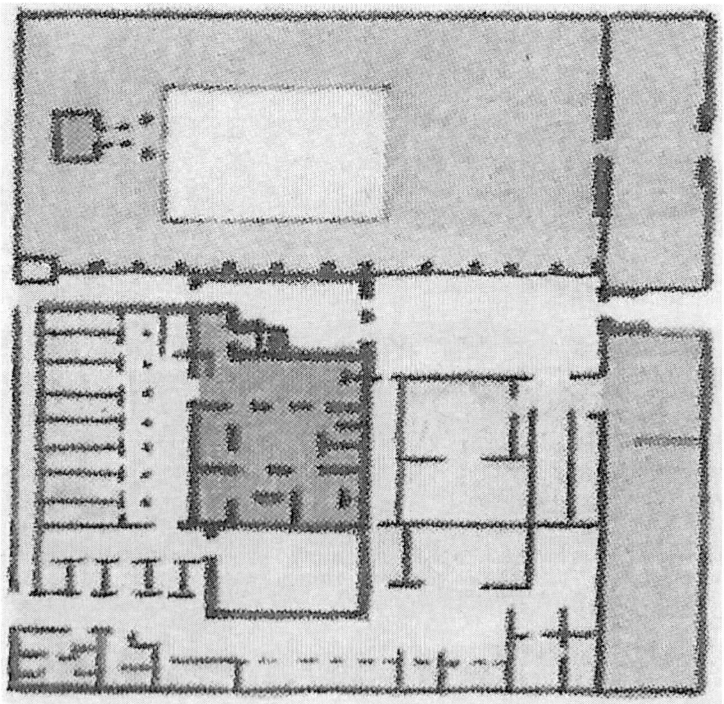

석재를 이용하여 왕궁, 신전, 왕가의 무덤 등을 건축했다. 그러나 세속적인 일반 주택은 지속적으로, 약간의 목재를 이용하거나 흙벽돌을 이용하여 지어졌다. 골풀을 엮어 만든 판재와 짚을 섞어 만든 벽토 *壁土* 역시 지속적으로 사용되었다. 아주 기다란 형태의 집들이 아주 빽빽하게 서로 들러 붙여진 상태로 건축되었다. 한 줄로 길게 늘어선 그런 집들의 방은 환기가 거의 안 되고, 방에는 실제로 햇빛이 거의 들어오지 않았다.

그러나 귀족들에게 바쳐진, 터무니없이 호사스러운 개인 주택은 3~4층으로 지어졌다. 목재 기둥이 각층의 바닥판을 떠받치고 있다. 목재 기둥은 선사시대 오두막-집의 식물로 만든 기둥, 즉 갈대를 묶어 다발로 만든 기둥, 또는 목재 돛대의 모양을 다시 해석한 듯하다. 주택의 벽은 언제나 점토와 짚을 섞어 만든 흙벽돌을 쌓아 올린다음 벽토를 바른 모습이었다. 햇볕에 말린 흙벽돌을 전문적 용어로는 "생 *生, crues* " 벽돌이라고 한다.

귀족들의 주택은, 주택 내부를 선선하게 유지하기 위하여, 창문의 수 *數* 를 최소화했다. 아울러 열기와 화재 방지를 위하여 조리용 화덕을 평지붕 위, 열린 공간에 설치했다. 그리고 또한 쥐들의 침입을 피하기 위하여 곡물 창고는 보통 지붕 밑에 설치했다. 조리용 화덕을 설치한 평지붕은 곡물 창고의 레벨보다 반 층 정도 낮으며 이들은 서로 계단으로 통해있었다. 게다가 건조한 기후 덕분에 지하실을 매우 신선하고 건조한 상태로 유지할 수 있었으므로, 사람들은 지하실에 식량과 생필품을 잘 보존할 수 있었다.

4) **메소포타미아**와 **페르시아**

서기전 5000년경부터, 메소포타미아 문명은 유프라테스 강과 티그리스 강 사이의 충적평야에서 싹트기 시작했다. 두 개의 강 모두는 아르메니아 *Arménie* 산맥에서 흘러나와 흑해 *mer Noir* 로 흘러들었다가 페르시아 만 *Golfe persique* 쪽으로 흘러간다. 이 지역에는 점토, 갈대, 석고 등은 풍부했지만 목재는 매우 드물

사진 022 : 석회석 채석장, 이집트 카이로 근교, 나일 강변

사진 023 : 아스완 댐, 이집트 아스완

화강석으로 축조, 나일 강 중상류, 이집트 남단 소도시

었는데 그나마도 아주 보잘 것 없었다. 메소포타미아 사람들은 건축물의 기초를 구축하기 위하여 돌을 사용하였는데, 그 돌들은 모두 페르시아 산악지대 또는 아르메니아 산맥에서 가져왔다.

메소포타미아 사람들의 생활방식과 그들의 뛰어난 주택 건설 솜씨는 주택 평면의 기본을 만들어 냈다. 그들은 햇볕에 말린 흙벽돌로 집을 지었으며 주택의 평면은 직각, 때로는 직사각형으로 계획했다. 그들의 주택은, 진화된 기능적 배치에 의한 계획된 건축물이었으며, 중정 둘레에 주택을 배치하는 것을 원칙으로 했다. 주택의 모든 방들은 중정을 향하도록 했으며, 화덕은 중정 한 가운데에 설치했다. 주택을 둘러싸고 있는 외벽에는 단 한 개의 출입문만을 설치했다. 주택의 벽은 매우 두꺼웠으며 햇볕에 말린 흙벽돌로 쌓아 올린다음 방수를 위해서 석회로 덧칠을 했다.

화덕에서 구워낸 구운 흙벽돌로 말하자면, 사람들은 그 벽돌을 극히 일부분, 즉 아주 중요한 부분, 다시 말하면 중정이나 각방의 바닥 포장, 아주 드문 경우이기는 하지만 집 둘레의 외벽의 축조에만 사용했다. 벽돌을 굽기 위해서는 많은 연료가 필요했기 때문이다. 메소포타미아 지역에서, 약 3000년에 걸쳐 지속되어온 건축의 발전은 점차 쇠락하기 시작했다. 페르시아 풍의 중정은 주택에서 사라지기 시작했으며 주택의 평면은 정사각형으로 바뀌었다. 통나무가 건축물의 기둥이나 들보에 쓰이기는 했지만, 벽의 축조에는 여전히 햇볕에 말린 흙벽돌이 쓰였다. 주택의 지붕 역시 여전히 평지붕이었다.

5) 그리스인들의 세상

(1) 그리스 문명

선사 *先史* 시대부터 서기전 약 1000년까지 에게 해의 모든 연안은 전*前*그리스 시대 문명의 요람이었다. 그리스 고유의 고대

사진 024 : 기자 *Gizeh* 의 3대 피라미드, 이집트 카이로 근교

이집트 고왕국 시대 죽은자들의 안식처, 세계 7대 불가사의 건축물, 유네스코 세계문화유산, 위 사진; 왼쪽부터 멘카우레 *H.65.5m*, 카프레 *H.143m* 및 쿠푸왕 피라미드 *H.146.6m, 가로:230.5m, 세로:230.5m*, 쿠푸는 카프레의 할아버지이고, 멘카우레는 카프레의 아들이다. 아래 사진; 카프레왕 피라미드, 정상에 유일하게 원래 모습인 화강석 판재가 남아 있다. 석회석으로 쌓아 올린 다음 화강석 판재로 마감했다. 왼쪽은 모서리 일부가 붕괴된 쿠푸 왕 피라미드

문명은 서기전 1000년경부터 발상했다. 이 문명은 나중에 메소포타미아 및 고대이집트 문명과 융합되면서 동서양을 어우르는 세계적 성격을 지닌 문명이 되었다. 그리스 문명은 프리헬레니즘 *Prehellenism*, 즉 전기 그리스 문명과 헬레니즘 *Hellenism*, 즉 후기 그리스 문명으로 분류된다. 프리헬레니즘은 서기전 1000경부터 서기전 323년, 즉 알렉산드로스 대왕이 죽을 때까지 꽃피웠던 문명이다. 대왕은 미증유의 광대한 그리스 제국 *Empire* 을 건설하면서 헬레니즘이 꽃피울 터전을 마련했다.

대왕의 제국 *Empire* 이 붕괴되면서 여러 왕국 *Royaumes* 으로 분할되기 시작한, 서기전 4세기 중반부터 그리스 고유문명은, 원천이 다른 문명으로 대체되었다. 헬레니즘은 대왕이 사망한 서기전 323년 직전인 330년경부터 서기전 30년까지 300년 동안의 그리스 문명으로 향후 유럽 문명의 중심이 되었다.

(2) **트로이**와 **미케네**의 **주택재료**

서기전 3000년에서 2000년 사이에, 그리스 사람들은 지중해, 정확히 말하면 지중해 동쪽에 있는 에게 해 남쪽, 크레타 *Créte* 섬으로부터 흙벽돌 건축의 전통을 차용해 왔다. 당시 크레타 섬에는 강력한 해양문명이 번창하고 있었다.

서기전 약 3000년경, 소아시아의 도시국가 트로이 *Troie* 의 주택 평면은 직사각형 이었으며, 주택에는 현관, 출입문, 가운데 화로를 설치한 방 등이 있었다. 트로이 유적은 현재 터키 북서쪽, 에게 해 북-동쪽 해안에 있다. 트로이의 두꺼운 성벽은 햇볕에 말린 흙벽돌로 쌓았으며, 뼈대는 목재였다. 서기전 2000년 초부터, 크레타 섬의 크노소스 *Cnossos* 에는 돌을 쌓아올려 지은, 투박하기 짝이 없는 건축물이 있었다.

서기전 16세기부터, 미케네 *Mycènes* 의 주거단지에는 돌덩이를 잘라서 쌓아올린 돌 울타리가 등장했다. 그리스의 옛 도시 미케네는 초기 고대 그리스 문명의 발상지이다. 미케네 유적은 현재 그리스 아테네 서-남쪽 75km 지점에 있다.

사진 025 : 미완성 오벨리스크, 이집트 아스완

화강석 통돌, 길이 약 42m, 신왕국 시대 채석장

(3) 고대 그리스 도시와 거리

고대 그리스 시대의 그리스인들은, 새로운 도시를 건설할 때 기하학적 도시계획 방법, 즉 모든 길이 직각으로 교차하는 계획 기법을 도입했다. 모든 계획도시들은 크기가 서로 다른 동네, 즉 중정이 있는 주택의 동네와 중정이 없는 주택의 동네로 구획되었다. 예를 들면, 발굴된 신도시 올린스 *Olynthe* 는 기하학적으로 개발된 계획도시였다. 그러나 그리스 문명 역사에서는, 무수히 많은 돌로 건축된 신전들은 잘 보존되어온 반면, 주거 유적은 거의 남아 있지 않다. 올린스는 아주 예외적으로 주거 단지 유적이 발굴된 도시이다. 폐허 상태였던 유적을 발굴하여 재구성한 도시구조에 따라 밝혀진 바에 의하면, 올린스는 완벽한 도시계획에 의해 건설된 도시였다.

도시계획 분야의 동등한 입장에서 살펴보면, 자연적으로 발생하여 유기적 형태로 발달된 도시들도 있다. 다시 말하면 미리 짜놓은 계획 없이 저절로 발달된 도시들이다. 아테네 *Athènes* 와 델로스 *Délos* 가 이런 경우이다. 델로스는 에게 해, 시클라드 제도에 있는 작은 섬이다. 도시 공화국 아테네의 거리와 동네는, 그리스 제국 최전성기였던 서기전 6세기에서 4세기에, 논리적 사고에 따라서 형성 된 것들이다. 특히 아테네는 공공지역과 신전지역으로 나뉘어 있었다. 신전지역에는 완벽하게 신성한 기운이 감도는, 신전들이 있는 높은 언덕의 도시 *ville haute*, 즉 아크로폴 *Acropole* 이 있다. 공공지역은 공방 *ateliers* 지구 및 주거지구로 분할되었으며, 공공지역에 있는 대형 광장, 즉 아고라 *Agora* 는 상업 활동의 중심지였다. 물을 필요로 하는 공방, 즉 작업장이 많았던 아테네에는 건강에 해로운 오수 배출을 원활하게하기 위한 배수시설이 있었다. 작업장의 배수관은 도시의 하수구에 직접 연결되었다. 배수관은 깔때기 모양의 도자기관을 여러 개 끼워 맞추어 만들었다.

(4) 열주회랑 주택

사진 026 : 올린스, 고대 그리스

계획 도시, 큰길과 작은 길 모두 직각으로 교차, 그 안쪽에 주택 배치

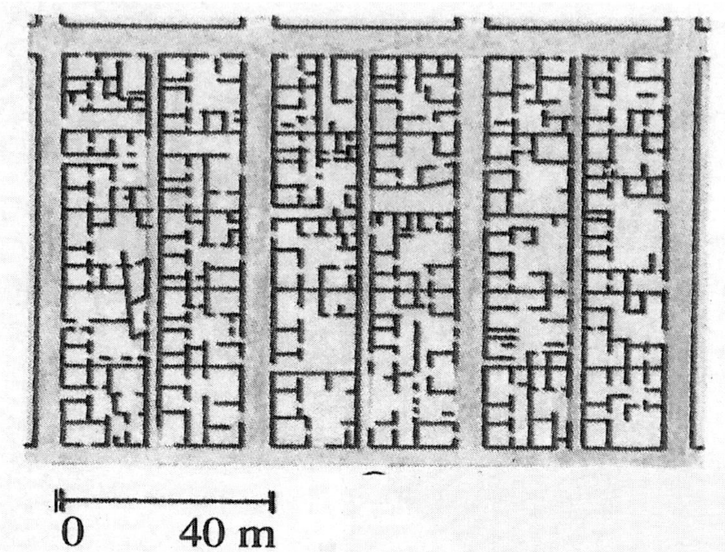

사진 027 : 델로스, 그리스 에게 해, 시끌라드 제도

자연발생 도시, 자연 발생적으로 형성된 큰길과 작은 길이 유기적 형태로 교차, 그 안에 주택이 있다.

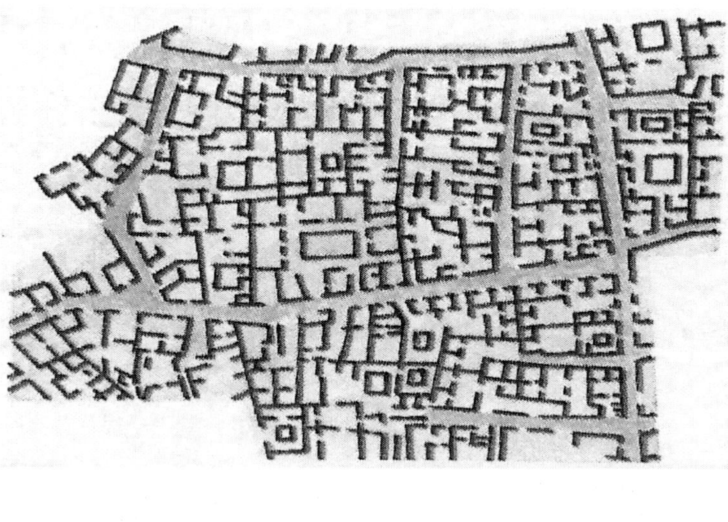

고대 그리스 인들은 중정 중심의 폐쇄적이고 내향적인 주거생활을 했다. 고대 그리스 시대 초기의 주택에는 메소포타미아와 이집트 시대와 같은 단순하고 간소한 중정이 있었다. 그러나 헬레니즘 시대에 와서는 단순했던 중정은 열주현관 *portico* 과 열주회랑 *péristyle* 이 있는 중정, 즉 열주회랑중정으로 발전했다.

고대 그리스 시대, 서민 주택의 경우 대부분 규모가 작은 1층이었다. 2층 주택의 경우, 사람들은 외부에 설치해둔 사다리를 통해서 올라갔다. 반면 규모가 큰 부유층 주택에는 열주회랑중정이 있으며, 방들은 중정 주위에 있다. 고대 그리스의 열주회랑중정 주택은 정식으로 도시계획이 이루어진 이후에 나타났다. 부유한 개인의 요구에 따른, 호화로운 주택은 열주회랑중정 주택의 유형 *typologie* 이 되었다. 주택의 바닥과 벽의 장식은 모자이크와 페인트칠로 마감했다. 호화 주택에는 여러 개의 방, 즉 생산 활동에 쓰이는 방, 식품 저장실이 있는 주방, 가족들이 편히 쉴 수 있는 방 등이 있었다. 주택의 방들은, 열주 *colonnades* 가 있는 정사각형의 작은 중정 주위에 있다. 열주는 방과 중정 사이에 있는 일종의 경계선인 셈이다.

(5) **아테네**의 **주택**과 **위생**

서기전 5세기에서 3세기까지의 아테네 및 그리스 다른 도시에서, 세라믹 제품, 벽돌, 기와 등은 번창하는 사업이었다. 아테네 서민들의 소형 목재 골조 주택의 벽은 햇볕에 말린 공동 *空洞* 점토 벽돌 또는 조약돌을 쌓아 올려 만들었다. 물을 넣고 비벼낸 흙을 접착재로 사용하였다.

반면, 부유 계층 주택의 벽은 불에 구운 벽돌이나 돌을 쌓아 올려 만들었다. 지붕은 양쪽 가장자리가 쳐들어진 정사각형 기와에 반원통형의 둥근 기와를 덮어 비늘 모양으로 이어 만들었다. 대-그리스 *Grande-Grèce* 시대, 즉 서기전 4세기부터는 기와 지붕은 전통적인 목재 구조 체, 즉 서까래 틀, 들보 및 네모진 서까래가 일체를 이루는 구조 체였다.

사진 028 : 파르테논 신전, 그리스 아테네

백색 대리석, 아크로폴리스 바위 언덕에 서기전 447년 착공, 기둥 상단 프리즈 *Frieze* 와 페디먼트 *Pediment* 에는 조각품 일부가 남아있다. 목재 뼈대 지붕은 모두 사라졌다. 이 건축물에 황금비 *1:1.618* 가 적용되었다는 가설은 짜 맞추기 식일 뿐인 것으로 추정된다. 유네스코 세계문화유산 1호

아테네에서는 훌륭한 위생 상태 확보를 위해서, 주택에서의 생활용수 배출을 위한 배수 공사를 필수 요건으로 내걸었다. 이런 강제조치에 따르기 위해서 사람들은, 도시 하수구에 배수관을 직접 연결하는 효율적인 배수 공사를 했다. 깔때기 모양의 도자기관을 여러 개 끼워 맞추어 배수관을 만들었다.

(6) 석재공사 기술

그리스 사람들의 세상에서, 돌을 다듬고 쌓아 올리는 탁월한 솜씨, 즉 석재공사 기술은 성벽, 신전, 공공건축물 등을 건축하는데 가장 중요한 기술이었다. 가끔은 주택 공사에도 이런 건축기술을 적용했다.

그리스인들은 돌을 다루는 다양한 수단을 가지고 있었으므로, 그들은 충분히 그리고 손쉽게 채석장 또는 거대한 암벽으로부터 돌을 잘라 낼 수 있었다. 돌을 잘라내기 위해서 그들은, 아주 흔히 사용하는 방법으로, 우선 바위에 구멍을 뚫고 나무 쐐기를 박아 넣은 다음 물을 부어 넣는다. 나무 쐐기가 물에 부풀 때 생기는 팽창력으로 바위에 금이 가도록하기 위함이다. 돌덩이를 운반하는 문제는 여러 가지 방법으로 해결했다. 지상에서 짧은 거리로, 돌덩이를 나를 때는 일반적으로 일종의 썰매와 같은 기구를 사용했다. 강물을 따라서 장거리로 돌덩이를 운반할 때는 뗏목을 이용했다.

건축공사 현장에서는 여러 가지 기계와 도구, 즉 권양기, 석공용 정 및 쇠망치 등을 사용했다. 권양기는 한 개의 움직도르래와 다른 한 개의 고정도르래로 되어 있다. 돌을 가공할 때는 석공용 대패로 돌을 밀어 평평하게 만든 다음 솔과 연마재로 돌 표면을 문질러 완벽하게 광을 냈다. 연마재는 좀 더 단단한 바위를 분쇄하여 가루로 만든 것이다.

최종적으로 완성한 돌 블록을 쌓아 올릴 때는 목재 지렛대와 쐐기를 활용했다. 쌓아 올린 돌 블록이 중력 방향에 직각 상태, 즉 돌 블록의 표면이 서로 수평을 유지토록 연결하기 위해서,

사진 029 : 생활 오수 배수관 및 기와 지붕, 그리스 아테네

고대 그리스 주택 상상 그림, 배수관은 도시 하수구에 직접 연결

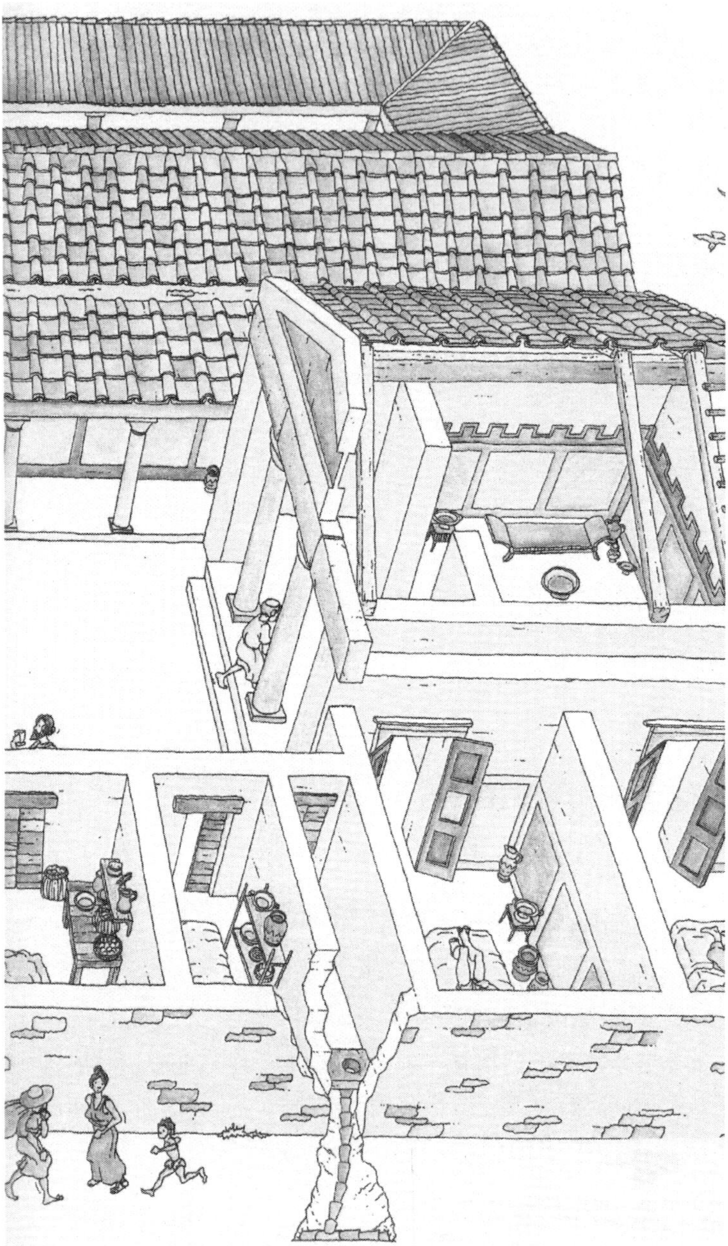

돌 블록의 접합면에 작은 공동 *空洞* 을 만들고 그 속에 납을 녹여 부었다. 이런 공법은 돌 블록의 돌발적인 미끄러짐을 방지한다. 그리스 인들의 석조 건축물 기술의 영속성은 마치 의도적이었던 것처럼 유리하게 로마인들의 석조 건축 기법에 녹아들어 계승되었다.

6) 로마인들의 세상

(1) 헬레니즘 시대의 모델

로마는 구릉지에 형성된 마을들의 집합체에서 시작됐다. 구릉지는 테베레 *Tevere* 강의 늪지로 이루어진 평야로 둘러 쌓여있다. 로마는 그곳으로부터 점진적으로 세력을 확장해 나갔다. 좀 더 세월이 흐른, 즉 서기 후 3세기에 공화제의 로마는 헬레니즘 시대의 모델에 따라서 교정, 정비 및 미화작업을 시작했다.

(2) 폼페이, 스타비 그리고 헤르꿀라눔

서기 후 79년 8월 24일 베수비우스 *Vésuvius* 화산이 분출했다. 순식간에 용암, 화산재, 화산석 및 진흙 등이 나폴리 지역의 로마제국 지방도시 폼페이 *Pompéi*, 스타비 *Stabie* 및 헤르꿀라눔 *Herculanum* 을 뒤덮어 매몰시켰다. 나폴리 *Naples* 는 이탈리아 남부 지중해의 항구도시이다. 4~5m 두께의 화산 분출물에 매몰되어 사라졌던 폼페이의 유적 발굴에 의하면, 대부분 1층이었던 부유한 가족의 저택에는 여러 개의 상점이 있었는데, 그들은 모두 길거리를 향해 있었다. 그러나 상점들은, 부유한 집주인과는 관계가 없는 외국인들에 의해서 경영되었다.

폼페이에 있는 부유층 주택의 벽은 벽돌과 돌로 쌓아 올렸으며, 프레스코화로 장식되었다. 프레스코 화법의 벽화는 풍경이나 신화적인 장면을 표현했으며, 게다가 또 건축물의 요소, 즉 기둥, 코니스 *corniches*, 출입문, 창문 등에는 실물로 착각할 만큼 정밀한 묘사화가 있었다. 코니스는 벽이나 기둥 꼭대기에 얹힌

사진 030 : 로물루스, 레무스와 늑대, 이탈리아 피사

쌍둥이 형제 로물루스와 레무스는 서기전 753년 4월 21일 도시국가 로마 *Roma* 를 건국했다. 쌍둥이 형제는 서기전 13세기에 멸망한 트로이 왕족, 아이네아스의 후손 이라고 한다. 쌍둥이 형제의 삼촌인 알바의 왕은 어린 그들을 강가에 버렸는데 늑대가 그들을 물어다가 젖을 먹여 키웠다는 전설이 있다.

쇠시리 있는 수평 돌출부이다. 프레스코 장식은 일종의 납화蠟畵法 이다. 다시 말해서 프레스코 화법은 밀초에 안료를 섞어서 벽면에 덧칠하여 그림을 그리는 기법이다.

좀 더 저렴한 서민층 주택의 경우, 그들의 벽은 석회 칠로 마감되었다. 창문은 매우 작거나 아예 없었으며, 드물게는 도둑들의 침입을 방지하기 위하여 창문에 쇠창살을 덧대기도 했다. 기와는 두 가지 타입, 즉 양쪽 가장자리가 쳐들어진 정사각형 기와와 반원통형의 둥근 기와가 있었다.

(3) 개인 주택과 상점

서기전 3세기에 로마의 벽돌 주택에는 종석 없은 아치가 필수적 요소였다. 종석을 없은 아치는 에트루리아 보다는 오히려 대-그리스 *Grande-Grèce* 시대의 식민지에서 차용해온 것이다. 이런 아치를 구축하기 위해서 사람들은 종종 사다리꼴 단면의 벽돌을 사용하였다. 로마제국 시절 동안에 개인 주택은 점점 더 호화로워졌다. 그러나 대부분의 로마 서민들은 중앙에 정원이 있는 주거용 대형 건축물, 즉 공동주택의 단칸방으로 몰려들었다. 로마 도심에서 인기 있는 공동 주택은 4~7층이었으며 20세대까지 수용했다. 상점, 공방 그리고 둥근 천장의 방들은 모두 길거리 쪽으로 열려 있으며 주택의 1층에 배치되었다. 마구간과 창고는 중정 쪽으로 열려 있다. 2층에는 주로 상점 주인들이 비교적 넓은 공간에서 살았으며 3층부터는 고용원이나 일반노동자들의 식구가 많은 가족들이 비좁은 공간에서 살았다.

서기전 3세기이후, 전통적인 로마의 주택에는 중정이 두 개 있었으며, 외벽에는 창문이 거의 없었다. 주택은 하인 방, 거주용 방, 에트루리아 식 중정, 즉 아트리움 *atrium*, 수조, 그리스 식 열주회랑, 즉 페리스틸 *péristyle* 중정 등으로 구성되었다. 여기서 거주용 방이란 주인실, 침실, 거실, 담화실, 대기실 등을 지칭한다. 거주용 방과 상점 경영용 방은 아트리움 주위에 잘 어울리게 배치되었다. 아트리움의 중앙에 있는, 빗물받이용의

사진 031 : 베수비우스 화산, 이탈리아 폼페이

작은 사각형 수조는 아트리움 안쪽으로 경사진 지붕에서 떨어지는 빗물을 모아두는 물통이다.

로마의 부유층들은 도심보다는 교외의 아빠트망 *appartements* 에서 살기를 선호했다. 그들의 아빠트망은 소유주의 거처, 소작농들의 숙소, 농산물 창고용 건축물 등으로 구성되었다.

(4) 로마 도심의 공동주택

서기 후 2세기경, 로마의 인구는 120만 명에 달 할 정도로 어마어마했다. 로마인들은 일터 가까이에서 살기를 원했으므로 로마 중심지에 수많은 주거용 대형 건축물, 즉 공동주택이 급속히 증가한 것은 자명한 일이었다. 마침내 이들 공동주택의 집단은 드넓은 지역을 점유하면서, 일종의 섬을 형성했다. 그럼에도 불구하고, 임대료는 천정부지로 치솟았다. 땅 값이 엄청 비쌌기 때문이다.

인기 있는 지역의 공동주택은 벽돌과 목재로 지었으나, 재활용 벽돌을 사용하는 경우도 빈번했다. 또한 방 한 칸에는 침대, 취사 및 난방용 도구가 서로 밀접해 있었다. 각각의 층을 겹겹이 포개서 쌓아올리는 식의 건축물 구조는, 그 견고성이 매우 취약했으므로 건축물이 붕괴되어 수많은 사람들이 압사를 당하는 일이 빈번했다. 게다가 무시무시한 화재가 수시로 발생했다. 로마 도심, 고층의 공동주택은, 단지 1층뿐이었던 폼페이 및 헤르꿀라눔의 주택 형태와는 확실히 달랐다. 4~7층의 공동주택 건축물 한 채에는 일반적으로 여러 개의 서민 임대아파트 *logements* 가 있었다. 이 서민 임대아파트에는 1~2개의 방과 1개의 식당만이 있었다.

공동주택 섬에서의 일상생활에서는, 수많은 세입자와 자유롭게 마실 수 있는 식수 부족으로 인하여 쾌적함이란 거의 찾아볼 수 없었다. 게다가 임대아파트의 방들은 너무 비좁았으며, 천정은 낮았고 계단은 불편했다. 공동주택 내부에 변소가 없었음은 물론이고, 게다가 공동주택 주변에는 쓰레기 수거장소 및

사진 032 : 폰 *Faune* 의 주택, 이탈리아 폼페이 유적

대지 면적 2970 m², 폼페이에서 가장 크다. 목양신 청동상이 있다.

사진 033 : 디오스뀌레 *Dioscures* 의 주택, 이탈리아 폼페이 유적 중정에 응회암 열주가 있다.

생활용수 처리장소도 없었다. 또한 당시 각 가정에서는 늘 하는 식으로 밖에서 물을 길어서 각자의 집안으로 가져왔다. 생활환경이 이런 지경이었으므로 공동주택 섬에서, 위생에 대한 논의를 거의 할 수 없었던 것은 아주 당연한 일이었다. 로마황제 아우구수투수 *Auguste* 는, 이미 서기후 1세기 초에 건축물 붕괴 위험을 방지하기 위하여 공동주택, 특히 인슐라의 높이를 70피에 *pied = 약 32.4cm*, 즉 약 23m 로 제한했다.

(5) **인슐라**와 **도무스**

로마인들의 주택은, 그 유형의 서로 다름에 따라서 사회 계급제도의 서열을 그대로 드러내준다. 사람들은 단순히 건축물의 높이만으로도, 서민 임대 공동주택, 즉 "인슐라 *Insula*" 와 사회 엘리트 계층의 저택, 즉 "도무스 *Domus*" 를 손쉽게 식별할 수 있다. 로마 중심 거리의 인슐라는 대체로 4~7층이었다. 이 인슐라 한 채에는 일반적으로 20세대의 서민들이 함께 살았다. 즉 서민 임대아파트가 20개 있었다. 당시의 인슐라는, 로마 중심가의 고밀도 인구문제를 해결할 수 있는 유일한 해결책이었다. 로마제국 말기에 로마에는 약 4만6600채의 인슐라와 1780채의 도무스가 있었다.

열악한 생활환경의 인슐라의 경우와는 반대로, 도무스에는 기존의 중정, 즉 아트리움에 소위 말하는 지붕이 열려 있는 아트리움, 즉 페리스틸 중정이 추가로 배치되기 시작했다. 아트리움은 전통적인 에트루리아 양식의 중정으로, 중앙에 정원과 사각형의 작은 물통이 있다. 사람들은 그 물통을 헬레니즘시대의 영감을 뒤따른 "안뜰의 물받이용 작은 못"이라 불렀다.

로마에 있는 도무스는, 특권 상류층들이 사는 지역, 즉 끼리날 *Quirinal* 이나 아벤틴 *Aventin* 에 충분한 공간을 확보하고 있었다. 수평방향으로 발전된 도무스는 대개 1~2층이었으며 그 대지 면적이 600 m²~1000 m² 이었으나 어떤 경우는 1600 m² 에 달하기도 했다. 그런데 당시 폼페이 주택의 경우, 평균 대지

사진 034 : 외과의사의 주택, 이탈리아 폼페이 유적
중정에 연못이 있다.

사진 035 : 황제 애인들의 주택, 이탈리아 폼페이 유적
열주회랑 중정이 있다.

면적은 350 m² 이었다.

인슐라 한 채에 있는 대부분의 서민 임대아파트 *logements* 는 불편하고 비좁았던 반면, 도무스는 왕궁과 같았으며 아주 완벽하게 편리했다. 물은 집 안까지 들어왔으며, 온돌 난방에 바닥 장식은 매우 호화로웠다. 거실은 모자이크 *mosaïques* 로 장식되었고 내벽은 페인트칠로 마감됐다. 주랑현관과 정원 등은 매우 멋지게 장식되었다. 가장 큰 방의 크기는 약 30 m² 이었지만 의외로 검소했다. 그럼에도 불구하고 오스티 *Ostie* 유적에 따르면, 인슐라는 그 범주가 매우 커서 부유계층의 인슐라가 있는가 하면 가난한 사람들의 인슐라도 있었다. 당시에 4층~6층 또는 그 이상 층수의 인슐라는, 1 층에 있는 상점이나 공방, 중이층, 옹색함, 고미다락, 어두운 계단, 보잘 것 없는 골조 등등에 따라서 그 종류기 달라졌다.

(6) 로마 건축의 주랑

지중해 연안의 여러 도시와 로마, 제노바, 나폴리 등의 도시에서 인슐라는 오랜 세월에 걸쳐 각기 고유한 유형을 만들면서 발전했다. 로마 건축의 주랑 *柱廊*, 즉 기둥만 있고 벽이 없는 복도는 헬레니즘 시대의 전통, 예를 들면 아고라 *Agora* 의 주랑에서 유래했다. 고대 그리스 시대의 광장 또는 집회장인 아고라의 주랑은 건축물이나 중요한 공간의 보조 경계였다. 그럼에도 불구하고 로마의 주랑은, 주랑 그 자체가 확장되고 가공되어 일종의 시설물이 되었다. 로마인들은 주랑을 중정이나 광장의 측면에 배치했으며 또한 길거리에서 집안으로 더욱 손쉽게 들어갈 수 있는 시설물로 개량했다.

(7) 주택 재료, 구조 및 장식

로마 시대에는 석회석, 응회암, 벽돌, 천연콘크리트 등의 천연 토속 건축 재료가 풍부했다. 서기전 2세기경부터 보편적으로 사용했던 천연 콘크리트는 화산재와 석회를 혼합한 다음 물을 부

사진 036 : 치타리스트의 주택, 이탈리아 폼페이 유적
연못가에 동물 청동상이 있다.

사진 037 : 옥타비우스 까르티오의 주택, 이탈리아 폼페이 유적 정원에 산책길이 있다.

어 만든 반죽으로, 주로 접착재료로 활용했다. 당시의 일반 주택은 보통, 벽돌이나 돌과 함께 목재로 지어졌다. 벽돌이나 돌을 쌓아 올려 벽을 구축할 때 줄눈에는 천연콘크리트 접착재료, 즉 모르타르를 사용했다. 벽은, 벽돌을 2~3줄로 쌓아 만들었으므로 매우 두꺼웠다. 벽의 표면은 그림을 그려 장식했으며, 벽돌 기둥의 기둥머리는 세라믹 *céramique* 조각 장식이 있다. 벽에 있는 모든 개구부, 즉 창과 문의 상단은 위쪽의 하중을 충분히 받아 낼 수 있도록 벽돌 아치로 만들었다. 주택의 2층 이상의 벽은 일반적으로 목재 뼈대로 만들고 1층의 벽에서 밖으로 돌출시켰다. 목재 뼈대의 칸막이벽은 매우 경량이었다.

2층 이상에 있는 방들은 대체로 길거리 쪽으로 불쑥 튀어나왔으며, 길거리 가장자리에 있는 작은 기둥들이 그들을 떠 바쳤다. 이들 방들은 일반적으로 임대용 이었으며, 임대인들은 주로 그들의 방아래, 즉 1층에 있는 상점을 경영했다. 1층의 상점들은 주랑을 따라서 배치되었다. 2층 이상에 있는 방들의 바닥은 목재 판재 위에 자갈과 접착재료를 섞어 평평하게 펴 바른 후 모자이크 타일로 장식했다. 부유한 사람들의 주택 방바닥에는 온돌설비가 갖추어 졌으며, 모자이크 타일 장식은 기하학적이고 구상적이었다. 그 원형은 서기전 4세기 대-그리스 시대의 것이다.

(8) **비잔틴제국**의 **콘스탄티노플**

서기후 330년부터 콘스탄티노플은 비잔틴제국의 수도였다. 콘스탄티노플은 현재 터키의 이스탄불이다. 로마제국은 324년에 당시 로마제국의 동쪽 끝에 있었던 콘스탄티노플로 수도를 이전하고, 콘스탄티노플의 로마제국을 비잔틴제국, 즉 소위 동로마제국이라고 했다. 476년 로마제국의 수도 로마가 붕괴되었지만, 비잔틴제국은 1453년까지 존속하다가 오스만제국에 멸망당했다.

당시 콘스탄티노플은 문명의 도가니였다. 콘스탄티노플에는

사진 038 : 원형 경기장, 이탈리아 로마

서기 후 72년 착공, 10년 후 준공, 서기 405년 격투기 경기 중단 이후 폐허 상태로 방치, 세계7대 불가사의 건축물, 4층 타원형, 장축 190m, 단축 155m, 높이 47m, 약 5만5000명 수용, 1층에 80개의 아치형 출입문, 석회석벽에 대리석 판재 마감, 기둥 양식은 1층 도리아, 2층 이오니아, 3층 코린트 식

그리스의 유산과 로마, 동양 및 유태인 등의 전통문명 그리고 그리스도교 문명이 융합되어 있었다. 그리스도교는, 303년에 로마황제 디오클레티아누스의 박해명령 칙령 *Edit de Dioclétien* 에 의해서 수난을 당했지만, 313년 밀라노 칙령 *Edit de Milan* 에 의해서 로마제국의 국교로 공인된 후 문명의 꽃을 피웠다. 세월이 조금 흐른 후, 이 혼합문명은 그리스도교의 새로운 욕구 속으로 빨려 들어갔다. 이때 그리스도교는 이미 콘스탄티노플에서 공인된 종교였다.

6세기, 콘스탄티노플의 절정기에, 이 도시에는 사람들이 넘쳐흘렀으며 소규모 주택들이 홍수를 이루었지만, 초보적인 위생설비는 갖추었다. 특히 황궁에는 완비된 상하수도 설비를 통해서 생활용수가 공급되었고 생활오수가 배출되었다. 건축물의 벽돌벽은 대리석과 회반죽으로 장식되었다. 이들 장식의 색채 효과는 건축물에 미묘함을 더했다. 로마제국 시절부터 전해져 내려온, 대형 벽돌 벽면에 설치된 반원형 모양의 아치 구조는 상부로부터 내려오는 무거운 하중을 부담할 수 있었으므로 고층 주택의 건축이 가능했다.

콘스탄티노플 지역의 온화한 기후를 만끽하기 위하여, 주택에는 높은 기둥으로 떠 받쳐진 대형 테라스가 설치되었다. 이들 테라스는 다양한 형태로 장식되었으며, 일 년 중 가장 온화한 계절에는 주택의 거실로 쓰였다. 테라스 면적을 최대화하기 위하여 테라스의 구조를 격자형으로 했다.

7) 중세

로마제국의 붕괴이후 이민족, 즉 게르만계의 반달족, 튜턴계의 고트족, 북서부 아프리카계의 무어족, 시리아와 아라비아 유목민계의 사라센족 등은 끊임없이 로마제국의 도시들을 침공, 황폐화시켰다. 이민족들의 이런 침략, 파괴행위는 14세기 초까지 지속되었다. 이 시기를 소위 중세의 무법천지, 암흑시대라고 한다.

사진 039 : 스톤 파인 *Stone Pine*, 로마 도심, 지중해 연안 자생 소나무, 지하고가 높아 관광객들이 시선 차단 없이 유적 조망 가능

사진 040 : 성 베드로 성당 가는 길, 이탈리아 로마
바티칸시공국, 석축에 담쟁이덩굴이 있다.

(1) **밀라노 칙령**과 **건축**의 **영향력 확산**

중세에, 건축에 관한 중대한 영향력은 유럽, 북아프리카는 물론이고 동양의 일부지역에 이르기까지 광대한 지역으로 침투되었다. 건축 영향력의 광범위한 지역으로의 침투는, 313년 밀라노 칙령에 의해서 공인된 그리스도교 확산과 324년 로마제국이 수도를 콘스탄티노플로 이전하면서 로마제국이 사라진 영향 등에 기인한다. 그리스도교가 484년에서 518년 사이에 로마교회로부터 비잔틴 동방교회의 분립 *Schisme d' Orient*, 즉 대분립 *大分立, Grand Schisme* 을 일으킨 사건 역시 건축의 영향력 확산에 일조했다.

(2) **이슬람 문명**

이슬람 문명은, 7세기에 아라비아의 메카, 즉 현재의 사우디아라비아 왕국, 메카주의 주도, 메카 *Mecque, Mecca* 에서 싹트기 시작했다. 메카는 이슬람 예언자 무함마드 *Muhammad* 의 탄생지이며 이슬람 대성원 *Great Mosque* 이 있는 곳으로 이슬람의 성지이다. 이 대성원에는 전 세계 모든 이슬람 공동체를 위해 하나님께서 축복을 내린 영적, 정신적 신성 전당, 즉 카으바 *Kaaba , Ka' ba , Caaba* 가 있다. 이것은 형상과 영혼, 감각과 의미, 현세와 내세를 상징한다. 이슬람 *musulman, mahométan* 들에게 카으바는 영혼과 감각의 중심지로서 가장 오래되고 가장 신성한 하나님의 전당이다. 이슬람-교는 7세기 초에 아라비아의 무함마드가 알라 *Allah* 의 계시를 받은 데서 비롯됐다. 알라는 이슬람들이 신앙하는 유일, 절대, 전지전능의 신이다.

메카에서 싹트기 시작한 이슬람 문명은, 시리아에서 마그레브 *Maghreb*, 즉 모로코, 튀니지, 알제리를 포함하는 북아프리카 거의 전 지역과 에스파냐 *Espagne*, 즉 스페인 남부 그라나다, 터키, 이라크, 이란, 인도 등으로 퍼져 나갔다. 특히 이슬람의 사라센 족 *Sarrasin* 은 이웃 국가들을 침략하고, 그곳에 수없이 많은 이슬람 사원을 건축했다. 모든 이슬람 사원, 즉 성원에는, 이슬람 성

사진 041 : 콘스탄티노플의 저택, 고대 비잔틴제국, 터키 이스탄불, 상상 그림, 위 그림; 격자 천장의 대형 테라스는 높은 기둥으로 받쳐졌다. 아래 그림; 저택 투시도, 2층에는 퍼고라, 3층에는 테라스가 있다.

지 메카를 향해서 기도하는 기도실이 있다. 그럼에도 불구하고 사라센 족은, 유목민의 천막 치는 기술 외에 지금까지 그 어떤 고유한 건축 기술도 없다.

(3) 마야, 아즈텍 그리고 잉카

중앙아메리카와 남아메리카에는 또 다른 당대의 문명, 즉 마야 *Mayas*, 아즈텍 *Azteques* 그리고 잉카 *Incas* 문명이 있었다. 아메리카 대륙의 문명은 중요한 건축 유적, 즉 피라미드, 석조 건축물 등에 남아 있었다. 그들의 유적은 고대 아메리카 대륙의 종교 의식의 공연과 강하게 연관되어 있다.

마야 인들은 전성기에 고대 멕시코 남부에서 유카탄 *Yucatan* 반도 전 지역을 장악했으며, 그들 문명의 뿌리는 서기전 5000년경으로 거슬러 올라간다. 그러나 그들이 역사에 흔적을 남긴 기간은 서기전 1500년대부터 서기후 1500년대까지 약 3000년 동안으로 추정된다. 서기후 4세기부터 마야의 수많은 도시국가들이 생기고 그 규모가 커지면서 마야 문명이 활기차게 발전하기 시작했다. 이와 더불어 돌을 가공하는 기술이 발달하면서, 돌로 만든 기념물 단지, 왕궁, 행정관청 건축물, 신전, 주택 등의 건축이 활발해 졌다. 당시 주택의 지붕은 목재 들보 뼈대에 석회, 식물 그리고 점토 등을 얹어 만들었다. 벽의 개구부, 즉 문이나 창의 틀에는 조각 장식과 해독하기 어려운 마야 문자의 기록이 있다. 창이나 문틀의 재료는 언제나 석회석이었다.

아즈텍 문명은, 현재의 멕시코 중앙고원 지역에서, 서기후 1325년에 발상하여 1521년에 소멸한 문명이다. 이 문명은 멕시코 지역에서 가장 융성했던 마지막 고대 문명으로, 16세기 초 스페인 침략자들에 의하여 철저히 파괴, 소멸되었다. 멕시코 현지에서는 이 문명을 메히까 문명 *México Civilización* 이라고 한다. 문명 수준이 낮은 수렵 민족이었던 아즈텍 인들은 그들의 수호신이자 전쟁의 신이며 태양의 신, 위칠로뽀츠틀리 *Huitzilopochtli* 의 계시에 따라서, 1375년 현재 멕시코 중앙고원의 계곡에 위

사진 042 : 카으바(사진 상), 검은색 키스와 상단과 허리띠 (사진 하 좌), 하얀색 키스와(사진 하 우), 사우디아라비아 메카

신전 덮개, 키스와 *Kiswa* 의 역사는 대성원 중앙에 있는 신전, 카으바의 역사와 연계되어 있다. 누가 최초로 신전에 덮개를 만들어 씌웠는지에 대해서는 여러 가지 설이 있으며 그 역사는 이슬람 이전으로 거슬러 올라간다. 신전에 덮개를 씌우는 거룩한 행사는 오늘날 까지도 매년 열리고 있으며, 이 행사에 참석하는 것을 큰 영광으로 생각했다. 과거엔 이 행사 를 1년에 3회까지 시행한 적도 있다. 이 행사에는 예언자 무함마드는 물론이고 역대 국왕들이 모두 참석했다. 신전 덮개는 검은색, 붉은색, 하얀색 등 다양한 색의 다양한 직물로 만들어 졌다. 덮개의 치수는 4면이 모두 다르고 *10.29m~ 12.15m* , 지상 9m 위치에는 폭 95cm 의 허리띠가 있다. 허리띠에는 꾸란의 구절들이 슬루스 *Thuluth* 아라비아 서체로, 금실과 은실로 돌출되게 수놓아져 있다. 다양한 형태의 신전 덮개는 과거엔 인도, 페르시아, 예멘, 이집트, 오스만터키의 왕들이 제작해서 메카로 보냈으나 현재는 사우디아라비아가 그 영예를 가 져왔다. 사우디는 덮개 생산 공장을 별도로 설립하고 직물 실험, 염색, 인쇄, 자수 등의 품질 검사를 철저히 하고 있다. 덮개 씌우기 행사 때, 새 덮개를 씌우고 벗겨낸 덮개는 여러 조각으로 나누어져 전 세계 이슬람 국가의 통치자, 외교관, 주요 이슬람 기관이나 성원에 선물로 기증된다.

치한 떽스꼬꼬 *Texcoco* 호수의 한 작은 섬에 떼노츠띠뜨란 *Tenochtitlan* 이라는 나라를 세우고 그들의 문명을 꽃피우기 시작했다. 특히 아즈텍 이전 문명인 떼오띠우아깐 *Teotihuacán* 의 거대한 건축문명, 즉 달 및 태양의 피라미드를 발전시켰다. 아즈텍 문명은 마야 문명의 건축 유형과 햇볕에 말린 흙벽돌 기술의 집대성이었다.

잉카 문명은 서기후 1200년경부터 현재의 남미, 안데스 산맥 고지 및 태평양 연안에 존속했던 문명이다. 잉카 인들은 그 지역에 존재하고 있었던 문명을 계승, 발전시켜 1533년까지 잉카인 고유의 문명을 꽃피웠다. 그러나 그들 문명의 전성기는 1430년에서 1533년까지 겨우 1백여 년에 불과하다. 잉카 제국의 전성기에는 현재의 콜롬비아 남부에서 페루 중동부 안데스 산맥 고지 및 볼리비아 북서부를 거쳐 칠레 중부지역까지 그 영향력이 미쳤다고 한다. 정복 전쟁으로 넓은 영토를 확보한 잉카 인들은 동질성 확보를 위하여, 피정복자들에게 잉카 문명, 특히 그들의 언어인 께추아 *Quechua* 어 사용을 강요, 문화적 통합을 시도 했다. 따라서 정복지에는 모두 잉카 문명이 확산되었다.

현재의 페루 지역에 있었던 잉카인들 역시 태평양 연안의 평원에서 그들의 집을 지을 때는 햇볕에 말린 벽돌, 즉 아도베 *adobe* 축조기술을 활용했다. 돌을 다듬어서 집을 짓는 그들의 건축 기술 솜씨, 역시 놀랄만했다. 우리는 안데스 산맥을 따라서 산재해 있는 그들의 대규모 유적, 즉 잉카 제국의 수도 꾸스꼬 *Cuzco* 및 호수, 띠띠까까 *Titicaca* 주변의 시에르 안딘 *Sierre Andine* 에서 그들의 대형 유적을 찾아볼 수 있다. 띠띠까까는 해발 3812m 의 고산 지대에 있는, 남북 방향의 길이가 170km, 면적이 8400km^2 나 되는 거대한 호수이다.

구스꼬에서 아주 가까운 거리, 즉 꾸스꼬에서 북서쪽으로 약 112km 떨어진 산 속에 있는 유적, 마추 삑추 *Machu-Picchu* 는 잉카 제국에서 가장 유명한 도시이다. 마추 삑추는 세계에서 가

사진 043 : 농부의 오두막, 멕시코 유카탄

마야의 주택, 단칸방, 지붕은 갈대, 구아노 야자, 풀 등을 엮어 만들었다. 야자나무를 엮어 기둥을 만들고 그 위에 진흙과 볏짚을 섞어 발라 벽을 만들었다. 이들 토착재료는 모두 보온 성능이 뛰어났다. 서로 마주하는 두개의 문과 경사지붕은 신선한 공기의 유입과 공기의 흐름을 원활하게 한다.

사진 044 : 신의 오두막, 멕시코 유카탄

격자구조, 라브나 아치 *Arch of Labnà* 의 진수를 보여준다.

장 아름다운 세계문화유산인 동시에 세계 신7대 불가사의 유적 중의 하나이다. 1983년 유네스코 세계문화유산으로 등재되었다. 마추 삑추는 잉카의 "성스러운 계곡" 중간 지점에 있는 우루밤바 *Urubamba* 계곡 서쪽 끝자락, 엄밀히 말하면 안데스 산맥 두 개의 고봉사이, 즉 우에이나 삑추와 마추 삑추 사이에 숨겨져 있었다. 평균 해발 2400m, 넓이 5km² 의, 이 작은 분지는 접근이 불가능한 난공불락 요새의 특전을 입은 땅이었다. 이유적은 산 아래쪽에서는 전혀 보이지 않아 오랜 세월동안 발견되지 않았다. 이 유적은 15세기, 즉 1450년경 잉카제국의 9대왕 빠차꾸떽 *Pachacutec* 의 통치시절에 건설되었던 것으로 추정된다. 그러나 사실은 언제, 누가, 왜, 무슨 용도로 이 유적을 건설했으며, 언제 사람들이 사라졌는지는 아직까지도 알려진바 없다. 자연의 구속력을 극복하고 건설되어 강한 인상을 남기는, 이 유적을 사람들은 "공중 도시", "잃어버린 도시", "산상 도시", "최후의 도시" 또는 "전설의 도시" 라고 부른다.

(4) 주택과 운하

유럽에서 서기후 5세기 중엽부터 상당수의 도시 주변인들이 아드리아 해의 해변, 간석지 함수호에 있는 섬에 피난처를 건설하기 시작했다. 이 피난처가 현재 이탈리아 베네치아 *Venezia* 이다. 야만인들, 즉 반달족, 고트족, 무어족, 사라센족 등의 침략에 쫓겨 도착한 함수호 섬의 대부분은 바닷물에 의해 휩쓸려온 쓰레기 더미가 쌓여 형성된 것이다. 쓰레기 더미에 불과한 섬 지반의 본질이 불안정하고, 연약한 것은 당연했다. 따라서 이곳에 건축물을 짓는 일은 불가능한 것이었다. 지반의 안전이 걱정되었으므로 땅바닥을 안정화하고 견고하게 해야만 했다.

이 섬의 개척자들은 우선, 연약 점성토 지반에 수백만 개의 나무말뚝을 일렬로 촘촘히 박고, 그 위에 들보를 대어 고정시키고 널빤지를 깔아 뗏목처럼 단단히 엮어 맸다. 그런 다음 널빤지 위에 자갈, 돌덩이 등을 깔고 다진 후 다시, 여러 차례 흙을

사진 045 : 빠깔 대왕 석관, 멕시코 치아빠스

죽은 자의 영원한 안식처, 석회석 통 덩어리, *길이x폭x두께=305cmx213cmx 107cm* 를 자궁 형상으로 파낸 다음 그 안에 시신을 안치하고, 속 뚜껑과 겉 뚜껑을 만들어 덮었다. 빠깔 대왕은 615년경부터 683년까지 무려 69년 동안 빠렌께를 통치했다. 빠렌께는 마야의 수많은 도시국가 중 가장 강력 했던 도시국가 중의 하나였다.

덮어 지반을 완성했다. 마침내 함수호의 구덩이는 두꺼운 널판과 돌 및 흙으로 가득 채워졌다. 이것은 일종의 대형 인공 섬이었다. 개척자들은 지반이 개량된 인공 섬에 그들의 전통 건축기술로 그들의 건축물을 짓기 시작했다. 인공 섬에 지어진 수많은 건축물들의 양식은 고딕에서 바로크 양식에 이르기까지 매우 다양했다.

베네치아의 주택들은 통상, 다락-방이 있는 3층이었다. 주택의 지하 저장고는 개펄에 박아놓은 기둥과 1층 사이에 있다. 주택의 층과 층 사이에는 돌계단이 있다. 주택의 기초는 나무 말뚝이고, 특히 목재는 쪽판 마루와 천장 장식에 쓰였다. 천장은 하나같이 회반죽 장식이었다. 회반죽은 자연석고, 해초풀, 즉 접착재료, 물 그리고 대리석 부스러기 등을 섞어 만들었다. 주택이나 일반 건축물의 정면에는 대형 유리창을 만들어 햇빛이 잘 들어오게 했다. 지붕에 있는 굴뚝의 머리는 모자 모양으로 만들어, 수시로 변하는 바람의 방향에 따라서 회전하여 집안의 오염된 공기 및 연기를 효율적으로 배출하게 했다.

건축물과 건축물을 연결하는 운하 역시 수 없이 많다. 운하를 오가는 운송 수단인 곤돌라 *gondola* 는 주택 앞까지 도착한다. 운하는 일반적으로 주택의 현관까지 연결되어 있으므로 곤돌라가 집 입구까지 갈수 있다. 인공 섬의 주민들은 운하를 따라 뚫려 있는 보도 위를 산책한다. 운하 위에는 수많은 다리가 있다. 그리고 주민들이 곤돌라를 타고 운하를 돌아다니는 일은 아주 흔한 일이었다. 뱀처럼 구불구불하게 뚫려 있는 운하는 주택과 작은 광장을 연결해준다.

시간이 흐르면서 베네치아, 즉 베니스는 물위에 떠있는 거대 도시가 되었다. 오늘날 베니스에는 177개의 운하, 118개의 섬 그리고 400개의 다리가 있다. 이와 같은 지질학 및 사회적 환경으로 인하여 베니스는 이탈리아에서 조차도 아주 보기 드문 거대 도시가 되었다. 베니스는 고대 로마제국의 그 어떤 유적도 그 크기에 있어서만큼은 뽐내지 못할 만큼 거대해 졌다.

사진 046 : 달 및 태양의 피라미드, 멕시코 떼오띠우아깐

사진 아래쪽이 달의 피라미드이고 그 위쪽이 태양의 피라미드, 태양의 피라미드는 아메리카 대 륙에서 가장 크고, 세계에서는 3번째이다. 현재 높이 65m, 밑면은 225mx222m 이다. 피라미드 위에 있었을 것으로 추정되는 신전의 높이를 감안하면 원래의 높이는 70m 정도였을 것이다. 달의 피라미데는 높이 45m, 밑면은 120mx150m 이다. 피라미드 위에 있었을 것으로 추정되는 계단 높이까지 포함하면 그 높이는 50m 정도였을 것이다. 달의 피라미드 앞에 는 광장이 있으며, 거기서 폭, 약 40m, 길이 4.8km 이상의 사자 *死者* 의 대로가 남쪽으로 뻗어나갔다. 죽은 자의 길 *Calle de los Muertos* 이라고 불리는 이 길은 은하수를 상징한다. 아즈텍 인들은 이길 양쪽에 있었던 건축물 터를 왕의 분묘로 생각해서 이 길을 사자의 대로라 불렀다는 설과 신의 제물로 바쳐질 인간을 운반했던 길로 생각해서 그렇게 불렀다는 설이 있다. 이들은 모두 1908년에 복원된 것이다. 1987년 유네스코 세계문화유산 등재되었다.

(5) 프랑스의 까롤링저 왕조 시대

10세기 초, 프랑스의 까롤링저 황제 국 *Empire carolingien* 이 3개의 왕국으로 분할되면서 국력이 약해졌다. 게다가 당시 대부분의 도시에는 수시로 전염병과 기근이 덮쳤기 때문에 도시의 인구는 극심하게 감소되었다. 사람들이 도시를 떠나자 도시는 황폐화 되었다. 농촌 역시 도시 사람들의 대이동으로 경작지가 파괴되면서 농부들은 더 이상 농촌의 이점 *利點* 을 누릴 수가 없었다. 도시에서 이주해온 사람들이 경작지를 쑥대밭으로 만들었기 때문이다. 국토의 대부분이 여전히 넓은 옥토와 울창한 숲으로 뒤덮여 있었던 프랑스조차도 사람들은 가난하고, 안전을 위협 받아 믿을 만한 것이라고는 거의 없었다. 그래서 사람들은 침입자들로부터 자신들을 보호하기 위하여 봉건 영주 *seigneur* 의 성채 *château* 아주 가까이에 정착해서 마을을 형성했다. 중세 사회는 엄격한 계급 사회였다. 사람들은 영주에게 신변보호와 재판권을 의탁했다. 당시 영주는 농촌 사람들 사이의 분쟁을 해결하는 유일한 재판관이었다. 대부분의 경작지는 영주의 재산이었으며 그들의 영지는 지속적으로 부를 창출할 수 있는 유일한 수단이었다.

도시인들이 농촌으로 몰려들기 이전에 농부들은 칸막이로 분할된 넓은 침실, 동물우리, 건초 및 곡물 저장용 다락-방 등이 있는 비교적 넓은 집에서 살았다. 하지만 농촌의 주택은 동물의 우리보다 나을 것이 없었다. 대부분의 농촌 주택의 중요한 공간인 1층은 비교적 커다란 동물, 즉 소, 당나귀 등의 축사로 쓰였다. 또한 1층에는 포도주, 식용 또는 약제용 기름, 기타 농축산 생산물 등의 저장 창고도 있다. 부엌과 침실은 중-이층, 즉 1층과 2층 사이에 있는 층에 있었다. 사람들은 외부에 있는 사다리를 통해서 거기로 올라갔다. 부엌에는 커다란 벽난로가 있으며, 방들은 서로 다닥다닥 붙어있다. 지붕 밑에는 하나같이 곡물 저장소와 천장이 있다. 지붕의 형태는 역 "V" 자, 즉 박공 지붕이었다. 각층의 바닥은 들보 위에 설치되었다. 널빤지 바닥 위에

사진 047 : 잉카의 석공 기술, 페루 꾸스꼬

위 사진은 아뚠루미욕 골목길의 돌 벽, 여기에 12각 돌이 있다. 아래 사진은 태양의 신전, 꼬리깐차의 내부 돌 벽

는 흙을 다져 깔 거나, 불에 구운 점토 타일을 깔았다. 점토 타일은 넓고 평평한 벽돌과 같다.

주택의 창은 거의 없었으며, 소수의 창틀은 널빤지, 투명한 천, 잡아 늘린 동물 가죽, 직물, 밀랍 입힌 아마포, 기름 종이, 린네르 종이 등으로 막았다. 당시 유리는 매우 귀할뿐더러 값이 매우 비쌌기 때문이다. 당시에 판유리는 교회의 스테인드글라스 제조에나 쓰이는 재료였다. 유리 제조 기술의 발달에 따라서 수많은 작은 유리창들이 점점 더 늘어나기 시작했다. 주로 생활하는 2층의 방에 있는 벽난로는 음식을 만드는데 쓰였을 뿐만 아니라 난방용으로도 쓰였다. 벽난로에서 나오는 열기는, 벽난로에 붙어 있는 침실의 칸막이벽으로 전달된다. 즉 벽 온돌난방인 셈이다. 농장주들은 소금에 절인 식료품을 방의 들보에 갈고리로 걸어 매달아서, 뜨겁고 건조한 바람에 말렸다. 반면에 주식이었던 빵은 마을 사람 누구나 사용할 수 있는 공동화덕에서 구웠다. 집안에 비치된 가구라고는 식탁, 걸상, 짚을 넣은 매트, 난로뿐이었다. 이와 같은 농촌주택의 형태는 수세기 동안 거의 변하지 않고 이어져 내려온 것이다. 사람들은 여전히 아주 오래된 주택들, 즉 지어진지가 400년이나 되는 주택들을 손쉽게 찾아볼 수 있다.

(6) **고딕예술**과 **주택재료**

최초의 고딕 건축물, 첨두아치 등의 고딕예술이 나타난 시기는 12세기 초였다. 이때부터 주택의 형태가 변하기 시작했다. 고딕 양식의 건축물은 정교하게 조각된 창, 뾰족지붕, 4각형 탑, 칸막이벽 등으로 특징지어진다. 당시 건축 재료는 정교하게 다듬은 돌, 벽돌, 조각된 목재 등이었다. 벽돌과 돌은 주로 건축물의 1층 공사에 쓰였으며, 2층 이상의 상층부 공사에는 목재가 쓰였다. 옛날 사람들은 점토를 반죽해서, 목재형틀에 넣어 원하는 형태로 만든 다음 햇볕에 말려 건축 재료로 사용했다. 때로는 좀 덜 건조된 벽돌을 가로대 틀에 올려놓고 굽기도 했다. 이

사진 048 : 마추 삑추 유적, 페루 꾸스꼬

잉카 시대의 마추 삑추 유적에는140여개의 건축물이 있었던 것으로 추정, 현재는 돌 벽 잔해만 남아있다. 위쪽 사진: 중앙의 녹지가 성스러운 광장, 그 아래쪽 나무 좌측에 태양의 신전이 있다. 아래쪽 사진: 수공업지역의 건축물 잔해, 박공지붕은 없어지고 삼각형 돌 벽체만 남아있다. 그 좌측은 계단식 경작지

렇게 구운 벽돌은 특히 중세에 프랑스 남-서부와 독일 북부지역에서 종교 건축물 건축에 사용되었다. 이 시기에 사용된 벽돌의 형태 및 종류는 다음과 같다:

① 표면 장식 무늬 벽돌
② 보강 벽돌, 즉 좀 덜 정형적인 일반 벽돌; 주로 장식 벽 안쪽의 보강 벽에 사용
③ 경량 구멍 뚫린 벽돌; 칸막이 벽 구축에 사용, 이 벽돌의 공기층은 열기와 소음 차단에 탁월한 기능이 있다.
④ 장식 벽돌; 규격, 형태 및 질감은 매우 다양, 다양한 디자인과 쇠시리 장식에 사용

(7) **중세 도시**의 **주택**

12세기에서 13세기에 이르는 동안, 즉 중세엔 도시는 성벽으로 둘러 싸여 있었다. 상업 및 수공업 활동은 성벽 안에서 번창했다. 인구는 증가하고, 주택은 부족하게 되었다. 많은 주택, 상점, 작업장, 창고 등의 건축은 자연스러운 일이었다. 사람들은 성채를 본떠서 집을 짓고 발전시켰다. 일상생활과 사회 환경은 내우 빠르게 변했다. 그럼에도 불구하고 도시는 여전히 변함없이 성벽 속에 갇혀 있었다. 거리는 매우 좁았고 건축물 상층부의 돌출된 부분은 이웃 건축물의 그것과 거의 서로 마주 닿을 정도였다. 거리와 집안에서의 일조 시간은 턱없이 부족했다. 햇빛을 최대한으로 끌어들이기 위해서 대형 창이 매우 유행했다. 집지을 땅이 부족한 상황에서, 비좁은 거리와 높은 건축물은 피할 수 없는 일이었다. 새로운 땅이 필요하게 되자 마침내 성곽이 허물어져 사라지기 시작했다.

지중해 지역, 특히 이탈리아 중북부 지역에 있었던 높은 탑형 건축물은 본래의 전략적 기능을 발휘하기 위함이었다. 그러나 시간이 흐르면서 탑형 건축물은 사회적 신분의 징표가 되었다. 다시 말해서 높이 치솟은 탑형 건축물은 거주자의 위세를 입증

사진 049 : 운하, 통곡의 다리 및 곤돌라, 이탈리아 베니스

하거나 가족의 권세를 나타냈다. 이탈리아 중서부 지역의 산 지미냐노 *San Gimignano* 나 타르끼니아 *Tarquinia* 와 같은 도시에서 번창했던 높은 탑형 건축물 무리는 오늘날 거대 도시의 철근콘크리트 고층건축물 숲과 흡사했다. 중세 도시의 탑형 건축물은 거상 *巨商*, 사제, 관료 등의 신흥세력이 자치도시를 만들어 자신들의 세력을 과시하고 기존의 봉건 영주에 대항하기 위함이었다. 신흥 세력과 봉건 영주의 다툼은 결국 전쟁으로 이어졌으며, 높은 탑형 건축물이 적들의 침입을 감시하는 역할을 한 것은 당연한 일이었다.

(8) **십자군**과 **미지**의 **생산품**

13세기에서 15세기까지, 수공업의 발전, 상업의 번성 그리고 십자군 원정 등은 주택의 품질을 바꾸어 놓았다. 십자군은 그 당시까지 유럽에서 몰랐던 몇몇 생산품, 즉 나선형 계단, 판유리 등을 가지고 왔다. 창문 유리는, 당시 유럽 세계에서는 매우 희귀한 제품이었음에도 불구하고 원정 갔던 이슬람 지역의 주택에는 아주 흔하게 사용되었다. 14세기 동안에 도시, 엄밀히 말하면 장이 서는 큰 마을들이, 상가 *商街* 가 교차하는 곳에, 평지를 쉽게 굽어 볼 수 있는 높은 지점에, 또는 자연 자원을 개발하는 곳, 즉 광산이나 염전에서 아주 가까운 곳에 불쑥 불쑥 생겨났다. 큰 마을에 있는 상인들의 주택에는 침실, 거실 및 곡물 창고, 상점 등이 있었고, 장인 匠人 들의 집에는 작업실이 있었다. 상인이나 장인들을 위한 이와 같은 실용적인 이점 때문에 중세 시대의 주택 구조는 아주 오랫동안 거의 발전하지 못했다. 사실 이와 같은 주택 구조는 15세기 내내 여전히 유지되고 있었다.

주택은 위쪽으로의 증축으로 인하여 수평 방향보다는 수직 방향으로 발전했다. 주택의 유형은 아주 조금씩 바뀌었다. 중부 유럽의 부유한 상인들의 주택에는 보통, 1층에 상점, 2층 이상에는 주거용 방, 즉 침실, 부엌, 거실, 식당 등이 있었으며, 최상

사진 050 : 주택 지붕 굴뚝 머리, 이탈리아 베니스
모자 모양 굴뚝 머리 상상 그림

사진 051 : 운하의 주택 및 곤돌라, 이탈리아 베니스

층에 다락방이 있다. 다락방에는 상품, 식료품, 도구 등을 보관했다. 다락방에 무거운 짐을 올릴 때는 몽트-샤즈 *monte-charge*, 즉 화물 운반용 수동 소형 승강기를 활용했다. 이 승강기는 수레바퀴와 밧줄을 이용하여 만들었으며, 승강기 케이스, 즉 통로는 1층부터 지붕 밑 다락방까지 연결되었다. 반면에, 지중해 지역의 일반 주택에서는 잡동사니를 쌓아두는 창고를 1층에 두는 것이 관행이었다.

중세 유럽, 큰 마을의 전형적인 주택 정면 벽, 즉 칸막이벽은 수직 샛-기둥, 빗-각 기둥, 들보 등의 목재 뼈대로 구성되었다. 여기서 칸막이벽이란 목재 골조, 즉 들보, 수직 기둥, 빗각-기둥 사이의 빈칸을 벽돌 등의 재료로 채운 벽을 말하며, 일종의 장식-벽이다. 이 벽은 주택의 비-내력벽, 즉 하중을 부담하지 않는 벽이다. 주택의 하중은 들보와 샛-기둥이 부담한다. 칸막이벽의 목재 뼈대는 주택의 정면에 그대로 노출되며, 압축력과 인장력에 저항하는 구조적 기능이 탁월하다.

중세 말기에는, 대성당이나 주택의 1층 벽에 고딕 스타일의 첨두아치가 많이 쓰였다. 벽은 종종 프레스코화 또는 벽지로 장식되었다. 벽걸이나 대형 모직물 등은 때때로 가설 칸막이벽으로 활용되었다. 지붕은 일반적으로 두 개의 경사면이 꼭대기에서 만나는 형상, 즉 측면이 세모꼴인 형상이다. 급경사면의 지붕 형태는 폭설이나 폭우가 쏟아지는 지역에서는 필연적이다.

(9) **지중해 지역**의 **주택**

지중해 지역 주택의 기와지붕 경사는 매우 완만하다. 주택의 중정을 향해 열려 있는 중이층은 하인들의 휴식이나 식사 공간이었다. 중이층 밑에는, 상품을 창고로 옮기기 전에 잠시 놓아두는 단순한 공간이 있다. 외부에 노출된 주택의 벽은 단단한 돌로 만들었지만, 주택 내부는 목재로 바닥을 마감했다. 계단과 내부 칸막이벽도 목재로 만들었다. 창틀 역시 목재로 만들었고 창의 덧문은 언제나 두껍고 편평한 목재를 조립해서 만들었다.

사진 052 : 주택 정면 칸막이벽, 중세 유럽, 상상 그림

주택 2층 이상 정면 칸막이벽에 수직 샛-기둥, 빗-각 기둥 및 들보 등의 목재 뼈대가 노출되어 있다. 박공지붕 꼭대기에는 바람개비가 있다.

그 결과 이 시절에는 화재가 매우 빈번하게 발생했다.

중세 시절, 유럽에서는 강의 다리 위에 집을 짓고 살면서 장사도 했다. 다리 및 주택은 모두 목재로 건축했다. 다리 위의 주택은 대체로 2~3층 이었으며, 주택에는 작업장과 구멍가게가 있었다. 예를 들면, 이탈리아 피렌체 *Florence* 의 아르노 *Arno* 강에 있는 베치오 다리 *Ponte Vecchio* 위에서는, 1345년부터 1593년까지 무두장이, 푸주한, 직물상인, 야채상인, 대장장이 등이 집을 짓고 장사를 하면서 살았다. 그러나 1593년 페르디난드 *Ferdinand* 1세는 합법적으로 그들을 몰아내고 금, 은, 보석세공 상인들에게 세를 주어 살도록 했다.

중세 사회의 경제적, 사회적, 지적 수준이 비약적으로 발전함에 따라서 건축 활동, 즉 봉건 영주의 성채, 군사 시설, 종교 건축물 등은 물론이고 세속적인 건축물에서도 서서히 변화의 물결이 일었다. 1453년 비잔틴제국이 오스만제국, 즉 회교도, 현재의 터키사람들에게 멸망당하면서 그리스도교의 종교건축 전통은, 러시아의 모스코바 사람들, 즉 동방 교회의 정통 예배의식을 선호하는 사람들의 보수적인 태도 속에 살아남았다. 동방교회는 가톨릭의 한 분파로서 로마 교황을 인정하지 않고 교회와 의식을 존중한다. 동방 교회를 그리스 정교, 동방 정교 또는 정교회 *正教會* 등으로도 부른다.

8) 근세

근세는 중세의 엄격한 교리에서 벗어나 인본주의로 나아가려는 시도가 시작되는 14세기말부터 산업혁명이 일어난 18세기 중엽까지의 시기이다. 산업혁명 전까지, 근세 동안의 주택형태는 수백 년 동안 큰 변화 없이 유지되었다.

(1) 전쟁과 프랑스 건축가

백년 전쟁 *1337~1453* 과 전염병, 특히 1348년~1349년에 창궐한 흑사병으로 극심한 타격을 받은, 프랑스 왕국은 건축물의

사진 053 : 목재 다리 위의 주택, 중세 유럽, 상상 그림

현대화 작업에 유리한 상황을 맞이했다. 게다가 1494년 이탈리아에서 일어난 전쟁은 프랑스인들이 이탈리아인들의 건축 전통을 계승 발전시키는데 필수적인 역할을 했다. 그러나 그런 계승은 이탈리아 남-북부 지역의 주택 모델에 한정되었으며, 그마저도 전통 계승 과정에서 오해와 착각이 있었다.

에스파냐, 즉 스페인에 사로 잡혀있었던 프랑수와 1세 *재위: 1515~1547* 가 1528년 돌아오면서, 그는 자신의 프랑스 왕국을 문화의 심오한 현대화 속으로 이끌었다. 그의 귀국은 프랑스 르네상스 건축의 진정한 출현을 기록하는 결정적인 전환기였다. 프랑수와 1세의 통치기간 동안, 루아르 계곡 *Val de la Loire* 과 일-드-프랑스 *Il-de-Francce* 지역에는 왕족의 저택 *châteaux royaux* 이 급속히 증가했다.

1540년부터 프랑스 건축가들은 프랑스 왕들의 정원에서 자신들의 사회적 지위, 즉 집짓는 거장 *maître-maçon* **이 아닌** 건축가 *architecte* 라는 전문가의 자리를 찾았다. 공업화 이전 사회에서 건축가들이 집중했던 일은 성채 *château* 즉, 왕족의 저택 건축이었다. 이런 연유로 프랑스 건축가들은, 1562년 종교전쟁의 폭풍 전야까지 몇 년 동안에 왕족 및 귀족의 저택 건축을 통해서 프랑스 고전주의를 창출, 확립할 수 있는 힘을 얻었다.

(2) **유럽**의 **민간 건축물**, 1450년~1560년

1450년경부터 유럽의 건축물 건축은 정치 엘리트들의 권력, 즉 왕, 왕자, 고위 성직자 등과 그들의 측근들로부터 확실하게 해방되었다. 민간 건축물 건축계획은 건설 산업분야를 압도했다. 지난날의 정치 엘리트들은 "중정 예술 *art de cour*" 모델, 즉 그들의 건축물을 위한 귀족풍의 중정 예술 모델을 주장했을 뿐이다. 중정 예술은 호화와 과시의 상징이었다. 또한 중정 예술은 계급사회에서의 강력한 체제 순응주의 문화를 지칭하기도 한다.

1450년에서 1560년까지의 유럽건축의 변화는, 고딕 양식의

사진 054 : 팔라디오 빌라, 이탈리아 베네치아 농촌, 투시 그림

16세기 말경 건축한 농촌 저택, 건축가는 안드레아 팔라디오, 1층의 대형 계단 및 열주 현관 밑의 빈 공간은 헛간과 농부들의 숙소, 2~3층은 농장주의 숙소 및 농사일에 관한 사무실, 빌라의 중앙 몸체 4면에 있는 열주 현관은 고대 그리스 또는 로마의 고전주의 건축 양식, 즉 대형 건축물의 열주 현관에서 영감을 얻은 것이다. 이 빌라는 18세기에 확고하게 자리했던 건축양식, 즉 신-고전주의 양식의 전형이 되었다.

조예 깊은 재탄생, 즉 르네상스 *Renaissance, 문예부흥* 와 이탈리아 모델의 정착 시점까지 감소하지 않았다. 이탈리아 모델의 확산이 완만하고 선별적이었기 때문이다. 16세기에 이탈리아 모델은 이탈리아 건축의 거장, 이탈리아 건축의 실무 전문가, 또는 건축 분야에서 정력적으로 활동하여 이탈리아화한 플랑드르 사람 *Flamands* 등이다. 그들의 건축 스타일은 중정 예술의 새로운 다양성이다. 이탈리안 인들은 자신들의 건축물에 지역의 상황을 반영했다.

유럽 중부 지역에서는 최초로 중세의 건축 전통을, 당대 새로운 상황에 처한 건축물에 접목했다. 16세기 당시 유럽 상류계층의 저택은 군대 양식이 좀 덜한 반면 좀 더 개방적이고, 햇빛이 많이 들어왔으며 안락했다. 유럽 중부지역에서는 일반 주택은 점토와 목재로 지었지만, 15세기와 16세기동안 이 지역의 전통주택은 농장주, 즉 상류 계급의 농촌 주택이었다. 농장의 주택은 돌로 지어 졌으며, 수시로 강화되었다. 주택의 형태는 엄격하게 4각형 평면을 유지했다.

유럽북부, 엄밀히 말하면 북극권 지역의 노르웨이, 러시아 등에서는 돌 기초 위에 통나무집을 지었다. 주택의 창에는 도난방지와 보온을 위한 덧창을 설치했으며, 덧창에는 소박한 그림 장식을 했다. 스칸디나비아 사람들이나 러시아 사람들은 자연 그대로의 순박한 꽃 그림으로 통나무 주택을 장식했다. 생기 넘치고 발랄한 색으로 그려진 꽃은 당시 사회에서 가장 화제가 되었던 일을 나타낸 것이다. 주택의 외벽에는 성스러운 글자를 써 넣거나 어떤 상징물들을 조각해 놓았는데, 이런 것들이 가족과 집을 악령이나 침입자들로부터 보호해 준다고 생각했기 때문이다.

(3) 팔라디오 빌라와 프랑스 저택

이탈리아 르네상스 말기, 즉 16세기 말 이탈리아 베네치아에서는 건축가 안드레아 팔라디오 *Andrea Paladio, 1508~1580* 가 농

사진 055 : 망사르드 식 지붕, 프랑스 비쉬, 거주용 호텔

지 소유주의 저택, 즉 3층짜리 빌라를 설계했다. 농장 경영에 적합하도록 설계된, 전형적인 농장주의 빌라에는 농기구 및 농산물 보관용 헛간을 두었다. 또한 빌라에는 농장주의 농장에서 일하는 농부들의 숙소도 마련해 두었다. 헛간과 농부들의 숙소는 1층에 있으며, 그들은 대형 계단 및 열주현관 밑의 빈 공간에 배치되어 눈에 잘 뜨이지 않았다. 2~3층은 농장주의 숙소 및 농사일에 관한 사무실로 쓰였다. 2층에는 대형 중앙 홀이 있으며 그곳에는 대형 계단과 열주현관을 통해서 들어간다. 그들은 빌라의 중앙 몸체 4면에 모두 배치되었으며, 이 빌라의 양날개는 서로 대칭을 이루고 있다. 빌라의 중앙 몸체 4면에 있는 열주현관의 지붕은 열주 기둥으로 받혀져 있고, 지붕 정면은 합각머리 삼각형이다. 빌라 몸체의 대형 모임지붕 위에는 둥근 천창과 채광용 천창을 설치했다. 이런 스타일의 빌라는 고대 그리스 또는 로마의 고전주의 건축 양식, 즉 대형 건축물의 열주 현관에서 영감을 얻은 것이다.

팔라디오는 이 빌라에 활기를 불어넣어 합리적으로 만들었다. 팔라디오는 빌라와 자연환경의 관계를 매번 심사숙고했으며, 빌라의 구체적인 사용목적을 결코 잊지 않았다. 또한 팔라디오 빌라가 농촌주택의 새로운 욕구를 충족시킬 수 있도록 했다. 팔라디오의 건축 스타일은, 18세기에 확고하게 자리했던 건축양식, 즉 신고전주의 양식의 전형이 되었다.

프랑스의 작은 성 *petit château*, 즉 왕족, 귀족 또는 그 측근들의 저택에는, 팔라디오 스타일의 빌라와는 달리, 농사일에 쓰이기 위한 방들은 거의 없다. 프랑스 농촌 귀족들의 저택은 일반적으로 정원, 경작지, 또는 숲 등으로 둘러싸여있다. 숲은 영주들의 기분전환을 위한 사냥터였다. 프랑스 식 정원은 기하학적 형태로 꾸며졌으며, 정원 가장자리는 아름답게 전정 *剪定* 된 회양목으로 장식했다. 저택의 창은 아주 컸으며, 르네상스 시절, 귀족 저택의 창과 흡사했다. 저택 현관의 열주와 지붕 정면의 삼각 벽면은 그리스와 로마의 고전 건축물의 그것과 유사하다.

사진 056 : 혼합양식-벽 주택, 프랑스 빠리

투시 그림, 루이 13세 스타일

사진 057 : 막돌 및 자른 돌 벽 쌓기, 주택 입면 그림

프랑스의 왕족, 귀족 및 그 측근들의 주요 저택은 다음과 같다;

[1] 당피에르 저택 *château de Dampierre*

건축가 쥘 아르뒤엥-망사르 *Jules Hardouin-Mansart* 가 1675년부터 1683년까지 복원공사, 당피에르-앙-이브린 *Dampierre-en-Yvelins* , 이브린 프랑스 *Yvelines France*

[2] 랑부이에 저택 *château de Rambouillet*

14세기 중세시대에 건축, 랑부이에, 이브린 프랑스

[3] 멩뜨농 저택 *château de Maintenon*

1509년부터 보수공사, 르네상스 스타일, 멩뜨농, 외르 에 루와르 *Eure et Loire,* 프랑스

[4] 보-르-비꽁트 저택 *château de Vaux-le-Vicomte*

루이 14세 시절, 막강한 실세 푸제 *Nicolas Fouget* 의 저택, 17세기 걸작 저택 중 하나, 멩시 *Maincy,* 센-에-마른 *Seine-et-Marne,* 프랑스

[5] 소뮈르 저택 *château de Saumur*

14세기 중세시대 말에 건축 시작, 공사도중 방치, 100년 후 개조 공사 후 완공, 소뮈르, 멘-에-루와르 *Maine-et-Loire,* 프랑스

[6] 아제-르-리도 저택 *château de Azay-le-Rideau*

16세기에 건축, 고딕 및 르네상스 스타일, 아제-르-리도, 엥드르-에-루와르 *IndreMaine-et-Loire,* 프랑스

[7] 슈농소 저택 *château de Chenonceau*

16세기에 건축, 르네상스 스타일, 슈농소, 엥드르-에-루와르 *IndreMaine-et-Loire,* 프랑스

사진 058 : 프랑스 귀족 저택, 상상 그림

17세기~18세기, 망사르드 식 지붕 꼭대기에는 바람개비가 설치되어 있다.

사진 059 : 당피에르 저택, 프랑스 일-드-프랑스, 이브린

프랑스 건축가 쥘 아르뒤엥-망사르가 1675년~1683년, 복원공사, 외벽은 빨간 벽돌과 청록색 돌로 마감, 외부는 매우 단조롭지만, 내부는 매우 호화롭다. 왕실과의 만찬이 열리는 축제 홀 내벽은 프레스코 화법으로 장식

프랑스 저택의 지붕은 경사가 급하고, 점판암, 즉 슬레이트로 덮였으며, 지붕 위 높은 굴뚝은 중세 시대의 그것을 보는듯한 느낌을 갖게 한다. 4개면, 즉 이중 물매로 되어있는 지붕에는 채광창을 설치했다. 이런 형태의 지붕이나 다락방을 망사르드 *Mansarde* 라고 한다. 망사르드는 프랑스 건축가 망사르 *Jules Hardouin-Mansard(†)* 의 이름에서 따왔다.

저택의 벽은 잘라 다듬은 돌, 벽돌 그리고 막돌, 즉 불규칙적인 돌덩이 등으로 쌓았다. 막돌은 가벼우면 가벼울수록 다루기 쉬운 건축용 석재이다. 막돌은 단단하지만 값은 싸다. 막돌은 거의 모든 지방에 널리 깔려 있기 때문이다. 막돌은 다소 자연 그대로이며, 한 사람이나 두 사람이 손쉽게 다룰 수 있을 정도로 충분히 작다. 하지만 막돌의 마감 표면, 즉 외부에 노출되는 부분을 가공 할 때는 세심한 작업과 많은 노력을 아끼지 않는다. 막돌의 마감 표면을 가공하는 방법은 두 가지가 있다. 하나는 다이아몬드 형상의 직각 칼날이 있는 쇠망치, 즉 도드락망치를 이용하는 방법이고, 다른 하나는 석공용 정과 나무망치를 이용하는 방법이다. 첫 번째는 비교적 무른 돌을 가공하는 방법이고 두 번째는 단단한 돌을 가공하는 방법이다.

좀 더 세월이 지나자 사람들은, 돌을 평행육면체 형태로 가공해서 사용했다. 이 돌은 깔끔하면서도 단단했다. 그렇지만 이 돌은 무겁고 볼륨이 컸으므로, 이 돌을 들어 올리거나 이동 시킬 때는 도구, 즉 특수 기중기를 사용하였다. 돌을 깎고 다듬어서 만든 궁륭 리브 *rib* 는, 벽돌 건축물 모든 벽에서 두드러져 눈에 잘 띄는 부분의 골조가 되도록 했다. 자연석고와 석회의 반죽, 즉 모르타르는 석재와 벽돌을 접합시키는데 사용되었다. 그럼에도 불구하고 이런 천연 모르타르는 20세기 초부터 시멘트, 즉 로마 시멘트 *ciment romain* 로 대체되었다. 여기서 말하는 로마 시멘트란 로마제국 시절 로마인들이 석고, 석회, 화산재, 화산흙 등을 섞어 만든 천연 시멘트가 아니고 19세기 중반 이후에 생산되었던 인공 시멘트이다.

사진 060 : 랑부이에 저택, 프랑스 랑부이에, 이브린

14세기에 건축, 빨간 벽돌 벽은 담쟁이덩굴로 뒤 덮였다. 내부 방들은 오크 나무에 에나멜 칠로 마감, 1987년부터 대통령의 공식 여름별장으로 사용

사진 061 : 멩뜨농 저택, 프랑스 멩뜨농, 외르 에 루와르

르네상스 스타일

석재와 벽돌을 섞어 쌓아 만든 벽, 즉 혼합양식 벽을 루이 13세 *Louis XIII* 스타일의 벽이라고 한다. 루이 13세는 자신의 통치기간, 즉 1610년~1643년 동안에 있었던 대유행의 건축양식을 확실하게 이해하고 있었다. 이 시기 주택의 출입문 위쪽의 가로막대, 즉 상인방에 새겨진 조각들은 종종 집 주인의 종교적 또는 이데올로기적인 신념을 잘 표시하고 있다. 창틀, 즉 창의 상인방 또한 꽃무늬 조각으로 장식되었다. 이 시절 벽난로는 언제나 유일한 난방 방식이었다.

(4) 다리 위의 빈민 주택

중세 시절부터 프랑스 빠리 센 강의, 생-미셸 다리 *pont Saint-Michel*, 노트르담 다리 *pont Notre-Dame*, 마리 다리 *pont Marie* 등에는 가게와 작업장을 포함한 빈민들의 주택들이 들어섰다. 다리는 도시의 중심 거리로 이어지는 통로였으며, 다리의 끝부분에는 도심으로 들어가는 관문이 있었다. 그 문을 통과하는 모든 상품에 대해서는 통행세를 물렸다. 그러나 이들 다리 및 주택의 대부분은 목재로 건축되었기 때문에 홍수와 해빙기의 어름덩이에 떠밀려 내려가면서 붕괴되어 철거와 보수를 반복했다.

1436년엔 노트르담 다리 위에 있는 68채의 주택에 번호, 즉 주소를 부여했다. 생-미셸 다리의 경우, 1407년과 1616년, 두 차례에 걸쳐 보수 공사를 했음에도 불구하고 센 강에서 떠내려오는 얼음덩이에 부딪혀 다리가 때때로 붕괴 되면서 주택이 휩쓸려 내려갔다. 특히 마리 다리 위에 있는 주택들은 완전히 목재로 지었으므로 매우 약했다. 1658년 겨울 해빙기에는 그 다리 위에 있었던 주택 중 22채가 와르르 무너져 떠내려갔다. 이런 사고를 방지하기 위해서 1607년에는 센 강에 최초의 돌다리, 즉 "뽕-뇌프 *Pont-neuf* " 즉 "새-다리" 가 준공되었다. 그러나 앙리히 4세 *재위: 1589~1610* 는, 이 다리 위에 집을 못 짓게 했다. 다리 건너편에 있는 루브르 궁전의 조망을 가리고 통풍을 방해하기 때문이라는 구실을 붙였다. 그러나 당시 이 다리 위에

사진 062 : 보-르-비꽁트 저택, 프랑스 멩시, 센-에-마른

루이 14세 시절, 막강한 실세 푸제의 저택, 17세기 걸작 저택 중 하나

사진 063 : 소뮈르 저택, 프랑스 소뮈르, 멘-에-루와르

14세기에 건축 시작, 100년 후 완공

서는 잡화상인, 고약장수, 이빨 뽑는 사람 등이 이동식 좌판을 벌려 놓고 장사를 했다. 낮에는 요술쟁이, 어릿광대, 길거리 가수 등이 나타나 수많은 어중이떠중이들에 둘러싸여 공연을 했다. 밤에는 사기꾼, 강도, 소매치기 등이 활개치고 다녔다. 마침내 1785년 9월7일, 루이 16세 *재위: 1774~1793* 는 칙령을 발표하고, 다리 위에 있는 모든 집들을 철거토록 했다. 원활한 교통을 위한다는 구실이었다.

(5) 유럽 중북부 지역의 주택

유럽 중북부, 특히 독일의 뤼벡 *Lübeck*, 네덜란드의 암스테르담, 폴란드의 그단스크 *Gdansk* 와 같은 지역에서의 주택은 좁은 정면과 삼각형의 합각머리, 즉 박공 *pignon* 으로 특징 지워진다. 사실 옛날에는 운하를 향하고 있는 주택 정면 면적에 비례해서 세금 총액을 결정했다. 그래서 이지역의 건축물 정면의 폭이 좁은 것이다. 이 지역에서는 처음엔 주택을 목재와 벽돌로 지었다. 그러나 화재가 빈번하게 발생하고 심지어 한 마을 전체를 불태워 절멸시키는 일이 발생하자, 행정 당국에서는 오직 벽돌만을 건축 재료로 허가했다. 벽돌 벽 표면은 종종 페인트칠을 하여 마감했다. 외부에 드러난 벽면의 장식은 하나 같이 미묘한 기하학적 모티브 *motifs*, 즉 작은 홍예문 *petites arcades* 이나 대칭을 이루는 개구부 *ouvertures*, 즉 창이나 문의 가치가 드러나도록 했다. 네덜란드 주택의 지붕은 경사가 매우 급하고 지붕 밑에는 넓은 다락방이 있다. 박공 윗부분 가장자리는 일반적으로 공기구멍과 박공의 단으로 둘러쳐 있다. 박공 꼭대기에는 바람개비가 설치되어 있다.

(6) 바로크 스타일

17세기에서 18세기 전반까지의 기간에는 유럽의 건축물들은 바로크 스타일에 압도되었다. 옛날에는 "바로크 *baroque*" 는 불순하고 불규칙적인 진주를 지칭하는 말이었다. 다시 말해서 바

사진 064 : 아제-르-리도 저택, 프랑스 아제-르-리도, 엥드르-에-루와르, 16세기에 건축, 고딕 및 르네상스 스타일

사진 065 : 슈농소 저택, 프랑스 슈농소, 엥드르-에-루와르 16세기에 건축, 르네상스 스타일

로크는 "묘한 *bizarre*" 또는 "불규칙한 *irrégulier*" 이라는 의미에 가치를 두는 말이었다. 1630년부터 로마, 튀린 *Turin* 그리고 중부유럽 등에서는 종교건축을 제외한, 민간 건축의 모티브 *motif* 는 축제일의 하루살이 장식이었던 반면, 종교적인 모티브는 가톨릭 포교였다. 1670년에서 1750년 사이의 바로크 건축은, 이탈리아 롬바르디아 *Lombardie* 왕족의 관리 운영에 의해서, 그리고 게르만 유럽, 즉 중부 유럽의 고위 성직자 및 왕자의 중계 아래 명맥이 이어졌다. 바로크 건축의 가치는 정묘한 형태의 변형, 독창력, 그리고 문화계에서의 영향력 등과 연관이 된다. 그 가치는 이탈리아와 중부 유럽에서 스페인과 라틴 아메리카 전 지역으로 확산되었다.

프랑스 바로크는, 17세기 중엽부터 몇 년 동안 건축 구조에서 수직선을 감추려는 의도로 인하여, 건축물에서 곡선, 나선 *螺線*, 소용돌이 꼴 등이 넘쳐나는 스타일이었다. 바로크 건축에서의 장식에 치우친 부자연스러운 효과는, 사실 어느 정도는 사람의 눈길을 끌기위해서 지나치게 과장한 것 같은 느낌이 든다.

(7) 프랑스 고전주의

18세기엔, 프랑스인들의 대부분의 저택 *châteaux* 에서는 바로크 스타일이 두드러지게 드러나는 특색을 거의 찾아볼 수 없다. 17세기 이후 건축물의 장식과 수직선을 절제하는 분위기였으며 이와 같은 일상적인 욕구에 부응하는 모습이었다. 이것이 프랑스 고전주의였다. 베르사유 궁전 *château de Versailles* 은 프랑스 고전주의 건축의 대표적인 건축물이다.

프랑스인들의 규모가 작은 저택 *petit château* 의 2층에는 많은 방들이 있다. 1층에는 현관, 계단실 및 또 다른 방들이 있다. 저택의 방들에는, 수많은 작은 4각형 판유리를 붙여 만든 커다란 유리창이 있다. 지붕은 보통 점판암, 즉 슬레이트로 덮었다. 지붕의 형태는 망사르드 *Mansarde* 식 이거나 산마루 모양이었다. 망사르드는 4개면으로 꺾인 지붕, 즉 물매가 다른 두 지붕면이

사진 066 : 다리 위의 주택, 중세 유럽, 상상 그림

사진 067 : 센 강의 뽕-뇌프, 프랑스 빠리, 보수 공사 중

대칭을 이루는 지붕이다. 두 지붕면 중 남향의 아래 지붕면에는 채광창이 있다. 채광창을 통해서 들어온 공기와 햇빛은 지붕 밑 1개 또는 2개 층의 다락방, 좀 더 정확히 말하면 망사르드 식 지붕 밑 방으로 들어간다. 지붕 밑 다락방은 일반적으로 하인들의 거처로 쓰였다. 내부 공간의 합리적인 배치로 프랑스의 지방 소형 저택은 오늘날까지도 호화로운 주택으로 인식 되고 있다.

(8) 그리스 북부의 주택

17세기와 18세기에 그리스 북부에는 부유한 모피 상인들의 저택이 있었다. 저택의 스타일은, 비잔틴제국의 수도, 콘스탄티노플 *Constantinople* 의 예술로 이루어진 바로크 건축 양식의 영향을 받았다. 요새화된 이들 주택은 안락함과 안전의 상징이었다. 이들 주택의 지붕은 경사가 완만했으며, 기와로 덮였다. 주택의 기초와 1층, 즉 주택의 몸통은 마치 돌을 높이 쌓아 만든 커다란 성벽과도 같았다. 다시 말해서 주택의 몸통은 적들의 침입을 막는 튼튼한 방어벽이었다. 주택 몸통의 벽두께는 때로는 1m 가 넘기도 했다. 1층에 있는 우물 및 창고에 있는 식량, 포도주, 탄약 등의 군수물자 등을 적의 약탈로부터 보호하기 위함이었다. 주택의 몸통 위에 지은 2층 또는 3층은 경량 목골조이며, 몸통 밖으로 돌출되어 있다. 2~3층의 주거 면적을 넓히기 위함이었다. 길 위로 뻗어나간 높은 돌출부는 우아한, 반원형 꼴의 목재 골조로 떠받혀졌다.

중이층에는 겨울철에 사용하는 침실이 있다. 침실에는 호화스러운 벽난로가 설치되어있고, 햇빛을 받아들이는 작은 창에는 쇠창살을 설치했다. 중이층에 있는 방들은 추위 및 적들의 침입으로부터 보호될 수 있도록 지어 졌다. 중이층의 상층부에는 여름철에 사용하는 방과 손님 접견실이 있다. 주택 상층부 정면 벽면의 대부분은 커다란 유리창으로 장식되었는데, 이는 조망과, 햇볕을 최대한으로 받아들이기 위함이다. 커다란 유리창 밑에는 작은 유리창도 있는데, 이 창을 통해서 햇빛이 아래쪽에

사진 068 : 합각머리 주택, 네덜란드 암스테르담

주택 정면의 폭이 좁고 지붕은 계단식 삼각형 합각머리인 주택의 투시 그림, 운하를 향하고 있는 주택 정면 면적에 비례해서 세금 총액을 결정

가장 멀리 있는 방의 안쪽까지 깊숙이 침투한다. 접견실은 집주인이 주최하는 화려한 축제의 본부로 쓰인다. 안락한 소파가 있는 접견실은, 목공예 작품이나, 벽화로 장식되었다. 그러나 부인들의 축제 참여는 허용되지 않았다. 부인들은 문구멍을 통해서 그저 축제의 환희를 구경하는 것으로 만족해야 했다.

(9) **건축가**의 **혁신적이고 천재적인 재능**

18세기 후반 동안, 건축물에는 곡선이 풍부했고 장식적 요소가 넘쳐났다. 건축가들의 위대한 능력 때문이었다. 건축가들의 혁신적이고 천부적인 재능이 특히 교회, 왕궁, 공공 건축물 등에서 나타났다. 이 시기에는 바로크와 로코코 양식이 유행했다. 이런 시절이 좀 지나자 건축가들은 다시 소박한 팔라디오 스타일로 돌아왔다. 이런 현상은 바로크와 로코코 양식의 지나친 과장과 허식에 대한 반동이었다. 이어서 건축가들은 자신들의 작품에 프랑스 고전주의 양식을 지속적으로 반영했다. 프랑스 고전주의 또한 번창하는 부르주와 계급의 욕구에 부응한 주택이 나타나기 시작하면서, 여기서 영감을 얻은 것이다. 상인이나 장인들 *artisans* 의 주택은 여전히 중세나 르네상스 시대의 활기찬 모습을 간직하고 있었다.

(10) **주택**의 **근본적인 문제**

소수의 건축가들이 새롭게 주택의 근본적인 문제에 직면한 것 같았다. 그 문제란 주택 거주자의 실질적인 요구를 만족시켜야하는 것이다. 건축가들은, 새롭고 합리적인 방식으로 그 문제를 해결하려고 시도했다. 다시 말해서 방은 작더라도 통풍이 잘되고 햇빛이 잘 들어야하며, 복도와 다용도실은 방에서 손쉽게 드나들 수 있어야한다는 것이다.

(11) **구-체코슬로바키아**의 **보헤미아**

18세기, 구-체코슬로바키아 보헤미아 *Bohême* 의 주택은 1층에

사진 069 : 요새화된 저택, 그리스 북부

저택 내, 외부 투시 그림, 17세기~18세기 그리스 북부 부유한 모피 상인들의 저택, 바로크 건축 양식, 요새화된 저택은 안락함과 안전의 상징, 1층에는 우물 및 식량, 포도주, 탄약 등의 군수물자 창고가 있고, 중이층에는 겨울철용 침실, 상층부에는 여름철용 침실과 손님 접견실이 있다.

현관을 두는 특징이 있었다. 이 현관에는 작은 방, 부엌, 잡동사니 창고 및 가정부용 다용도실 등이 있었다. 2층에는 다양한 용도의 방들이 있었다. 이 시절에 사람들은 벽면에 불가피하게 설치되었던 벽난로를 석탄 난로로 대체했다. 석탄 난로는 청소하기가 쉬울뿐더러 실용적이고 위생적이었다. 게다가 석탄 난로는 벽난로보다 열기를 더 잘 확산시켰다. 다시 말해서 석탄 난로는 열의 대류, 복사 능력이 우수했다.

(12) 신-고전주의 건축

신-고전주의는 1750년에서 1820년경까지 유럽과 북아메리카에서 불가결했다. 이 지역에서의 신-고전주의 건축은 지식인과 고위급 정치인들이 먼저 반응을 보였다. 그들은 원칙도 없이 건축물들이 넘쳐나는데 대해서, 과거의 기준을 현대화하려는 의지에 대해서, 그리고 기회주의자들의 태도에 대해서 예민한 반응을 나타냈다. 그들의 행동은 역사적이고, 기술적이고, 학술적이며 도의적인 것이었다. 왜냐하면 공공토목공사 또는 기술자의 예술작품에 대한 정비욕구가, 체계적이고 적용하기 쉬운 해법을 요구하기 때문이다.

(13) 계몽주의, 절충주의 및 신-고전주의

18세기 계몽주의 시대, 유럽에서는 사회생활 및 사회에 대한 정비, 정돈의 욕구가 건축 및 정원의 역사에서 새로운 단계에 돌입했다. 이시기의 건축 및 정원에 대한 정비 욕구는 농촌을 도시처럼 개조하는 것이었다.

피상적인 절충주의는, 프랑스의 루이 16세 *재위: 1774~1793* 시절에 시작되었다. 수많은 건축물들이 투박하고 촌스러워 부조화를 이루고 있는 현실 타파를 위한 시도였다. 세월이 조금 흐르면서 절충주의는, 1820년에서 1890년 사이에 건축뿐만 아니라 거의 모든 생산품을 덮쳤다. 무제한 성장 초기부터, 도시 소형 임대공동주택 *logements* 및 새로운 중산계층을 위한 임대 단독

사진 070 : "검은 나라", 영국 런던

상상 그림, 연무가 햇빛을 가리어검은 하늘을 만들고, 모든 건축물 및 길거리를 검게 물들였다.

주택 *maisons* 의 욕구, 즉 건축물에 대한 많은 전문적 지식의 요청이 오스트리아의 빈, 베를린 그리고 빠리 등지에서 폭증했다. 건축가들은 책임감을 갖고, 도심의 거북스러운 불량 지구의 개발에 착수 했다. 낡은 집들이 남아 있는 도시의 비위생적인 불량지구의 개발은 부동산 개발업자들의 최대 관심사였다.

새로운 욕구는 언제나 전통적 가치를 뒤엎었으며, 주거 위생, 노동자 공동주택, 교외 주거지역 개발 등의 문제에 대한 새로운 해법을 가져왔다. 1890년까지, 고전주의 이후 제기된 수많은 문제와 다양하게 변화된 형태는 신-고전주의와 절충주의라는 이름으로 다시 나타났다. 신-고전주의자와 절충주의자들은 고전주의의 기본 해석의 일체성을 폐기했다. 고전주의 해석의 일체성이란 프랑스 대혁명 이전의 구-체제 *Ancien Régime* 계급사회와는 분리할 수 없는 것이었다.

(14) 건축의 변화 단계

1750년 이후, 건축은 몇 단계의 변화, 예를 들면 과도기 단계, 불안정 단계, 비평 단계 그리고 해방 단계를 거쳤다. 이들 단계는 각기 과학적 사고, 역사적 성찰, 신념의 위기 등등의 특징을 나타냈다. 건축에 대한 신념은 르네상스 *Renaissance* 이래 복잡하고 이해하기 어려운 건축의 절대적인 권위를 창출해 냈다. 그래서 새로운 시스템의 건축 출현이 지연되었다. 보수 세력들은 비판적인 합리주의의 대두를 억제했으며, 합리주의의 수많은 특징을 신념과 동일시했고, 신뢰할 수 있는 경험주의를 바탕으로 공공건축의 엄청난 수요에 부응했다. 공공건축은 절충주의자와 역사주의자의 방식에 의한 도시화로 탄생했다. 그들의 방식은, 1806년 이탈리아 크리손 *Clisson* 의 농촌 건축물, 프랑스 제2제정 *Second Empire* 당시 바로크 스타일의 기념비적인 건축물인 임대용 단독주택을 맹렬히 흉내 낸 것이다. 당시의 건축물은 기업경영인, 실업가, 기술전문가, 견식 있는 시의원들의 건축주문을 받아들인 것이다.

사진 071 : 공동주택과 사크레-꿰르 대성당, 프랑스 빠리 18구, 몽마르트 지구

사진 위쪽이 대성당, 아래쪽이 노동자 공동주택, 주택 지붕 위에는 난방 및 취사용의 수많은 벽난로의 “샤뽀”, 즉 벽난로의 “굴뚝 모자” 가 집단으로 또는 일렬로 설치되었다. 사크레-꿰르 대성당 *basilique du sacré-coeur; 1876~1910* 의 건축가는 건축설계경기 우승자 뽈 아바디 *Paul Abadie*, 로마-비잔틴 양식, 성당 외벽은 샤또-랑동 *Château- Landon* 의 석재, 즉 석회석, 이 석재는 빗물을 흡수하면 하얗게 변하면서 단단하게 굳는 특성이 있다.

1850년 이후, 그들은 합리주의자들이 새로운 접근을 하도록 격려했다. 왜냐하면 도시 정비 사업에서 드러나는 새로운 문제를 해결하기 위해서는 새로운 접근을 활용할 필요가 있었던 것 같았기 때문이다.

(15) **산업혁명**과 **검은 나라**

18세기, 1차 산업혁명 기간 동안에 수많은 노동자들이 비교적 좁은 지역에 다시 모여 들었다. 탄광에서는 석탄 채굴을 위해서 많은 노동자들이 필요했다. 당시 석탄 가격은 점점 더 비싸지고 있었기 때문에 석탄 산업이 번창했다. 공업단지에서도 역시 강한 노동력 집약을 필요로 했다. 노동자들은 공장에서 그리 멀지 않은 집에서 그들의 가족과 함께 살기를 원했다. 그래서 사람들은 "기숙사-마을 *villages-dortoirs*", 즉 베드타운 *bed + town, banlieue dortoir* 이 불쑥불쑥 나타나는 것을 목격했다. 베드타운에서 주거에 할당된 공간은 매우 축소되어 있으며, 주거 환경의 위생은 거의 관심 밖이었으므로 매우 불완전했다.

18세기 말경 유럽 여러 나라의 거의 모든 수도, 특히 런던과 빠리에서는 현재의 아파트와 유사한 대형 주거용 건축물, 즉 공동주택이 건축되었다. 주목할 만한 첫 번째 사례는, 1750년경, 영국의 배스 *Bath* 시에 건축된 공동주택이다. 조금 뒤 런던에도 많은 공동주택이 들어섰다. 탄광과 공장이 밀집된 영국의 모든 중심지역에서의 일상생활 환경은 대기 속으로 내뿜어지는 어마어마한 매연으로 악화일로에 있었다. 런던 중심지역에서의 대기는 매우 오염되었으며, 안개 끼는 날이 많았다.

19세기 중반 영국 노동자들 마을의 임대 아파트는 매우 좁고 햇빛이 들지 않아 어두웠다. 이 아파트에는 방이 겨우 1개 또는 2개뿐이었다. 주방과 변소는 공동사용이었다. 상황이 이런 지경이라, 노동자 가족들 모두는 통상적으로 방 하나에서 모두 같이 잠을 잤다. 많은 세대가 함께 살 수 있는 대형 주거 건축물 내부의 방 배치, 즉 한 세대 당 방 1~2개의 배치는 집주인의 욕

사진 072 : 암석 주택, 프랑스 남부, 아비뇽 보끌뤼즈

Avignon au Vaucluse, 고산지대, 토착 재료인 암석 활용, 완벽한 중세 도시

구와 세입자의 형편을 고려한 것이다. 이 주거 건축물은 여러 개의 작은방, 즉 임대 아파트로 쪼개졌지만 출입은 완전히 독립적이었다. 건축물 주인의 임대료 수입을 극대화하기 위한 방 쪼개기였다. 자기 자본을 투자한 건축물 주인은 통상, 적당히 호화로운 2층에 살았다. 3층 이상과 다락방에는 좀 더 가난한 세입자, 즉 하급공무원, 문인, 학자 등이 살았다.

변소는 매우 귀해서, 많은 세대가 입주한 임대아파트가 있는 건축물 각층에 잘해야 1개정도 있을 정도였다. 즉, 임대아파트에 거주하는 수많은 주민이 겨우 한 개의 변소를 공동으로 사용한 것이다. 그 결과 오물과 똥이 수시로 도시 중심의 비좁은 길거리의 도랑을 넘쳐흘렀다. 작고 하찮은 중정은, 햇빛이 들지 않아 채소밭으로 활용할 수도 없었다. 주택의 지붕에는 보통 둥근 기와를 덮었다.

게다가 노동자들의 숙소, 즉 임대아파트 가까이에 위치한 수많은 공장의 굴뚝에서는 연기가 쏟아져 나왔다. 여기에 노동자들의 숙소 굴뚝에서 쏟아져 나오는 석탄 연기가 더해졌다. 안개끼는 날이 많았던 런던 중심 지역의 대기는 연기와 안개가 뒤섞여 매우 오염되었다. 하늘을 뒤덮은 연무 *煙霧* 는 햇빛을 가리어 세상을 온통 어둡게 만들었으며, 건축물의 벽을 검게 더럽혔다. 하늘은 온통 검은색 이었고 모든 건축물과 길거리가 검게 물들어 도시는 스스로 아주 급속히 "검은 나라 *pays noir*" 로 변신했다.

(16) 프랑스 대혁명

프랑스 북부 지방에서는 석탄 채굴 산업이 발달하였으므로, 사람들은 광부 촌이 생겨나는 것을 보았다. 광부촌은 탄광 아주 가까이에 있는 노동자 숙소의 집단이다.

그러나 프랑스 대혁명 직전에 빠리 소시민이나 가난한 문인들의 아파트도 귀족들의 아파트처럼 주방, 사무실, 살롱, 침실 등을 갖게 되었다. 또한 욕실도 있었지만 욕실 자체에 자율적으

사진 073 : 까마르그 *Camargue* 마을 토착주택, 프랑스 남부, 부슈-뒤-론 *Bouches-du-Rhône*, 토착 재료, 갈대, 이긴 흙 및 회반죽 사용

사진 074 : 보 *Baux* 마을 토착주택, 프랑스 남부, 부슈-뒤-론 *Bouches-du-Rhône*, 알피유 *Alpilles* 산자락, 바위 언덕

토착 재료, 석재 사용, 중세 및 르네상스 시대에 정성을 들여 복원

로 물이 공급되지는 않았다. 주방은 상당히 작았다. 지붕 밑 방의 출현은, 특히 빠리에서는 항구적인 일이 되었다. 벽난로는 내벽공사를 하여 가스레인지로 대체되었다. 가스레인지에는 몇 개의 불구멍과 불구멍을 잠그는 한 개의 도구가 설치되어있다. 그러나 여전히 침실과 살롱에는 작은 벽난로가 남아있었지만 그 작은 벽난로에는 독립적으로 연통이 설치되었다. 지붕 위에는 보통, 수많은 벽난로 "샤뽀 *chapeaux*", 즉 벽난로 모자가 집단으로 또는 일렬로 설치되었다. 화로가 없는 방이나 욕실에는 휴대용 난로가 있다.

지붕은 판암 *板岩* 판재, 즉 슬레이트로 덮었다. 발코니는 거의 설치되지 않은 반면 창은 때때로 문 높이와 같게 크게 설치되었다. 방에 많은 공기와 햇빛을 들여보내기 위함이다. 창은 난간 판에 설치되었다. 좀 더 후에는 창의 높이는 층에서 층사이의 높이와 같아지기도 했지만 점차 그 크기가 축소되었다. 많은 창들이, 천장과 벽사이의 돌림띠 위에 간단히 설치되기도 했다.

(17) **경제** 및 **사회적 혁명**

19세기는 경제 및 사회 분야에서 대혁명이 일어난 무대였다. 상업과 산업이 동시에 발전하는 충격 속에, 새로운 주거 지역이 공장 근처에 생겨나면서 도시는 근교로 확장되었다. 영국, 독일, 그리고 프랑스에서 사람들은, 노동자들이 대도시로 쇄도하면서 주택 위기가 다가옴을 알아차리기 시작했다. 주택의 대량생산 해법을 찾기 위해서 자선단체와 공공기관이 개입하여 금융 지원 및 법령에 의한 생산 보장의 길을 열었다.

영국에서는 노동자들을 위한 최초의 시영 주거용 건축물, 즉 163세대의 공동주택이 런던의 파링돈 거리 *Farringdon Road* 에 건축되었다. 프랑스에서는 1859년 빠리 북부 기즈 *Guise* 에 공동주택 *familistère* 을 건설했다. 또한 이 무렵 프랑스의 공상적 사회주의 사상가 푸리에 *Charles Fourier, 1772~1837* 의 사상을 추종하는 푸리에주의자들의 소규모 집단이 사회적 신분이 다른

사진 075 : 코르시카 토착주택, 프랑스 상-코르시카

Haute-Corse, 토착 재료, 화강석 및 혈암 블록으로 건축, 벽은 매우 두껍고 창이나 문은 매우 작다; 겨울철 세찬 바람에 대비

1620명이 함께 살 수 있는 공동체 주택단지 계획안을 내놓았으나 실현되지는 않았다. 푸리에는 노동자와 그들의 가족들을 위한 주택단지, 소위 팔랑스테르 *phalanstère* 의 공급을 주장했다. 팔랑스테르는 일종의 군대 숙소, 즉 수많은 가정이 함께 모여 공동생활을 하는 주택 단지이다.

기즈의 공동주택 단지는 도심지 공동주택 단지의 모델이 되었으며, 20세기 초 건축가들의 이상향이었던 "정원-도시" 의 시조가 되었다. 3개의 블록으로 구성된 이 단지에는 각 블록마다 4층짜리 공동주택이 한 동씩 있었다. 각각의 블록에는 유치원, 학교, 극장, 공동목욕장, 사무실, 작업실, 놀이실, 식당 및 닭장이 있었다. 이 단지는, 그 지역의 공장주 쟝-밥티즈 고뎅 *Jean-Baptise Godin* 이 자신의 땅을 노동자들에게 유상 증여해서 조성되었다.

1805년부터 빠리에서는 건축물의 최고 높이를 규제했다. 중세 시대의 비좁은 길거리 때문이다. 건축물의 높이는, 건축물이 높이 올라가는 거리의 폭에 따라서 계산되었다. 소위 "프로스펙트 *prospect*" 라고 하는 이런 계산 방법은 오늘날에도 사용되고 있다. 프로스펙트는 일조권 확보를 위한 건축물 간의 최소 거리를 말한다.

새로운 빠리 건설 사업은 1789년 프랑스 대혁명 이후부터 시작되었으며, 1805년부터는 빠리 구-시가지를 관통하는 대로 *Boulevard 와 Avenue* 가 뚫리면서 빠리는 완전히 다른 현대적인 새로운 도시로 탈바꿈하기 시작했다. 오늘날 까지도 빠리의 동맥 역할을 하는 대표적인 대로는 빠리 외곽순환 대로 *Boulevard Périphérique* 와 샹젤리제 대로 *Avenue des Champs-Elysées* 이다. 1853년부터 17년동안 빠리 근대화 정비 사업을 주도, 완수 한 사람은 나뽈레옹 3세 *Napoléon III: 1852~1870* 와 오스만 *George Eugene Haussmann:1809~1891* 남작이다. 근대화된 빠리는 유럽의 다른 나라 수도 정비사업의 모델이 되었다.

당시 석조 건축물은, 하나와 또 다른 하나가 서로 조금씩 다

사진 076 : 발코니 난간과 동자기둥, 프랑스 비쉬

주거용 호텔, 매우 독특한 형태의 작은 시멘트 기둥으로 장식

른 모습으로 특징지어졌다. 건축물의 지붕은 함석으로 만들었다. 19세기 프랑스 빠리의 경우, 대형 주거 건축물에 사는 사람들의 신분 역시 몇 층에 사느냐에 따라서 판별되었다. 가장 부유한 가족들은 2층부터 서너 개 층에 살았으며, 다락방에는 사회에서 가장 혜택을 못 받은 사람들, 즉 가난하고 힘없는 사람들이 살았다. 1층에는 대개 건축물 주인이 소유하고 있는 임대용 상점이 있다.

(18) **새로운 건축 재료**와 **설비**

19세기 전반기까지 사람들은 노동자 숙소를 개량해야 한다는 생각을 전혀 못했다. 그러나 새로운 건축재료, 즉 콘크리트를 사용하면서 생각이 달라졌다. 철근콘크리트를 사용해서 고층 건축물을 대량으로 생산할 수 있기 때문이다. 철근콘크리트의 성능 덕분에, 공장에서 표준 규격의 철근콘크리트 판재를 생산, 현장에서 조립하는 방식으로 순식간에 고층 건축물을 건축할 수 있게 되었다. 철근콘크리트는 건축 재료인 동시에 건축 시스템이었다. 철근콘크리트 건축물은 점차, 벽돌이나 돌을 쌓아 건축한 기존의 모든 일반 건축물을 대체했으며, 철근콘크리트의 가소성 덕분에 좀 더 대담한 형태의 건축물 건축이 가능했다.

지난날의 건축물에 이미 설치되었던 발코니는, 여전히 19세기 건축물에서도 필수적인 요소였다. 발코니는 매우 독특한 작은 시멘트 기둥으로 장식되었다. 19세기 후반부에는 유럽의 수많은 도시가 새로운 도시계획에 따라서 현대화되었다. 부유한 중산계층의 아파트는 때로는 1층에 일련의 살롱을 두었다. 그 살롱들은 조금 세월이 지나면서 상점으로 개조되었다. 상점에는 수많은 대형 창 겸용 문 *porte-fenêtres* 이 설치되었으며, 측면으로 일렬로 세워진 이들은 아케이드가 되었다.

아파트에는 여전히 많은 방, 즉 현관, 접견실, 식당, 주방, 살롱, 침실, 내실, 욕실, 휴게실 및 기타 용도의 방들이 있었다. 가정부용 방은 언제나 같은 방식으로 주방에 붙어 있었다. 생필품 공급을 위한 서비스용 계단이 별도로 설치되었다. 식료품 공급자들은 이 계단을 통하여 가정부들이 거주하는 방으로 직접 들어갈 수 있었다.

19세기말에는, 욕실에 수도꼭지가 설치되었다. 이 수도꼭지에는, 건축 당시 벽속에 매설해둔 배관을 통해서 물이 공급되었다. 대부분의 건축물에서, 장작을 때는 온수기 *chauffe-eau* 덕분에 더운물을 사용할 수 있었다. 위생설비 중에서도 가장 절실한 설비는 수세식 변기 *water-closet* 였다. 아파트 내부의 조명은 가스 조명이었다. 가스는 공공서비스로 공급되었다. 그러나 부엌에서는 여전히 경제적인 주방기기, 즉 석탄이나 장작을 태워 작동하는 기기를 사용했다. 물, 전기, 가스 공급시설은 처음에는 건축물 1층에만 있었으며, 점차 건축물 전체에 이들이 공급되었다. 그 후 전기조명이 개발되었고, 건축물에는 엘리베이터가 설치되었다. 엘리베이터는 복잡한 강철 구조물 안에 설치되었다. 이 강철 구조물은 층계참이나 계단실에 설치되었다.

20세기 직전까지도 배수 설비가 딸려있는 비데 *bidet* 나 수도꼭지는 매우 귀했으므로, 사람들은 여전히 배설물을 배출할 때는 위생을 위해서 단순한 나무 물통을 활용했다.

(19) 미국의 현대식 주택

유럽이나 미국의 대도시에서, 여가를 즐기려는 신흥 계급들을 위한 교외의 주택단지는 처음에는, 새로운 프로그램에 의해서 아담한 시골집 모양의 작은 별장, 빌라, 전원 별장 등, 즉 현대식 주택으로 채워졌다. 이 현대식 주택은 전기-낭만주의자들을 위한 시골별장으로 계승되었다.

미국에서는, 1인 가구 *mono-famille* 를 위한 작은 주택들로 이루어진 교외의 주거단지는 통상적으로, 공업단지 및 상업 중심지와 자동차 도로로 연결되었다. 개인 자동차는 물론이고 수많은 대중 교통수단이 주거지역까지 진입했다. 이들 소형 주택들은 대체로 2층이다. 1층에는 거실, 주방, 때로는 욕실도 있었으며, 2층에는 침실, 즉 지붕 밑 방이 있다. 주택 정면에는 넓은 유리창이 있는 베란다가 있다. 외부 계단과 비상 출구는 통상적으로 주택 뒤쪽에 설치했다.

주택의 주요재료는 목재와 벽돌이었다. 주택의 외벽 마감은 방수 처리된 나무 판재였다. 다만 주택의 기초는 벽돌로 쌓았다. 지하 저장고는 땅 속을 잘 정비한 후 벽돌로 쌓아 만들었다. 지붕 역시 매우 단단한 목재로 만들었다. 주택 난방은 주철난로나 벽난로로 해결되었다. 벽난로는 보통 거실에 설치되었다. 난방이나 조리용 주요 연료 역시 나무였다.

9) 20세기

(1) 산업의 비약적 발전과 신규 수요

20세기 말부터, 산업생산품의 비약적 발전으로 도시로의 인구 집중이 급속히 진행되었다. 그로 인한 사회의 신규 수요를 충족하기 위하여 새로운 건축 프로그램, 즉 사회공영주택 또는 공동주택의 건축계획이 수립되었다. 18세기 산업혁명 직전까지, 주요 건축 자재, 즉 석재, 벽돌, 목재 등의 대부분은 수공업적 생산이었다. 그러나 산업혁명 이후에는 거의 모든 건축자재, 즉 시멘트, 철강 제품, 판유리 등은 공장에서 대량으로 생산되었다.

이러한 사회적, 경제적 변화는 건축물의 새로운 수요를 촉발했으며, 건축가들은 건축물의 새로운 수요를 충족시키기 위해서 애썼다. 그 결과 원칙에 대해서 매우 엄격했던 많은 건축가들이 건축에 관한 옛날 방식의 구속으로부터 해방하고자하는 시도를 했다. 현대적인 건축가들은 과거의 모방이라는 편견에서 벗어나려고 시도했다. 그런 다음 다양한 프로젝트를 공들여 만들어 냈다. 실현된 프로젝트는 건축주들의 욕구를 정교하게 충족시켰으며, 우선순위의 중요성을 대체했고 창조적인 산업의 새로운 기술에 대해서 논리적으로 설명했다.

19세기 말부터 2차 세계대전 *1939~1945* 까지 북-서 유럽에서, 건축의 핵심 수요는 공업계열의 대기업, 공권력, 또는 공공 임대아파트를 건축하는 공기업 등으로 이동했다. 증가하는 산업 시설과 도시 성장의 강세로 인한 건축물의 수요 때문이었다. 이들의 수요는 점진적으로 효용가치, 효율적 구성의 가치, 양식의 단순성의 가치를 택했다. 이들 가치들은 합리적이고 공업적인 사고와 기술 문화를 끌어냈다. 이런 상황이 새로운 세대, 즉 건축의 심오한 변화를 실행하면서 얻은 원리를 터득한 세대들의 참여를 맞아들였다.

(2) 예술가 그룹

1차 세계대전 *1914~1918* 전후, 유럽의 몇몇 중심 도시에서는 개인 또는 예술가 그룹들이 자기 나라의 건축 요구에 우아하게 응답했다. 그들의 건축 스타일은 과거의 모든 형태와의 완벽한 단절이었다. 사람들은 건축 및 건축학교에 관한 새로운 운동의 선언임을 알아차렸다. 그들의 건축 원칙 및 건축 형태가 전 세계로 확산되었다. 사람들이 개인의 이론이나 건축 작품을 찬양하는 몇 단계가 지나자, 건축가의 발걸음이 체계적인 예술운동의 양상으로 나타났다. 현대 건축 여명기에 예술가와 건축가 그룹은 건축 이론의 완성을 가속했다. 당시 그들을 대표하는 그룹은 다음과 같다;

"유겐트스틸 *Jügendstil* "; 독일
"도이체 베르크분트 *Deutscher Werkbund* ", 독일
"바우하우스 *Bauhaus* "; 독일계 국가
"세제씨온 *Sezession* "; 오스트리아
"아르 누보 *Art nouveau* "; 영국, 벨기에, 오스트리아,
프랑스, 스페인
"데 스티일 *De Stijl* "; 네덜란드
"시카고 스쿨 *Chicago School* "; 미국

[1] 유건트스틸

1897년과 1898년 사이에 독일 뮌헨 한복판에서는 오귀스트 엔델 *August Endel: 1871~1925*, 피터 베흐렌 Peter Behrens: 1868~1940, 오토 에크만 *Otto Eckmann: 1865~1902*, 헤르만 오브리스트 *Herman Obrist: 1863~1927* 등의 건축가들이 "유건트스틸 *Jügendstil.*" 즉 "청춘 스타일" 이라는 이름으로 그들의 발자취를 남겼다. 새로운 건축 운동 단체의 목표는 현대 건축을 실행하는 것이었다. 그들의 주장은 건축 방식에서 역사적인 관계를 완전히 차단하고, 무언가 새로운 것을 향해 시도하는 것이었다.

[2] 도이체 베르크분트

헤르만 무데시우스 *Herman Muthesius: 1861~1927* 는 영국에서 주택에 관한 연구를 하고 독일로 돌아왔다. 그는 합리적이고 객관적인 관점에서 현대적인 주택건설을 위한 개선운동, 소위 말하는 "실용성 *Sachlichkeit* " 운동에 헌신했다. 그의 주장은, 살기가 아주 쉽고 장식이 거의 없는 주택을 건축하는 것이었다. 그가 스스로 고안한, 주택의 창문은 수평방향으로 긴 형태였다. 역사학자 알프레드 리슈트마르크 *Alfred Lichtmark: 1852~1917*, 건축가 오브리스트 *H. Obrist*, 시인 빌헤름 샤페르 *Wilhelm Schäfer*, 사회혁신운동가 프리드리히 노만 *Friedrich Naumann* 등은 "실용성 *Sachlichkeit*" 운동에 동감하고, 1907년 "도이체 베르크분트 *Deutscher Werkbund* " , 즉 "독일건축동맹" 을 창설했다. 이어서 장인 *artisan*, 예술가, 기업 등이 주택의 품질 연구에 몰두했으며, 새로운 다부문 *multidisciplinaire* 연구 조직에 참여했다. 기술과 산업에 관한 독일의 문화는 기술학교 *institut technique* 의 신세대 건축가들에 의해서 생성되었다. "도이체 베르크분트" 의 영향력은 오스트리아, 스위스. 스웨덴, 영국 등지로 확산되었다.

[3] 바우하우스

도시계획과 오늘날 통용되는 주거개념에 관한 근본적인 발전

사진 077 : 발터 그로피우스 주택

투시 그림, 그로피우스는 1925년, 2층짜리 자신의 주택을 설계하고 건축했다. 그 집은 공간을 합리적으로 활용한 완벽한 사례를 제공했다. 2층은 1층 위에서 돌출되었으며 주랑 *portique* 으로 장식되었다. 주택의 형태는 정육면체와 평행육면체의 조합으로 이루어졌다. 일층은 지면에서 약간 띄어 올렸다. 1층과 2층에는 아래 그림에서 표기한 방들이 있다.

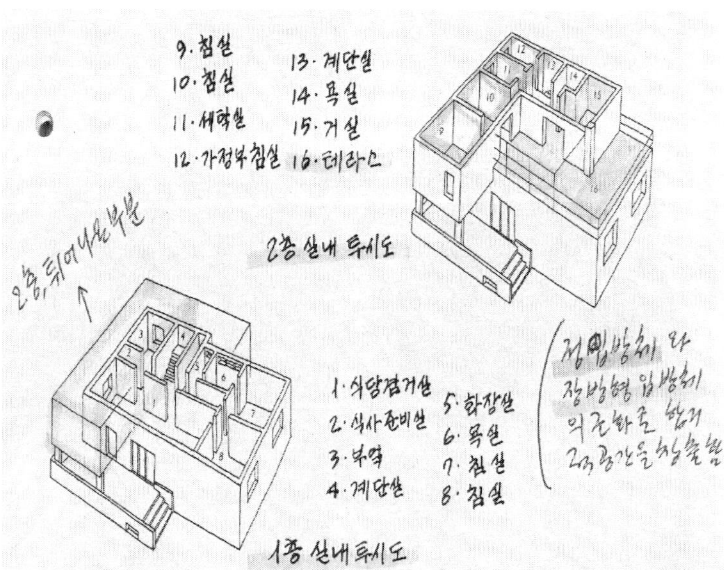

은, 독일의 두 도시, 즉 1919년부터 1925년까지는 바이마르 *Weimar* 에서, 그 다음 1925년부터 1931년까지는 데사우 *Dessau* 에서 전개되었다. 1919년 바이마르에서는 독일인 건축가 발터 그로피우스 *Walter Gropius: 1883~1969* 가 장식미술학교를 설립했다. 학교 이름은 "스타트리슈 바우하우스-바이마르 *Staatlische Bauhaus-Weimar*", 즉 "국립건축학교 *Maison de construction nationale*" 였다. 바우하우스의 첫째 사상은 "도이체 베르크분트"에서 나왔으며 최종 목표는 현대적이고 건강에 좋은 건축 원리를 찾아내기 위하여 노력하는 것이다. 그 원리는 예술과 공업의 제조기술을 결합하는 것이다. 위에서 말한 사상과 목표아래, 바우하우스는 이상을 추구하여 마침내 현대건축을 완성하는 것이다. 발터 그로피우스는 "본인뒤스트리 *Wohnindustrie*", 다시 말해서 "조립식 주택의 공업화"를 제안했다. 이런 제안은 사람들이 당면한 절대적인 욕구, 즉 조립식 주택의 대량생산의 필요성에 부응하는 것이며 우연히도 시대의 욕구에도 부응한 것이다.

조립식 주택은 합리적인 방법으로 일관되게 조립되었다. 게다가 조립식 주택은 주택 원래의 기능도 충족했다. 모든 건축 재료를 표준화하고 코드화했기 때문이다. 사람들은 품질이 보장된 조립식 주택을 공장에서 일관되게 생산했다. 건축 재료의 표준화와 코드화 덕분에 사람들은 아주 짧은 기간 동안에 물을 사용하지 않고 주택은 대량으로 생산했다. 당시에 사람들은 이미, 아주 정확한 설계도면에 따라서 주택의 미 美 와 기능적 특성을 보장했다. 마침내, 데사우 바우하우스의 선생님들이, 주택의 대량 소비를 충족시키기 위하여 조립식 자재를 사용하기에 이르렀다. 이런 개념은 놀랍게도 바우하우스 자체 건축물은 물론이고 특히 교수와 학교장의 주택에도 적용되었다.

발터 그로피우스는 1925년, 2층짜리 자신의 주택을 계획하고 건축했다. 그 집은 공간을 합리적으로 활용한 완벽한 사례를 제공했다. 2층은 1층 위에서 돌출되었으며 주랑 *portique* 으로 장식되었다. 주택의 형태는 정육면체와 평행육면체의 조합으로 이루어졌다. 지면에서 띄어 올린 일층에는 식당, 거실, 사무실, 주방, 계단실, 화장실, 욕실, 침실 등이 있다. 2층에는 침실, 세탁실, 고용원실, 계단실, 욕실, 살롱, 친구 침실, 테라스 등이 있다. 살롱은 넓은 테라스와 통해있다.

[4] 제체시온

1897년 4월 3일 오스트리아 빈에서 19명의 젊은 예술가들이 "제체시온 *Sezession*" 이라고 명명된 모임을 가졌다. 그들 중에는 건축가 올브리히 *J. M. Olbrich: 1867~1908* 와 호프만 *Joseph Hoffmann: 1870~1956* 도 있었다. "제체시온" 이라는 말은 로마 어 "세체시오 프레비스 *Secessio Plebis* " 에서 유래했다. 이 로마 어는 고대 로마의 평민계급, 즉 "프레비스 *Plebis* "를 특권층, 즉 "파르티씨우스 *Particius* " 의 모든 정치적, 경제적인 종속으로부터 해방시킨다는 의미를 가지고 있다. 달리 말하면 "세체시오 프레비스" 는 "프레비스"를 "파르티씨우스" 로부터 결별시키기를 바란다는 의미이다. 이 모임에 참석한 건축가들의 사상은 일체의 과거방식으로부터 스스로를 단절하고 격리해서 마침내는 완전히 해방시키는 것이었다. 건축가 호프만은 자신의 작품에서 직선과 기하학적 선의 가치를 중시했다.

[5] 아르 누보

아르 누보 *Art nouveau: 새로운 예술* 건축은, 1883년 영국의 아더 맥킨토시 *Arther H. Mackintosh: 1851~1942* 에 의해서 시작되었다. 이어서 그라스고우 *Glasgow* 에서 찰스 맥킨토시 *Charles Rennie Mackintosh: 1868~1928*, 브뤼셀 *Bruxelles* 에서 빅또 오르따 *Victo Horta: 1861~1947*, 앙리 반 드 벨드 *Henri Van de Velde: 1863~1957*, 빈 *Vienne* 에서 오또 바그너 *Otto Wagner: 1841~1918*, 호프만 *Joseph Hoffmann: 1870~1956*, 프랑스에서 엑또르 기마르 *Hector Guimard:1867~1942*, 카탈로니아에서 안토니 가우디 이 꼬르네 *Antoni Gaudí I Cornet: 1852~1926* 등과 같은 건축가들에 의해서 발

전되었다. 1895년부터 20세기 초까지, 아르 누보 건축은 프랑스와 벨기에서 대성공을 이루었다. 아르 누보 건축은 예술가들의 개인주의를 찬양했으며 토탈 아트 *art total* 의 개념을 제시했다. 사회적 대혼란은 언제나 새로운 스타일을 수반한다고 말하면서, 바그너 *Otto Wagner* 는 건축에서 선 표시의 품질과 예술적 표현을 강조했다.

호프만 *Joseph Hoffmann* 은, 건축재료 생산 시스템은 건축가들의 행동방식을 더욱더 전체적이고 집합적으로 몰아갔다고 말했다. 기마르 *Hector Guimard* 는, 1894년에서 1898년 사이에 뿌와씨 *Poissy* 에, 프랑스 아르 누보 건축의 모델인 주택을 설계했다. 가우디 *Antoni Gaudí I Cornet* 의 건축은, 당시의 다른 건축가들에 비해서 더욱더 창조적이고 빛깔이 선명했다. 다른 건축가들이 치장을 위해서 꽃이나 식물의 요소를 활용한 반면, 가우디는 극도의 곡선 형태를 선호했다. 가우디는 자신의 건축물에 매우 통상적으로 환상적이고, 자유롭고 호방한 선을 활용했다. 그는 무어식 *mauresques* 건축 전통으로부터 영감을 받았으며, 고딕과 바로크 예술을 연구한 끝에 그들을 자신의 건축에 옮겼다. 바르셀로나에 건축한 미라의 저택, 즉 "까사 미라 *Casa Milá : 1905~1910*" 는 가우디 건축물의 걸작중 하나이다. 아르 누보 그룹의 건축 스타일 중에, 오르따 *Victo Horta* 의 스타일은 단지 단순한 곡선이었다. 그럼에도 불구하고 그의 스타일은 전 유럽을 휩쓸었다.

[6] 데 스티일

네덜란드에서 한 무리의 예술가들, 즉 화가, 건축가, 조각가, 시인 등이 1917년 그룹 "데 스티일 *De Stijl*" 을 결성했다. 그 그룹은, "바우하우스" 와 쌍벽을 이루면서 현대 건축에 막대한 영향력을 미쳤다. "데 스티일" 의 건축가들, 예를 들면 우드 *J. J. P. Oud* 나 반토프 *R. Vant' off* 와 같은 건축가들은, 부분적으로 롸이트 *Frank Lloyd Wright: 1869~1959* 의 영향을 받은 근본적인 건

사진 078 : 까사 미라, 스페인 바르셀로나

바르셀로나 지역의 거상*巨商* 8세대의 공동주택, 이 주택의 5층까지는 주거 공간, 6층은 창고, 지붕 테라스는 환상적이고 꿈과 같은 공간, 현재 이 건축물은 상점, 관리사무실 및 관광객을 위한 전시실 등으로 쓰임, 정면 외벽은 밝은 크림색 석재로 마감, 구불구불한 외벽 모습은 넘실거리는 지중해의 물결을 연상, 또한 당시 사람들은 무미건조해 보이는 이 건축물을 인근에 있는 바위 산 이라고도 했다. 그런 연유로 이 건축물을 "라 페드레라 *La Pedrera*", 즉 "채석장" 이라했다. 라 페드레라는 현재 이 건축물의 공식 명칭, 유네스코 세계문화유산, 위 사진은 사거리 모퉁이에서 본 입면, 아래 사진은 베란다 난간, 아르 누보 양식의 검은색 단조 철재 장식.

축 양식을 남겼다. 그들의 건축 스타일은 명료한 비례와 단순한 형태였다. 그들은 가장 간결한 기하학적 형태의 조합을 활용했다. 얼마 지나자 그들의 스타일은 건축 형태의 기본이 되었다. 건축에 대한 그들의 연구가 진행되면서 건축 전 분야, 즉 공공, 병원, 학교, 공장 및 상업용 건축물 등에서 새로운 건축 유형을 창출했다. 그러나 "데 스티일" 의 건축가들은 건축형태의 중요성에 대하여 지나치게 집착했기 때문에 건축물의 입면, 기능, 구조 등에 대한 합리성을 소홀히 다루었던 것 같다.

(3) **철근콘크리트**와 **철강재**

20세기 초, 예술 작품 제작이나 대형 건축물 건축에서 철근콘크리트와 철강재의 사용은 건축 분야에서 역사적인 사건이었다. 철근콘크리트는, 가소성이 커서 대담한 형태의 건축물을 만들어 냈다. 게다가 철근콘크리트는 안정성이 뛰어나고 경제적이었다. 또한 철근콘크리트는 1905년, 정규 교과서를 통해서 공식적으로 알려졌다.

건설 엔지니어 헨느비끄 *F. Hennebique; 1842~1921* 는, 전시적인 건축물을 건축함으로서 철근콘크리트의 실질적 품질을 분명히 드러내 보였다. 건축가 바도 *A. De Badot* 와 페레 *Auguste Perret; 1874~1954* 는 처음으로 콘크리트 부재, 즉 기둥-들보, 골조, 포석 *鋪石*, 얇고 둥근 천장 등과 같은 고유한 용어를 찾아냈다. 특히 페레는 프랑스 현대 건축의 아버지로 추앙받고 있다. 페레의 최초 작품은, 1903년 빠리 프랭클린 거리에 건축된 8층짜리 건축물이다.

노출 철근콘크리트 기둥-들보는 어떤 장식도 없이 그대로 건축물 표면에 노출되었다. 건축물 외벽의 돌출된 창은 캔틸레버 *cantilever*, 즉 내다지보로 지지되었다. 평지붕은 정원, 즉 옥상-정원으로 쓰였다. 계단실 외벽은 유리블록으로 마감되었다. 이 유리블록을 통해서 계단실 안쪽으로 햇빛이 들어왔다. 건축물 내벽은 설계도면의 가변성에 따라서 입주자의 요구를 완전히

사진 079 : 낙수장, 미국 펜실베이니아, 베이른 런 *Bearn run*
작은 폭포 위의 주택, 1936년, 프랭크 로이드 롸이트 설계, 위 사진은 겨울철 풍광, 아래 사진은 여름철 풍광

충족할 수 있도록 설치되었다.

1차 세계대전 *Grande guerre* 이후, 건축 분야의 혁신은 전 세계 특정의 중심지역으로 퍼져나갔다. 1925년과 1935년 사이, 수많은 철근콘크리트 건축물들이 완전히 무르익은 시기를 만들어 냈으며, 철근콘크리트의 국제적인 성공을 입증했다.

(4) 현대 건축가

독일의 루드비히 미스 반 데 로에 *Ludwig Mies Van Des Rohe: 1886~1969*, 핀란드의 알바 알토 *Alvar Aalto: 1898~1976*, 프랑스의 르 꼬르뷔지에 *Le Corbusier: 1887~1965* 및 피에르 잔느레 등과 같은 건축가들은 신건축에 관해 주목했다. 그리고 미국에서는 리차드 노이트라 *Richard Neutra: 1892~xxxx* 와 롸이트 *F. L. Wright* 가 많은 현대식 건축물들을 설계했다.

미스 반 데 로에는 선의 순수성, 우아한 형태 및 날렵한 외관 등에 주안점을 두었다. 그는 특히, 건축에서 장식을 완벽하게 배제했다. 그에겐, 건축물은 단순하면 단순할수록 더욱더 아름다운 것이었다. 그는 골조, 즉 모눈-종이 위에 그의 건축 설계안을 그리는 방법을 창시했다. 그는 자신의 건축물에서 극단적인 단순성을 표현하기 위해서 주로 벽돌, 유리 그리고 강철재를 사용했다.

르 꼬르뷔지에, 미스 반 데 로에 그리고 발터 그로피우스 등은, "국제 건축 양식 *Formule internationale d ' architecture*" 을 퍼트리는데 앞장섰던 건축가들이다. 건축에 대한 그들의 사상은 철저한 기능주의와 합리주의에 바탕을 두었다.

이상 3명의 건축가 이외에 미국에서도 역시, 롸이트 *F. L. Wright* 가 그의 영혼을 주택설계에 바쳤다. 롸이트가 설계한 주택은 북미 중산층의 개인주의에 부응했다. 그는 북미 현대 주택 건축의 창시자였다. 또한 그는 1920년대에 미국 아르 누보 건축의 거장이었다. 그는 루이 설리반 *Louis H. Sullivan: 1856~1924* 의 순응주의 세력 증대와 고립주의에 반대했다. 설리반은 주목할 만한 혁신 건축가였다. 롸이트는 주택을 자연환경, 공간의 가변성 및 다양성에 동화시켰다. 주택에 대한 롸이트의 본질적인 생각은 주택이 주변의 자연환경, 공간의 유동성 및 다양성 등과 일체가 되게 하는 것이다.

롸이트는 1936년 미국 펜실베이니아 베아른 런 *Bearn run* 에 있는 개울의 작은 폭포 *cascade* 위에 주택을 건축했다. 작은 언덕에 기대어 지은 이 주택에서는 개울에서 떨어져 내리는 물을 볼 수 있다. 롸이트는 그 주택에, 계절의 리듬에 따라서 생생하게 감응하는 세련된 외관을 남겼다. 주택의 수평선, 대각선 및 수직선은 서로 잘 조화되어, 주변의 환경과 완벽하게 통합된 볼륨의 연기 솜씨를 창출한다. 이 주택은 세계 3대 명품 주택 중의 하나이며 낙수장 *落水莊* 이라고도 한다. 이 주택은 미국 피츠버그의 백화점 사장이었던 카우프만이 롸이트에게 설계를 의뢰해 건축되었다. 낙수장은 건축가의 철학이 잘 반영된 주택이었다. 그러나 정작 그 집에서 살았던 카우프만은 밤낮없이 물 떨어지는 소리를 듣는 고통을 감내하다가 결국 집을 떠났다. 이 집은 현재 사람이 살지 않는 관상용이 되었다. 건축가의 이상론과 집주인의 주거 공간 현실이 충돌한 것이다.

(5) **르 꼬르뷔지에**와 **작품들**

르 꼬르뷔지에 *Le corbusier* 는 1887년 스위스 쥐라 *Jura* 의 라-쇼-드-퐁 *La-Chaux-de-Fonds* 에서 태어났다. 그러나 그는 프랑스에 정착해서 일생의 대부분을 보냈다. 그의 본명은 샤를 에두아르 쟌느레 *Charles Edouard Jeanneret* 였다. 그의 건축 철학은 “저비용의 작은 공간에서 사람들이 함께 살아가는 것” 이었다. 그는 자신의 철학이 담긴 많은 공동주택을 설계했으며, 말년에는 스스로 자신의 건축 철학에 따라서 값싸고 작은 주거 공간에서 여생을 보냈다. 주거 혁신을 이루었다는 찬사와 현대 건축의 아버지라는 칭송을 듣던 그는 1965년 9월1일 프랑스 빠리 루브르 궁전에서 국장으로 치러진 장례식을 끝으로 영면에 들어갔다. 그의 건축 작품 17점은 유네스코 세계문화유산에 등재되었다. 그가 당대에 엄청난 영향을 끼쳤던 건축가라는 것은 의심의 여지가 없다. 그는 일생 동안 내내 일관되게 건축의 기본 사상을 지켰다. 건축에 대한 그의 사상은 건축에 당대의 새로운 생활 방식을 적용 시키고, 건축물에 현대적인 기술을 가장 잘 활용하는 것이다. 르 꼬르뷔지에의 작품 전체를 통해서 볼 때, 우리는 한결 같은 원칙, 즉 새로운 건축의 다섯 가지 요점, 다시 말해서 건축 5원칙을 다시 찾아 볼 수 있다. 건축 5원칙은 당시의 경험적 양식이 되었으며, 그들은 다음과 같다;

① 피로티 *pilotis* 와 정원; 피로티 주택의 원칙은, 지면에서 들어 올린 주택 2층에 인간 생활을 위한 모든 안락한 공간을 배치하는 것과 주택 밑의 피로티 공간을 통과하는 정원을 만드는 것. 피로티 공간이 주택 1층이다.
② 지붕; 테라스 지붕은 정원, 즉 옥상-정원 *toit-jardin* 으로 활용
③ 가변 평면; 평판 또는 곡면판의 가변 내벽으로, 거주자가 요구하는 공간, 즉 방을 자유롭게 배치. 칸막이된 방은 기능과 미적 표현의 목적을 이루도록 함
④ 창 형태; 수평 장방형
⑤ 주택 정면 *façade* ; 주택 골조에 의한 구속으로부터 해방

르 꼬르뷔지에의 건축을 지배하는 사상의 기본은 철저한 합리주의와 기계적인 기능주의이다. 르 꼬르뷔지에는 최초의 조형예술가이다. 그는 사회생활 속에서 건축물의 유형을 개혁하는 능력과 건축물의 미적 가치를 보여줬다. 르 꼬르뷔지에와 그의 사촌 삐에르 잔느레 *Pierre Jeanneret* 는, 1923년에서 1931년 사이에 4개 유형의 주택, 즉 빌라 라 로슈 *Villa La Roche*, 빌라 가르슈 *Villa Garches*, 빌라 수튜트가르트 *Villa Stuttgart* 및 빌라 사브와 *Villa Savoye* 를 창출했으며 그들의 특징은 다음과 같다;

사진 080 : 빌라 사브와, 프랑스 이브린 쁘와시

위 사진은 빌라 전경, 1층은 피로티 정원, 2층에는 중요한 방과 탁 트인 테라스가 있다. 테라스는 주변 풍광을 즐기면서 일광욕을 즐길 수 있는 일광욕실이기도 하다. 아래 사진은 빌라 모형

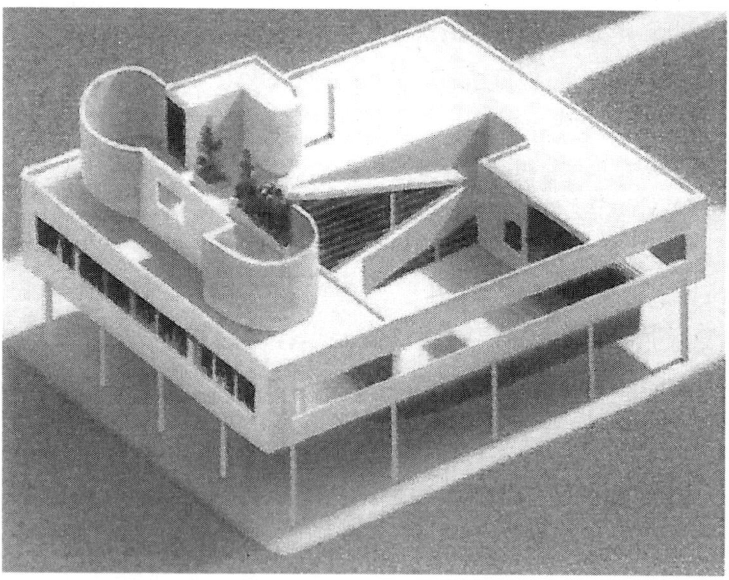

① 빌라 라 로슈; 유기적 주택의 전형적 모델
② 빌라 가르슈; 집단 주택의 전형적 모델
③ 빌라 수튜트가르트; 골조 노출의 전형적 모델
④ 빌라 사브와; 절충적 주택의 전형적 모델

가. **빌라 사브와**

세계 3대 명품 주택 중의 하나로 평가되는 이 주택은 르 꼬르뷔지에 주택 작품 중, 걸작중의 걸작이다. 보험회사 중역이었던 삐에르 사브와 *Pierre Savoye* 의 주말 주택인 빌라 사브와 *Villa Savoye* 는 빠리 서북쪽 약 25km 지점인 이브린 *Yvelines* 도, 쁘와시 *Poissy* 시, 빌리에 *villiers* 거리 82번지에 있다. 건축주 삐에르 사브와는 1928년, 르 꼬르뷔지에에게 설계를 의뢰, 1929년 착공, 1931년에 준공했다. 건축주는 단열이 잘되는 아늑한 집을 원했지만 사방으로 나있는 창은 단열이 안돼 겨울철에는 추위에 시달렸으며, 여름철에는 습기가 차 곰팡이와 함께 살았다. 고통 속에서 살던 집주인은 2차 세계대전이 일어나자 집을 비우고 떠난 이후 돌아오지 않았다. 이 빌라는, 실제 이 집에서 살았던 집주인의 입장에서 보면 부실 주택의 대명사였다. 현재 사람이 살지 않는 이 빌라는 관광객들이 구경하러 오는 모델하우스로 전락했다.

피로티 주택인 빌라 사브와는 비-내력벽에 커다란 유리창이 있다. 1층은 피로티 공간이다. 주택의 높이는 지상 3.5m 이고, 중요한 방들은 모두 2층에 있으며, 이 방들은 면적 120m² 의 넓은 테라스에 연결되어 있다. 탁 트인 테라스에서는 주변 풍광을 즐길 수 있다. 또한 테라스는 이 빌라를 돋보이게 하는 일광욕실로도 쓰인다. 이 빌라에서 주목해야할 구조물은 위층으로 올라갈 수 있는 비탈길 *rampe* 과 나선형 계단 *escalier à vis* 이다. 르 꼬르뷔지에는 특히, 나선형 계단을 "순수한 수직 유기체 *organe vertical pur*" 라고 생각했다. 나선형 계단은 수평 구조물에 자유롭게 삽입된 기관 *organe* 이다.

사진 081 : "빛나는 도시", 프랑스 마르세이유

"빛나는 도시" 는 공동주택, 즉 아파트의 별칭, 피로티 구조, 18층, 높이 56m, 길이 165m, 너비 24m, 23개 타입의 가족 수 1인~8인용 1337세대, 1600명 수용, 1층엔, 피로티 공간, 건축물 및 엘리베이터 출입구, 관리인 사무실, 3층엔 상점거리, 강아지 미용실 등이 있고, 옥상 층인 18층엔 어린이 150명 수용의 탁아소, 놀이터, 정원 등의 편의시설이 있다.

나. **공동 주택; 빛나는 도시**

르 꼬르뷔지에는 프랑스 남부 지중해의 항구 도시 마르세이유에 대형 주거용 건축물을 설계했다. 이 건축물은 최초 형태의 주거 공동체 *communauté d ' habitation* 로 간주되었다. 현대적 의미의 공동 주택, 즉 오늘날 아파트의 원조라 할 수 있는 이 건축물은 당시에는 일종의 "실험용 주택 *Laboratoire de l ' habitat* " 이었다. 사람들은 이 건축물을 "주거 단위 *Unité d ' habitation* " 또는 "빛나는 도시 *La Cité radieuse* " 라고 불렀다. 1946년 착공, 1953년 준공된 이 건축물은 현재 마르세이유 제8구, 미슐레 대로 *Boulevard Michelet* 기 드 모빠상 로 *Rue Guy de Maupassant* 에 있으며 지금도 여전히 사람들이 살고 있다.

대도시에 이런 건축물이 등장할 수 있었던 것은 거대 도시화를 지향하는 당시의 사회 풍조, 즉 현대 문명의 필요에 의한 것이었다. 르 꼬르뷔지에의 건축 철학이 담긴 이 건축물 설계의 논리적 배경은 토지의 효율적 사용, 통풍과 일조의 확보, 공공서비스를 집약적으로 제공할 수 있는 설비 등이다. 실제로 이 건축물 내에는 여러 가지 공공 서비스 시설, 상업 시설 및 교육 시설 등을 담아 입주민 들은 건축물 밖으로 나가지 않고도 일상생활을 할 수 있다. 그런 연유로 사람들은 이 건축물을 "씨떼 *Cité* " 즉 도시라고 부른 것이다. 그 것도 "빛나는 도시" 라고 했다. 이 건축물은 완벽한 내부 배치와 "주거 단위" 의 설비로 공동주택의 공공서비스를 제공한다. 당시까지만 해도 이런 서비스는 사람들이 생각도 못했다.

(6) **아파트**와 **가정용 전자기기**

2차 세계대전이 끝나고부터, 인구 급증과 도시화는 급격한 주택 수요의 충격을 초래했다. 영국이나 프랑스에서는, 주택생산, 주택 생산의 공업화, 고층 건축물이나 아파트의 유형 등은 국가계획에 의해서 통제되었다. 그런 조치로 공동주택 산업은 스스로 변화 되었다.

사진 082 : 에뚜왈 광장과 개선문, 프랑스 빠리 샹젤리제

이 개선문은 나뽈레옹 1세 *1769~1821* 가 1806년 착공했으나 그의 패전과 실권으로 공사 지연, 죽은 후인 1836년 준공, 에뚜왈 광장은 나뽈레옹 3세 시절인 1852년부터 17년 동안 진행된 빠리 현대화 정비사업의 일환으로 조성된 도로광장, 이 광장은 12개 방사선 도로의 시발점이자 종점, 광장 지하엔 지하철역이 있다.

오늘날 주거 용도의 건축물, 즉 아파트 건축물은 수시로 대형화되었다. 철근콘크리트와 강철재 골조의 건축물은 다양한 평형의, 수많은 세대의 아파트를 수용했다. 세대별 아파트의 방 배치는 합리적이었으며, 쓸데없는 공간을 완전히 없애려고 시도했다. 다시 말해서, 통상적으로 현관의 면적을 최소화하거나 살롱과 합쳤다. 또한 침실 공간과 욕실을 합쳤다. 주방에는 일반적으로, 간단한 아침 식사를 위한 작은 식탁을 설치했다. 주방에는 온갖 종류의 가정용 전자기기, 즉 세탁기, 식기세척기, 전자레인지, 요리용 탁자 등을 한 개의 블록에 묶어 설치했다. 아파트 전면에는 대형 발코니를, 그리고 작은 발코니는 주방에 붙여서 설치했다. 초대형 아파트에는 가끔은, 문-창 *porte-fenêtres*, 즉 창 겸용 문을 통해서 살롱이나 다른 방으로 갈 수 있는 외랑 *外廊* 이 있었다.

반면에 가구는 상대적으로 그 수가 적었으며, 벽장 *壁欌* 은 아파트를 건축할 때 벽장을 이용하기에 편리한 벽에 설치되었다. 즉, 벽장은 붙박이장이었다. 난방 시스템은 전통적인 라디에이터 *radiateurs* 방식이거나 패널 *panneaux* 방식이었다. 연통 *煙筒*, 상-하수 배관, 전기 케이블 등은 벽속의 공동 *空洞* 에 설치되었다. 아파트 내부의 콘센트 *prise* 까지 들어오는 전력 *énergie électrique* 으로, 실내 등 *lampes* 및 주방용 전자 기구, 즉 믹서, 토스터 *grille-pain*, 쓰레기 분쇄기, 온수기 등을 작동시킨다. 다만 온수기는 가스가 공급되는 경우 가스를 사용한다. 또한 전력으로는 하이파이 장치 *chaîne-hifi*, 텔레비전 채널 등과 같은 여러 가지 전자 기기도 작동시킨다.

엘리베이터는 샤프트, 즉 엘리베이터 통로에 설치되었다. 엘리베이터는 건축물의 각층을 연결해준다. 가구를 옮길 때는 화물용 대형 엘리베이터를 사용 하거나, 평지붕 위에 설치된 도르래 또는 이삿짐 운송업자의 사다리차를 활용한다. 통상적으로 사람들을 각층으로 실어 나르는 승객용 엘리베이터는 그 규모가 작기 때문이다.

사진 083 : 대개선문 및 광장, 프랑스 빠리, 라 데팡스

프랑스 혁명 200주년 기념 건축물, 1989년 준공된 지상 35층, 지하 3층의 업무시설 및 문화, 예술 전시용 건축물, 1982년 국제건축설계경기 당선작품, 덴마크 건축가 스프렉켈슨 *Johan Otto Von Spreckelsen* 작, 설계 기본 개념은 "열린 정육면체" 와 "세계로 열린 창문", 정육면체 한 변의 길이는 110m, 총중량 30만 톤의 포스트텐션-프리캐스트-콘크리트 골조, 남향 및 북향 외벽 마감은 알루미 늄 프레임에 대형 판유리, 이 유리벽은 현대 건축사조인 매끄러운 외벽 표면의 창출과 함께 태양열의 흡수 및 자동차 소음을 차단, 동향 및 서향의 대각선 벽면은 카라라 *Carrara* 산 백색 대리석 판재로 마감, 이 대리석 판재는 강한 햇빛의 전반사를 완화, 건축물에 접근하는 보행인들의 눈부심을 방지, 열린 공간에는 전시장 천막 지붕과 관광객을 위한 옥상 전망대로 올라가는 엘리베이터가 있다. 80헥타르 *ha* 의 유럽 최대 비즈니스 지역. 사진은 대개선문 동향 파사드 *façade*

아파트 내부의 칸막이벽은 기성 제품, 즉 공장에서 미리 생산한 충분히 얇은 건축 자재를 활용하여 설치했다. 창틀은 일반적으로 전기도금 알루미늄과 같은 금속재료를 사용하여 제작, 설치한다.

새로운 건축 시스템의 발명과 조립 방법의 쇄신으로 건축은 비약적으로 발전했다. 신-구성주의 *néo-constructivisme* 는 새로운 "건축 기술 *art de bâtir* " 에 대한 해석과 다양한 근원이 있는 거의 모든 곳으로 퍼져나갔다. "건축 기술" 은 건축 시스템을 탐구하고, 3차원 철골 트러스를 훌륭하게 구축했다.

건설사업자들의 기술은 대형 건축물 분야에서 눈부시게 발전했다. 그들은 건축물의 유형과 형태를 혁신했다. 그리고 그들은, 설비가 잘 갖춰진 거처에 대한 합리주의자들의 공리 *公理* 를 예로서 설명했다. 금속-직물로 마감한 건축물 외벽, 강철 골조, 잡아 늘린 직물 지붕이나 인장력이 가해진 케이블 들보 *poutres-câbles* 에 매어 달아 놓은 지붕, 판유리 내벽, 켕김 줄로 고정시킨 기둥, 찰싹 들러붙은 표면 판유리 등은 공동주택 단지에서는 전적으로 새로운 기술이었다.

10) 21세기

(1) 사이버네틱스 시대

우리들은 지금 사이버네틱스 시대 *cybernétique-âge* 로 가고 있는 중이다. 컴퓨터나 로봇이 대중의 생활 속으로 깊숙이 침투해 있다. 컴퓨터 처리가 가속화함에 따라서 물품구매 업무, 은행 업무, 공공 서비스, 학교 교육 등이 이미 가정 내에서 이루어지고 있다. 가정에서 컴퓨터 처리에 의한 일상 업무가 가능토록하기 위해서는 정보화 기기를 갖춘 방 *local équipé*, 즉 가정 내 사무실이 필요하다. 그렇게 되면 오늘날의 대도시 봉급생활자들의 단조로운 일상생활 모습, 즉 지하철-일-잠 *métro-boulot-dodo* 이라는 정경 *情景* 은 미래의 생활에서는 사라진다.

사진 084 : 존 핸콕 센터, 미국 시카고 *City of Chicago*

건축 및 구조설계는 SOM, 높이 344m, 100층, 1969년 준공

(2) **소형 공동주택**의 **엄청난 수요**

다른 한편으로, 21세기에는 일생중 제3연령 계층 *couches troisième âge*, 즉 정년퇴직 이후의 노년 계층과 제4연령 계층 *couches quatrième âge*, 즉 75세 이상의 고령 계층이 점진적으로 두꺼워 진다. 동시에 여성의 경제 활동은 오늘날보다 더욱더 증가한다. 이런 현상이 가까운 미래에 소형공동주택, 즉 스튜디오 *studio* 또는 방 두 개짜리 아파트의 폭발적인 수요를 예상케 하는 이유이다. 여기서 스튜디오는 방 하나에 침실, 거실, 욕실 및 작은 부엌이 모두 포함된 아파트이고 방 두 개짜리 아파트란 거실과 침실, 욕실 및 부엌이 별도로 있는 아파트를 말한다.

(3) **삶**의 **가치**

국가 경제의 비약적 발전과 개인의 소득 증가는 일생에 대한 가치의 변화를 가져왔다. 사람들은 여가시간을 보낼 장소에 대한 자연스러운 욕구를 갖게 되었다. 사람들은, 운동경기의 관람자, 음악회의 청중 또는 박물관의 방문객이 되기보다는, 오히려 자신이 직접 운동경기를 하거나, 피아노를 연주 하든가, 직접 춤을 추거나 그림을 그리고 싶어 했기 때문이다.

주택의 경우, 사람들은 자신의 집에 관해서 물질적, 지적 욕구를 증대하기에 이르렀다. 문명의 발전과 함께, 전문가들에게는 다양한 기능에 적합한 주택이 필수가 되었다. 이상과 같은 요인에도 불구하고 미래의 주택 유형은 그렇게 크게 변형되지는 않을 것이다. 왜냐하면 육체의 골격, 요리방법, 인간의 생리현상 등은 근본적으로 변하지 않기 때문이다.

(4) **주택 유형**의 **유사성**

주택의 유사한 유형은 수세기동안 큰 변화 없이 반복되어 왔다. 그러나 과학의 발전으로, 사람들이 잠을 잘 필요가 없거나, 옷을 입을 필요가 없거나 또는 요리를 할 필요가 없다면, 침실, 세탁실, 식당 및 주방 등의 구조는 변할 것이다. 만일 사람들이

사진 085 : 현대식 고층 건축물, 미국 조지아 애틀랜타 *Atlanta*

식량을 공기나 물에서 추출해 낼 수 있다면, 경작지가 필요 없을 것이고, 방목지 또한 필요 없을 것이다. 게다가 정보통신 기술의 발달로, 사람들이 일하기위해서 매일 같은 장소에 모일 필요가 없다면, 닭장 또는 토끼장으로 불리는 모든 아파트는 대도시에서 사라질 것이다. 그렇게 되면, 주택은 작은 언덕이나 강가 또는 농촌 등으로 흩어지게 될 것이다. 주택의 주요 재료는 흙이나 나무가 될 것이다. 그렇게 된다면 건축 폐기물 문제는 물론이고 대도시에서의 주택 부족 위기도 사라질 것이다. 그렇더라도 실제에 있어서는 미래 주택은 아래와 같은 3가지 형태로 분류될 것이다;

① 르 꼬르뷔지에의 "빛나는 도시 *La Cité radieuse*" 타입
② 그로피우스 *W. Gropius* 의 "공업화 주택 *Logement industrialisé*" 타입
③ 프랑스 도시 근교의 저택, 즉 "프랑스 작은 성 *Petit château français*" 타입

(5) 초고층 건축물

21세기엔 대도시 중심 지역에서 초고층 건축물이 중요한 주거용도의 건축물이 되기 시작했다. 대도시 중심 지역은 언제나 정치, 경제, 문화, 행정 세력 및 모든 사회 기능의 수요가 있다. 고층 건축물은 일반적으로 주거, 일, 구매, 여가, 공공업무 등을 위한 공간, 즉 방 *房* 을 수용한다. 역사적 사실로 볼 때, 이런 주상 복합 건축물은 로마 제국의 대도시와 중세 시대의 대도시에도 있었다. 현대에 들어서서는 프랑스 마르세이유 *Marseille* 에 주상 복합 *maison-boutique* 건축물, 즉 "빛나는 도시 *La Cité radieuse*" 가 건축되었다.

고층 건축물 안에 있는, 스튜디오, 방이 2~3개인 아파트, 방이 3개 이상인 아파트 등은 변함없이 노총각, 노처녀, 늙은 독신자, 신혼 부부, 노인 부부 및 서민들을 위한 주거공간으로 쓰

사진 086 : 원 월드 트레이드 센터, 미국 뉴욕

초고층 건축물, 1776피트, 지상 104층, 지하 5층, 2014년 7월 준공

인다. 주거공간과 정원은 고층 건축물의 상층부에, 여가 및 사무실 공간은 중층부에, 그리고 상업 및 공공 서비스 공간은 하층부 및 지하실에 위치한다. 이런 주거용 고층 건축물은 르 꼬르뷔지에의 "빛나는 도시 *La Cité radieuse*" 타입과 유사한 것이다.

고층 건축물에서 수직적 위치는 선형 도시의 그것과 정확하게 닮았다. 고층 건축물의 상층부에서, 사람들은 좋은 생활환경, 즉 환상적인 전망, 풍부한 일조량, 매우 조용한 분위기, 파리나 모기가 거의 없는 위생적인 환경 등을 만끽할 수 있다. 그러나 사람들은, 상층부 거주자들이 현저하게 여러 가지 병리학적 징후, 즉 감기, 편두통, 이명 *耳鳴*, 무력증, 알레르기성 질병, 정서장애, 우울증, 공포증 등에 시달리고 있음을 알게 되었다. 또 다른 의학 보고서에 의하면, 하층부에 사는 사람들보다는 상층부에 사는 사람들에게서 자살, 자연 유산, 사산 *死産* 등의 비율이 훨씬 더 현저하게 증가되었음이 확인되었다.

이런 불안상태의 해법은, 고층 건축물에서의 일상생활에 대한 연구의 대상이 될 것이다. 어쨌든, 엄청나게 비싼 땅 사용의 효율성을 높이고 밤에 도심이 공동화되는 것을 방지하기 위해 고층 건축물의 증가는 피할 수 없는 상황이다.

(6) 조립식 주택

대도시 교외에는 금방 임시로 지은 듯 한 조립식 주택 *Prêt-à-bâtir* 들이 고속도로, 철로 또는 운하를 따라서 줄줄이 늘어서 있다. 이들 조립식 주택은 사회 주변인들, 즉 박봉의 직장인, 소상인, 가난한 장인 *匠人*, 임시직 점원, 영세민 가족, 그리고 날품팔이 등이 사는 집이다. 1층 또는 2층인 조립식 주택의 주요 부재는 공장에서 대량 생산된다. 이들 조립식 주택은 표준주택 모델에 따라서 현장에서 조립된다. 이런 주택들은 그로피우스 *W. Gropius* 의 "공업화 주택 *Logement industrialisé*" 과 유사한 것이다.

사진 087 : 중산층 도심 아파트, 프랑스 비쉬 *Vichy*

사진 088 : 부유층 개인 저택, 미국 조지아 애틀랜타 *Atlanta* 근교 주택단지,

(7) **부유층**의 **호화 저택**

대도시 도심에서 충분히 멀리 떨어진 교외에, 중산층의 저택이나 부유층의 호화 저택들이 도처에 들어섰다. 그런 곳에는 반드시 수원 *source d ' eau* 이 있음을 알 수 있다. 그런 저택들은 "프랑스 작은 성 *Petit château français*" 타입과 유사한 것이다. 예술적이고 기능적인 속성이 있는 그런 저택들은 주택 소유주, 즉 의사, 변호사, 기업인, 부유한 상인, 고위 관리직 등의 모든 요구를 충족시키기에 적합하다.

21세기에는 지적 노동자의 방이나 아이들의 학교 교육을 위한 방을 갖춘 집이 필요할 것이다. 결국 사람들은 오늘날 보다는 좀 더 큰 주택을 필요로 할 것이다.

(8) **집안일**과 **제로-에너지**

집안 일 *travaux ménagers*, 즉 세탁, 요리, 청소, 생활용품 및 식품 구매, 쓰레기 처리, 생활오수 배출 등은, 고도로 정교하고 완벽한 가전 기기와 주방 설비 덕분에 효율적으로 변화할 것이다. 사람들은 난방, 냉방 및 음식의 열처리, 즉 굽기, 익히기, 조리기 등을 위해서 화석 연료 대신에 천연 에너지, 다시 말해서 제로-에너지 *zéro-énergie* 를 사용할 것이다. 제로-에너지란 수력 *水力*, 조력 *潮力*, 풍력 *風力*, 유수력 *流水力*, 지열 *地熱*, 태양열 *太陽熱* 등을 일컫는 말이다. 주방 취사도구의 발달과 화석연료의 대체로 인하여 주택 내부는 외부보다 먼저 진화, 변화 할 것이다.

제2절
공영주택이란 무엇인가?

1. 공영주택의 관념

1) 노동자들의 비참한 생활

19세기에 유럽은 비약적인 산업발전과 도시화를 겪었다. 그럼에도 불구하고, 노동자들의 생활 여건은 언제나 비참했다. 그들은 형편없는 집에서 살면서 싸구려 음식을 먹고 박봉에 시달렸다. 노동자 계층보다도 못한 가장 가난한 사람들은 더욱더 발전의 혜택을 받지 못했다. 산업의 발전으로 수많은 노동자들이 도심으로 몰렸다. 그 결과 비좁은 집에는 사람들이 넘쳤으며 임대료는 천정부지로 치솟았다. 수많은 노동자들은 애처로울 정도로 형편없는 집에서 정어리 떼처럼 복작대면서 살았다. 그런 사회 여건이 근로자는 물론이고 자각하고 있는 수많은 기업인들을 격분시켰다. 가족 모두, 즉 아버지, 어머니, 아이들이 겹겹이 쌓아올린 무더기처럼, 몹시 불결한 단칸방에서 살아가는데, 어떻게 이 사람들이 품위 있게 생각하고 조금은 고상한 취미를 만들어가길 바라겠는가? 그리고 빈정거리는 것이 아니고서야 그들에게 인간 정신이 깃든 명백한 보물을 제공할 수 있겠는가? 그들은 벌레가 들끓는 고미다락에서 호흡하면서 티푸스와 결핵을 걱정하고 있을 뿐이다.

2) 주택 위기 해법

오늘날 전 세계에서 집 없는 사람들의 광범위한 현상은 무엇인가? 그런 현상을 정확하게 말하는 사람은 아무도 없다. 사회의 혜택을 누리지 못하고 뒤처진 시민들을 위한 주택 위기의 유일한 해법은, 선진국은 물론이고 제3세계 국가에서도 무엇보다 먼저, 최우선 순위로 치밀하게 사회정책을 수립하는 것이다.

의복이 인간의 형태라면 주택은 풍습의 형태이다. 집에서 인간답게 살기를 원하는, 모든 사람들이 인간답게 집에서 살도록 해야 한다고 생각하는 것은 정당하고도 필연적이다. 이런 사회-심리학적 이치에 따르면 공영주택은 19세기 중반부터 유럽사회에 나타났다. 산업화를 이룬 몇몇 나라, 특히 영국, 프랑스, 구서독, 네덜란드 등에서는, 소위 말하는 공영주택은 19세기 중반부터 사회 구제의 일환으로 빈민들에게 제공되었다.

3) **공영주택**의 **명칭**

1차 세계대전 이후 프랑스에서는 공영주택의 자격을 규정지었다. 프랑스에서는 예전에 공영주택을 노동자 주택, 서민 주택, 경제적 주택, 값싼 주택 등으로 불렀다. 공영주택 명칭의 급증은, 1차 세계대전과 2차 세계대전 사이에 시작되었으며 그 실례는 다음과 같다;

- 노동자들을 위한 저가 주택
  habitation à bon marché pour l ' ouvrier
- 직장인들을 위한 개량된 저가 주택
  habitation améliorée à bon marché pour l ' employé
- 중산계층을 위한 저가 임대주택
  habitation à loyer modéré pour la classe moyenne
- 중산계층을 위한 중가 임대주택
  habitation à loyer moyen pour la classe moyenne

위와 같은 중구난방식의 주택 명칭을 대체하기 위해서 창작된 총칭적인 전문용어가 사회 주택 *logement social*, 즉 공영주택이다. 그러나 이 용어는 사회 역사 *histoire sociale* 를 떠올리게 하면서 혼란을 야기하게 되었다. 사회주택은 그저 사회보장주택일뿐인데 사회란 의미가 애매모호했기 때문이다. 한편에서는 국가 주택 *logement étatique* 을 지칭하고, 다른 한편의 사람들은 그

의미를 자원봉사자 주택 *logement volontaire* 으로 받아들였다. 전자는 국가에 의해서 사회의 혜택을 못 받은 가장 가난한 소외계층의 사람들에게 주어지는 주택이고, 후자는 사회에서 책임의식이 강한 개인들에 의해서 자발적으로 제공되는 주택이다.

사실적으로 말하자면, 공영주택은 무엇보다도 먼저 국가의 특별지원아래 공급되어야하는 것이 중요하고, 다른 방법으로는 자선가 단체 또는 위생학자 단체가 일으킨 사회운동에 의해서 공급되어야한다. 그 단체들은 개인 주도의 선도자들이었지만 국가의 간섭에 직면했다. 그 단체들은 대도시 노동자들에게 주택뿐만 아니라 사회에 끼어들 수 있는 도구를 제공하기 위해 애썼다. 당시 노동자들은 거의 가치가 없는 오두막-집에서 살기를 강요받고 있었다.

프랑스의 로즈망 소씨알 *logement social* 을 영국에서는 "카운실 하우징 *council housing*" 또는 "스테이트 하우징 *state housing*" 이라 하고, 구서독에서는 "소치알 보눙 *sozial wohnung*", 미국에서는 "퍼블릭 하우징 *public housing*" 이라고 한다. 이들 용어는 모두 공영주택이라는 의미이다. 공영주택의 기원을 이해하기 위해서는 역사에 물어보는 것이 유용하다.

4) 공영주택의 기원

공영주택의 기원인, 로제-앙리-게랑 *Roger-Henri-Guerrand* 의 저서는 프랑스에서 공영주택의 지위를 명백하게 설명했다. 그 당시까지만 해도 공영주택은 노동자들의 오두막-집에 불과했다. 동시에 공영주택은 논리적으로는 완전히 추상적인 존재로 간주되었다. 또한 공영주택은 건축 형태와는 관계없이, 건축된 실체라기보다는 단지 통계 목적의 주택이었다.

노동자 주택 문제는 이미 사상 학회 *société de pensées*, 정당, 노동조합 등에서 논의가 되었다. 그런 논의는 1970년대에 건축 교육, 건축 연구 등에 커다란 영향을 미쳤다. 공영주택은 나라마다 각기 다양한 특징을 가지고 있었음에도 불구하고 주택 생산 논리는 일치했다. 좀 더 엄밀히 말하자면 융자 방법, 특유의 배정 조건, 입주민의 수입 수준에 따른 주택 서비스 가격의 모듈 조정, 비상업적 논리아래 관여하는 운영자의 본성, 국가가 비용의 일부를 부담하기 등은 공영주택 개념에 적합한 특성과 같은 것이다. 결국 공영주택은, 경제적으로 취약한 계층의 생각을 반영한 수수한 주택이다. 적절하게 말하자면, 비싸지 않은 임대료의 공영주택은 재산이 없는 사람들에게 적합한 주택이다.

그렇다보니, 사람들은 공영주택에 관해서 경멸적인 선입견을 갖게 되었고, 공영주택의 이미지는 부당하게 명예가 실추되었다. 사실은 공영주택이, 사회 주변인들, 즉 가난한 이민자들의 사회 동화를 이롭게 해주고, 젊은 근로자들이나 장애인들의 절박한 욕구에 부응했던 순기능이 있었는데도 말이다. 공영주택에 대한 경멸적 선입견은, 도시 외곽의 택지, 상자 모양의 주택 형태, 이민 또는 난민의 임시 수용소와 같은 형편없는 주택 품질에 기인한다. 그런 까닭에 공영주택은, 국민 복지를 목표로 했던 여러 나라에서, 오늘날 피할 수 없는 결함으로 강하게 낙인찍힌 채로 남아있다.

다른 측면에서 보면 공영주택은 국가의 자산이거나, 개인자산과 같은 상품이라기보다는 비영리 목적 조합의 자산이다. 그렇기 때문에 공영주택의 수요공급과 가격의 결정은 외인성 *外因性* 즉, 자유시장의 그것과는 별개여야 하는 것이다.

2. 사회사상과 공영주택

1) 공영주택 주의

공영주택에 관한 근본을 파헤치기 위해서는, 사상과 논리에 관한 사회적 배경을 이해하는 것이 필요하다. 공영주택에 관한 주의 *doctrines* 에는, 공리주의 *功利主義, utilitarisme*, 보수적 이상주의 *idéalisme conservateur*, 마르크스주의 *marxisme*, 사회 민주적 이상주의 *idéalisme de démocratie sociale*, 데이비드 리카르도 *David*

Ricardo: 1772~1823 의 경제 이론 등이 있다. 다른 나라들보다 먼저 산업혁명을 경험한 영국에서는 공영주택은 리카르도의 경제 이론과 공리주의의 영향아래서 탄생했다. 리카르도는, 국가가 직접 공영주택을 공급하기 보다는 자본투자를 통해서 간접적으로 가난한 사람들에게 공영주택을 공급하는 방식이 사회적으로 유용하다고 주장했다.

공리주의는, 정치적으로나 경제적으로나, 가난한 사람들에게 공영주택을 공급하는 것으로 충분히 만족하는 그런 주의가 아니다. 그것은, 공공복지 *bien-être public* 의 향상을 지향하는 나라에서, 사회 권리 *droit social* 나 사회 도덕적 관점에서 보면 그랬다.

제르미 벤담 *Jermy Bentham: 1748~1821* 은 공리주의를 주도했다. 공리주의는 19세기 전반에 영국사회의 주된 사상이었다. 벤샴의 도덕주의는 개인의 이익에 근본을 둔 것이다. 열광적인 공리주의 지지자였던 에드윈 채드윅 *Edwin Chadwick: 1800~1890* 은, 영국에서 공영주택의 초기 개혁의 중요한 역할을 대리했다. 채드윅은 "빈민 구호법 *poor laws*" 의 개정과 비위생적인 공영주택의 개혁을 시도했다. 채드윅의 시도는 가장 많은 사람들을 위한, 가능한 최상의 복지 *meilleur bien-être* 가 목적이었다. 그러나 채드윅은, 국가의 보조금 없이 오직 자선가들의 노력만으로는 모든 가난한 사람들에게 공영주택을 공급하거나 개량하는 일은 불가능하다고 생각했다.

2) 보수적 이상주의

좀 더 뒤에, 얼 샤프테스버리 *Earl Shaftesbury: 1801~1885* 와 그린 *T. H. Green: 1836~1882* 등과 같은 보수적 이상주의자들이, 1841년 런던에서 가난한 부랑자들에게 공영주택을 할당하고 교육 프로그램을 시행하자는 운동을 시작했다. 보수주의자들의 이상주가 18세기 종교복음주의와 박애사상에서 움트기 시작했다.

3) **집산주의**와 **사회민주주의**

19세기 후반부터, 철학자 오귀스트 꽁트 *Auguste Comte: 1795~1857* 의 실증주와 사회민주주의 사상의 영향으로 집산주의가 대두되었다. 19세기 사회주의자들의 이데올로기적 배경은 "협동조합" 그리고, 영국의 사회개혁가 로버트 오언 *Robert Owen: 1771~ 1858* 과 프랑스의 공상적 사회주의 사상가 샤를 푸리에 *Charles Fourier: 1772~1837* 의 "공동소유" 에서 찾아볼 수 있다. 구서독, 네덜란드, 스웨덴 등과 같은 나라에서는 비영리 목적의 자원봉사 단체가 가난한 사람들에게 공영주택을 공급했다. 칼 마르크스 *Karl Marx: 1818~1883* 와 프리드리히 엥겔스 *Friedrich Engels: 1820~1895* 의 공영주택에 관한 문제 제기를 위한 접근 도구는, 협동조합 운동과 박애주의 정신을 배제한 혁명적 국가 집산주의이다. 엥겔스는 공영주택 부족, 임대료 폭등, 임대차 불안정, 집주인의 횡포 등의 문제를 해결하기 위해서 기존 부동산 소유권의 박탈을 주장했다.

4) **마르크스주의**와 **공영주택 정책**

사회주의 국가의 공영주택 정책은, 공산국가와 함께 소멸된 마르크스주의를 근본으로 하고 있다. 19세기 중반, 영국에서 자유방임 사상 이후에 사회민주주의 관념론이 이상주의 색깔이 농후한 국민 복지를 뒤적거리기 시작했다. 그런 까닭에 공영주택에 관한 문제제기는 사회적으로나, 경제적으로나 국민들의 관심의 표적이 되었다. 영국에서의 사회민주주의 사상은 법률로 경제적 불평등을 바로잡고, 평화적이고 진보적인 수단으로 사회를 개혁하려는데 정신이 쏠려 있었다. 영국에서는 그렇게 공영주택 *logement public* 이 국가에 의해서 직접 공급되었다.

반면에 구-서독, 스웨덴, 노르웨이, 오스트리아 등의 국가에서는 자원봉사자 주택 *logement volontaire* 이 국가의 간접지원으로 공급되었다. 이상의 나라에서 이해된 바와 같이, 공영주택 정책은 당대의 사회사상과 깊숙이 연관이 되어있다. 그럼에도 불구하고 미국의 공영주택 정책은 주로 실용주의에 바탕을 두었다.

제3절
토속주택이란 무엇인가?

1. 토속주택의 적성

1) 토속주택 생산 방향

사람의 집과 어머니의 육신 사이에는 상징적인 연관성이 있다. 만일 어머니의 육신에서 빠져나온 아기가 숙박할 수 있는 곳이 집이라면, 자궁, 즉 아기집은 태아가 266일 동안 머무르는 평화롭고 고요한 집이다. 우리들은 종종, 정해진 시간보다 빨리 자궁을 빠져나와서 보육기 *incubateur* 를 필요로 하는 조생아를 체험하기도 한다. 세상에는 조생아와 같은 사람들도 몇몇 있다. 그들 역시 그 어떤 형태이든 간에 집을 필요로 한다. 그들이 필요로 하는 집을 성인용 보육기라 할 수 있다. 이 책에서는 그런 성인용 보육기를 토속주택이라 부르기로 하고, 가장 가난한 사람들을 위한 주택문제에 본격적으로 도전하기로 한다.

토속주택은 공영주택의 새로운 영역이며, 그들의 생산은 "비버 운동 *mouvement des castors* "의 차원에서 이루어 져야 한다. "비버 운동" 이란 건설사업자의 손을 빌리지 않고 자원봉사자들이 힘을 합쳐 공동으로 짓는 "주택 공동건축 운동" 이다. 집이 없거나 형편없는 오막살이에서 사는 사람들에게 쓸 만한 거처를 마련해 주기위한, 즉 토속주택의 새로운 생산 방향을 위한 유효한 지침은 다음과 같다;

① 이자가 싼 자금 조달
② 토착 건축재료 활용
③ 건축 전문가들의 무보수 협력
④ 실업자들에게 간단한 주택 건축 기술 직업교육
⑤ 국가, 지방 공공단체 또는 기업에 의해 상하수도, 도로,

사진 089 : 물가의 피로티 토착주택, 세네갈 대서양 해변
토착 재료, 통나무 골조에 갈대 다발로 엮어 만든 벽 및 지붕, 먹거리를 구할 수 있는 감비 *Gambie* 강 하구

전기 등의 시설이 정비된 택지 확보
⑥ "비버 운동" 방식에 의한 자발적 주택 건축
⑦ 월 임대료 지불 상한제 실시
⑧ 건축 비용, 관리 비용 및 임대료의 최소화
⑨ 주택 시장으로 부터의 충격 완화
⑩ 주택 건축을 위한 의무 노역 부과 및 상부상조

2) 토속주택의 기원

토속주택 *logement autochtone* 의 기원은 미국의 애이브럼 *C. Abrams* 과 터너 *J. Turner* 의 "자조 주택 *Self-helf housing*" 의 개념에 있다. "자조 주택" 의 개념은 국가의 지원을 받아서 자기 스스로 자신의 집을 짓는 것이다. 토속주택 프로그램은 국가의 보조금을 받거나 자원 봉사자의 도움을 받는다는 가상 아래 수립되어야 한다. "자조 주택" 운동은 1892년부터 독일에서, 1930년대 미국의 웨스트모어랜드 칸트리 *Westmorland Country*, 그리고 1940년내 콜롬비아의 뿌에르또 리꼬 *Puerto Rico* 등지에서 실행되었다. 1963년에, 터너와 미국의 "사회와 기술혁신을 위한 단체 *Organization for Social and Technical Innovation*" 가 제시한 "자조 주택" 의 범주와, 가난한 사람들에게 주택을 제공하거나 개량하기 위해서 내놓은 3가지 제안은 다음과 같다;

① 독자적인 "자조 주택"
② 조직화된 "자조 주택 및 상호부조 주택"
③ 소비되는 "자조 주택"

3) 프로그램의 실패와 성공

1970년부터 "자조 주택" 운동의 일환으로, "현장과 서비스 *sites and service*" 프로그램의 실행에 관한 토의가 국제연합 *O.N.U.: Organisation des Nations Unies* 회의에서 시작되었다. 실행된 프로그램 가운데 탄자니아 프로그램은 완벽하게 실패했지만, 인도네시아 프로그램, 즉 "캄퐁 개량 프로그램 *Kampong Improvement Program*" 은 진짜로 성공했다. 탄자니아에서는 자신들의 집을 건축할 때 가족 중 실업 상태인 인력을 활용하는 대신 소규모 건설사업자에게 건축을 맡겼다. 게다가 자신의 집을 지으면서 지나치게 많은 돈을 투입, 결국 빚을 지게 되었다. 이런 실패는 사람들이 "현장과 서비스" 프로그램의 본질을 이해할 수 없었기 때문이며, 또한 정부가 이 프로그램에서 손을 떼고 있었기 때문이었다.

반면에 인도네시아 정부는 적극적으로 세계은행 *IBRD* 과 같은 국제금융기관으로부터 융자를 받고, 토속 자원을 최대한 활용하였으며, 끝으로 지역 사정에 맞추어서 조금씩 주택을 개량하는 방법을 선택했다. 그 결과 인도네시아는 1980년까지 자카르타 *Djakarta* 시, 350만의 주민들에게 주택을 공급하는데 성공했다. 우리는, 토속주택은 국가의 개입이 절대적으로 필요하며, 나라가 불경기에 처한 단계에 있을 때 특히 효과적인 산업 분야가 될 것이라는 결론에 도달 할 수 있었다.

2. 급증하는 신규 수요

1) 도시의 빈곤 수준

세계은행 *Banque mondial*, 국제연합 환경 프로그램 *PNUE: Programme de Nations Unies pour l ' Environnement*, 그리고 국제연합 개발 프로그램 *PNUD: Programme de Nations Unies pour le Développement* 이 공동으로 발간한, "1996년, 도시환경 백서" 에 따르면, 2015년에는 주민 800만 이상인 메갈로폴리스 *mégalopolis* 가 33개, 주민 100만 이상의 대도시 *grandes villes* 가 500개 존재할 것이라 했다.

1990년에는 288개의 대도시가 있었으나, 2000년에는 391개가 될 것으로 예측할 수 있다. 2025년에는 지구의 인구가 83억 명에 이를 것이며, 그들 중 50억 명은 도시에서 살 것이라 했다. 만일 그렇게 된다면, 도시에는 과연 빈민들이 몇 명이나 될까? 빈곤 수준이란 무엇인가? 세계은행은 빈곤 수준을 한사람의 하루 수입이 0.6 U$ 이하인 경우라고 정의 했다. 1994년, 국제연합의 인간 개발 보고서에 따르면, 세계에서 가장 가난한 인구 과잉의 10개국, 전체 인구수와 빈민의 수는 표 01과 같이 추정된다.

2) 도시화 비율

1980년, 국민 1인당 상각전 국민총생산 *P.N.B.: produit national brut* 에 따른, 국가의 도시화 비율 평균값은 다음과 같다;

11%: 250 U$ 이하 국가
21%: 250~500 U$ 국가
37%: 500~1000 U$ 국가
50%: 1000~2500 U$ 국가

1980년 세계은행 통계에 따르면, 국민 총생산 *P.N.B.* 에 따라서 분류된, 인구 100만 명 이상인 국가와 그들 국가의 인구 총수는 다음과 같다;

① **250 U$** 이하: 20개 국가, 총 4억여 명
② **250~500 U$**: 22개 국가, 총 23억여 명, 여기에는 인구 10억 이상의 중국과 7억8천 이상의 인도가 포함되었다.
③ **500~1000 U$**: 20개 국가, 총 3억6천여 명
④ **1000 à 2500 U$**: 24개 국가, 총 6억1500만여 명
⑤ **2500 U$** 이상: 32개 국가, 총 12억여 명

3) **제3세계**의 **인구**

제3세계 국가의 대부분의 도시에서는 40%~50%의 주민, 즉

표 01 : 인구 초-과잉 10개국 인구 총수와 빈민의 수

국가	인구 총수 (백만)			빈민수 (백만)	총인구에 대한 빈민 비율(%)
	1960	1992	2000	1992	1992
인도	442	880	1019	350	39.77
중국	658	1187	1310	*105	8.85
방글라데시	51	120	144	93	77.50
브라질	73	154	173	72	46.75
인도네시아	96	191	218	48	25.13
나이지리아	42	116	148	46	39.66
베트남	35	70	82	38	54.29
필리핀	28	65	76	35	53.85
파키스탄	50	125	155	35	28.00
에티오피아	24	53	67	32	60.38
계		2961		854	28.84

*만일 빈곤 수준을 한사람의 하루 수입이 1.00 U$ 라고 한다면 중국의 빈민 수는 3억 명 이상까지 상승한다.

약 10억 명의 시민들이 집이 없거나 형편없는 오막살이에서 생활한다. 그리고 세계적으로는 1980년대 초에, 55억 명중 약 1억 명이 실제로 살 집이 없다. 20세기 초부터 세계 인구가 믿을 수 없을 정도로 급증한 것은 완전히 새로운 현상이다. 지난 수세기 동안 연간 인구 증가율이 0.3% 이하였던 반면, 20세기 이후 인구의 연간 평균 증가율은 지나치게 격렬했다. 19세기 말에는 0.5%, 1940년에는 1%, 20세기 말엔 1.7% 였다.

제3세계의 모든 국가는, 2차 세계대전 끝 무렵 이래 과도하게 인구가 증가 하는 지극히 중대한 특성을 갖고 있다. 제3세계의 인구 증가는 지나치게 속도가 빨랐다. 다시 말해서 선진국의 평균 증가율이 0.8% 일뿐이었는데 제3세계는 2% 이상이었다. 이

런 추세라면 제3세계의 인구는 향후 30년 동안 두 배로 증가할 것이며, 전 세계 인구의 약 80% 이상이 될 것이다.

4) **선진국**의 **인구**

지난 수세기 동안 세계 인구의 거의 4분의1을 차지하고 있던 선진국의 인구는, 20세기 전반에는 대략 3분의1 정도가 될 것으로 추산된다. 19세기에 유럽과 북아메리카는 급격한 인구 증가를 경험했으나 그 이후로는 과도한 인구 증가는 완화되었다. 2차 세계대전 끝 무렵 부터는 제3세계 도시들이 급격한 리듬을 타고 이상할 정도로 성장한 반면, 아시아 국가와 옛 공산주의 국가의 도시들은 발전 속도가 느렸다.

5) **도시 인구**

1950년과 1980년 사이에, 중앙아메리카의 도시 인구는 40%에서 60%로 증가했으며, 아메리카는 10%에서 25%로, 그리고 아시아는 15%에서 20%로 증가했다. 제3세계 내부의 도시인구는 1960년에 4억2천만 명을 넘어섰고, 1985년에는 12억이 되었다. 국제연합, 즉 유엔의 예측에 따르면, 2000년에 인구 1000만 명이 넘는 제3세계 국가의 도시는 다음과 같다;

-멕시코: 2600만 명
-상파울루: 2400만 명
-캘커타, 봄베이: 1600만 명
-서울, 상하이, 리오 데 자네이로, 델리, 부에노스 아이레스, 카이로: 1300만 명
-자카르타, 바그다드, 테헤란: 1200만 명

연평균 6%~7%의 속도로 커지는, 도시인구의 어마어마한 증가는 개발도상국에 뜻밖에 들이 닥치게 될 변화의 중요성을 설명했다.

6) **도시**와 **농촌**의 **출생률**

인구 증가는 결국 어느 한부분에서 자연증가로 생긴다. 도시의 출생률은, 어떤 유리한 경우의 수일지라도 농촌의 출생률 보다 두드러질 정도로 덜 강한 상태에서 출발한다. 한편 도시에서의 사망률은 농촌에서의 그것보다 훨씬 더 가파르게 낮아지고 있다. 농촌에서의 위생활동은 도시보다 훨씬 늦고, 언제나 덜 효율적이기 때문이다.

7) **도시 성장**과 **농촌 탈출**

도시의 성장은, 도시의 풍부함에 기인하는 새로운 현상의 결과이다. 농촌 탈출은 도시에서 일어나고 있는 변화를 반영한다. 그러나 농촌의 인구는, 농촌 탈출이 예외적으로 강한 몇몇 지역을 제외하고는 절대 가치에서는 더 이상 감소하지 않는다. 농촌 탈출의 다양한 이유는 다음과 같다;

① 농지가 없는 농부의 증가:
   인구 증가 및 대규모 기계화 영농의 확산이 원인
② 세금 납부를 위한 금융자원의 발굴
③ 전통사회 구조의 쇠락:
   젊은이 들이 떠나도록 강요
④ 봉급 교섭의 발전
⑤ 제3차 산업 활동과 대도시 어디서나 찾아볼 수 있는 편의 시설의 활용으로 능력 발휘 매력
⑥ 좀 더 강력한 이유, 급작스러운 피난민 쇄도를 유발하는 독립전쟁이나 내전:

- 제3세계의 수많은 나라들이 1920년대 이래 많은 전쟁을 겪음
- 전쟁 피난민들은, 일단 안정된 수입이 생기면, 거의 자신들의 들판으로 다시 돌아가지 않는다.

8) **대도시**와 **빈민굴**

제3세계 국가의 대도시는, 가장 구경거리가 될 만한 전형적인 보여주기 식의 경멸적인 현대성, 즉 빈민굴, 물 부족, 공중위생 여건의 악화, 도시공해, 부동산 투기 등으로 가득 채워진다. 사실 도시 성장의 핵심 요소는 도시 팽창이라는 결과를 초래한다. 모로코의 지리학자 모함 나씨리 *Mohames Naciri* 는, 도시 팽창이란 불충분 통합 *sous-intégrée* 성장의 형태라고 말했다. 다시 말해서 빈민굴, 누추한 집들의 거리로 변해가는 구도심, 또는 아프리카 대도시 주변의 불법 가설 마을 *pseudo-villages* 등이 도시 팽창의 주된 요소라는 것이다. 실제로 남아프리카 공화국의 요하네스버그 *Johannesburg* 교외와 케냐의 나이로비 *Nairobi* 교외에는 자연 발생적으로 생성, 확장되고 있는 거대한 불법 가설 마을이 있다. 빈민굴을 해소하기 위해서는 비용뿐만 아니라 토착 주민들에게 새집을 지어주어 살게 하는 조치도 필요하다.

사실, 빈민굴 개혁은 빈민굴 주민들만을 위한 것은 아니며, 임대료를 지불할 수 있는, 사회의 혜택을 덜 받는 사람들에게도 이익이 되는 것이다. 누추한 집들로 가득 채워진 구 시가지의 재개발은, 기존의 오래된 주민들을 도심에서 멀리 떨어진 교외로 추방할 뿐이다. 결국 추방된 사람들은 추방된 지역에 또 다른 새로운 빈민굴을 조성한다. 그래서 토착 지역에서 추방되는 사람들이 반복적으로 생기지 않도록 하는, 서민들을 위한 공영 주택 정책이 필요하다.

3. 토속주택; 활력소인가? 기생충인가?

1) **정원 비둘기 떼**

우리는 많은 모이가 있는 정원에서, 득실거리는 수많은 비둘기들을 볼 수 있다. 그것은 사람들이, 가장 많은 수입을 가져다주는 일자리가 몰려 있는 대도시로 몰려드는 것과 완전 무결하게 같은 것이다. 만일 사람들이 비둘기들에게 먹이를 주지 않는다면, 비둘기들은 자연히 몰려들지 않을 것이다. 이처럼 순수하고 단순한 논리를, 도시의 인구 밀집 지역에서의 인구 분산 정책에 사용할 수 있다. 비둘기 떼 가운데는 건강한 비둘기도 있고 그렇지 못한 비둘기도 있다. 다시 말해서 모이를 잘 먹는 비둘기도 있고 그렇지 못한 비둘기도 있다. 인간 세상에도, 사회의 도움이 필요한 가난한 사람들이 있다.

2) **무주택자**와 **토속주택**

1996년 로마에서 열린, 유엔의 농업 및 식량기구 *Organisation pour l ' Alimentation et l ' Agriculture* 회의 보고서에 따르면, 굶주림으로 고통 받는 인구는 현재 8억 명 이상이라고 했다. 그들은 말할 필요도 없이, 집이 없는 사람들이거나 형편없는 오막살이에서 사는 사람들이다. 인구 증가에 따라서 가난한 사람들을 위한 식량과 주택 문제는 점점 더 심각해지고 있다. 이 시점에서 그런 문제를 해소하기 위한 몇몇 조치를 취해야할 필요가 있다. 주택 분야에서, 선진국의 공영주택 시스템이 주택 위기 문제를 해결하는데 중요한 역할을 했던 것은 사실이다.

그럼에도 불구하고 가난한 나라, 즉 중앙아메리카, 카리브 해, 서아시아, 북아프리카, 사하라 사막 아래의 국가 등에서는 그 모델을 선택하기 위해 필요한 기술과 금융 자원도 없었다. 그렇지만 이런 나라들조차도 토지, 노동력, 토속재료 및 전통적인 풍속 등을 가지고 있었다. 만약 이들이 토종자원을 유효하게 활용했더라면, 적어도 좀 더 가난한 사람들에게 손쉽게 토속주택, 즉 그들의 전통적 풍습에 합당한 주택을 공급할 수 있었을 것이다. 설사 이들 주택이 충분히 현대적이지 못하고, 안락하지 못할지라도. . .

3) **기생 빈민**에 대한 **충언**

이 책에서 이상과 같이 언급한 주택을, 비록 약간은 경멸적인 느낌이 들더라도, 저자는 감히 토속주택이라고 규정하고 싶다.

그렇지만, 만일 좀 더 가난한 사람들에게 이 토속주택을 공짜로 제공하거나 거의 공짜에 가까운 임대료 지불의 혜택을 준다면, 가난한 사람들을 사회의 기생충으로 만들 위험 부담이 있다. 그렇게 이해되었다면, 주택 가격이나 임대료는 가난한 사람들이 누구나 구매하거나 지불할 수 있을 정도로 알맞아야함을 인정하게 된다. 그런고로 저자는 토속주택이 모든 사람들에게 주어지는 정신적 활력소가 되고, 근로자의 선망의 대상이 되기를 희망한다. 기생 빈민이 되지 않기 위해서 받아들여야하는 충언 *忠言* 의 본질 *本質* 은 다음과 같다;

① 정신적 긴장이 없는 사회와 치열한 생존 경쟁이 없는 사회에서는 언제나 절대 빈곤상태를 벗어날 수 없다;

"예를 들자면, 미꾸라지들만 모여 있는 논에서는 성장이 불량하고, 사망률은 증가한다. 그렇지만 그 논에 천적, 즉 메기를 한 마리 풀어 넣으면 상황은 완전히 반대가 된다.

캐나다에서는 한때 대형 수족관 개관을 위해서, 물고기를 트럭에 싣고 대서양 해안에서 태평양 해안 밴쿠버 Vancouver 까지 운송하는 작전이 있었다. 어류학자들의 여러 차례 시도에도 불구하고 물고기들은 운송도중 모두 죽었다. 이번에도 역시 해법은 자연의 법칙에서 나왔다. 다시 말해서 사람들은 동물계 *動物界* 의 생존투쟁 본능에서 그 해법을 찾았다. 한 늙은 토착 어부의 충고에 따라서 운송 트럭의 관상용 물고기 수조에 천적인 문어를 한 마리 넣었다. 당연히 완전 성공이었다."

② 하늘은 스스로 돕는 자를 돕는다.
③ 일하기 싫은 자는 먹지도 말아라.
④ 가난한 자에게 물고기를 주기보다는 물고기 잡는 방법을 가리켜 주어라.

사진 090 : 카파도키아 *Cappadocia*, 터키 중북부 지역

카파토키아는 아나톨리아 반도 중북부 산악 고원 구릉지의 천연 동굴 지역, 이 응회암 구릉지는 약 300만 년 전 화산 폭발과 지진으로 생겨남, 천연 동굴에는 구석기 시대부터 사람이 살았던 것으로 추정, 카파도키아, 아나톨리아는 로마제국 시절의 지명, "카파도키아" 는 페르시아어로 "아름다운 말 *馬* 이 있는 곳" 이라는 뜻이고, "아나톨리아" 는 그리스어로 "태양이 떠오르는 곳" 이라는 뜻이다. 서기 4세기경에는 로마제국의 박해를 피해 기독교인들이 카파도키아로 몰려들어, 천연 동굴을 정비하고 그들의 피난처를 만들었다.

제2장

주택 문제에 관한 사회정책

사진 091 : 참회의 성 가족 성당, 스페인 바르셀로나

동향 입면, 예수 탄생의 파사드, 건축가 프란세스크 데 파우라 델 비야르와 안토니 가우디 *1852~1926* 가 설계, 1882년 3월19일 착공, 가우디 사망 100주년에 맞추어 2026년 준공 예정

제1절
공영주택에 대한 비평

공영주택 정책은 한 나라의 사회정책의 일부분이어야 한다. 사회정책 분야는 매우 광범하지만, 이 책에서는 선진국의 사례를 통하여, 사회정책 이론이 어떻게 공영주택 정책에 영향을 끼쳤는지에 관해서 간단하게 설명할 생각이다.

1. 다원주의

다원론자들, 즉 복수체제론자 *pluraliste* 들은 모든 사람들은 모든 지식인들과 더불어 공영주택 정책 수립에 참여해야한다고 주장한다. 그리하여 결국에는 전체 이익을 함께 향유해야한다고 말한다. 그것은 현대의 사회구조와 가치 체계가 너무 복잡하고 다양하기 때문이다. 게다가 국가는, 선거에서 표를 의식하고 잔재주를 부리는 정치권의 의사 표시 조차도 반영하면서, 실용적으로 사회정책을 수립해야한다. 1차 및 2차 세계대전 전후에 영국의 정책과 1930년 경제위기 동안의 미국의 정책은 그랬던 것으로 이해된다. 미국의 공영주택 정책은 오직 사회의 밑바닥 계층, 즉 수입이 거의 없는 고령 계층에게만 특별한 혜택을 주는 것이었다. 반면에 영국의 공영주택 정책 수혜 대상은 좀 더 범위가 커서 중산계층에게도 혜택이 돌아갔다. 영국에서 공영주택 수요는 언제나 공급을 초과했다. 공영주택에 대한 욕구는, 수입이 적은 노동자들을 위한 임대료가 저렴한 주택의 필요에서 유래하기 때문이었다. 그럼에도 불구하고 공영주택 시장에서 개인의 투자를 수익성 있게 할 수는 없었다. 그것은 공영주택 시장에서는 공공의 개입이 불가피 했기 때문이었다.

1980년대에 이르러서는, 미국뿐만 아니라 영국에서도 기존의 공영주택에 대한 소유권 취득이 가속화되고 있었다. 왜냐하면 사람들이, 노동자들의 비참한 생활 여건이 다소 해결되고 있음이 확실하다고 생각했기 때문이었다. 자본주의 국가의 관점에서 보면 공영주택의 소유권을 취득하는 것은 너무나도 당연한 것이었다. 그렇지만 가장 가난한 사람들을 위해서 국가가 보조금을 지급한 주택은 일종의 제한적인 복지 혜택이었을 뿐이라고 생각했다. 국가의 보조금이 지급된 주택은 주택 거래의 자유 시장 밖에 있었기 때문이다.

2. 신-자유주의

보수적 성격의 신-자유주의는 반-집산주의 *anti-collectivisme* 에 의해서 생성되었다. 신-자유주의자 *néo-libéral* 는 주택 시장에 공권력의 개입을 반대했다. 왜냐하면 공권력은, 자본주의 국가에서의 시장경제 기능의 중요성을 인정하기 때문이다. 사실 공권력에 의한 공영주택의 공급 증대는, 관련 공무원들의 정신 못 차릴 정도로 넘치는 일거리로 인한 관료적인 악습을 불러오기 때문이다. 관료적인 악습은 공영주택의 공급과 유지관리에 직접적으로 백약이 무효인 영향을 끼친다. 그 이외에도 국가주도의 주택공급은 주택의 자유 시장을 왜곡시키고, 자기 집을 가지려는 개인의 욕망을 무시한다. 그럼에도 불구하고, 신-자유주의자는 사회에서 소외된 가난한 사람들에게 공영주택을 공급하기 위해서는 최소한의 국가개입은 어쩔 수 없는 일이라는 점을 인정 했다.

3. 엘리트주의

엘리트주의 *élitisme* 는 엘리트주의자들의 사상이다. 그들의 사상은 소수 엘리트주의자들의 지혜와, 대중의 희망이나 욕구보다는 자신들의 가치판단으로 사회정책을 만들어 내는 것이다. 영국에서, 초기 구-도심 재개발 사업, 공영주택의 공급 프로그램, 그리고 미국에서, 낡은 집이 몰려 있는 구역, 즉 빈민굴의 재건축 등은 모두 엘리트 사상의 개념에 의해서 시행되었다. 공공

이익과 공영주택 분배에 관한 엘리트주의자들의 생각은 정당했음에도 불구하고, 또 다른 회의적인 문제점이 있었다. 달리 말하면 자본주의 경제 시스템에서 국가가 보조금을 지급한 주택의 공급과잉이 가져오는 문제점은 다음과 같다;

① 만일 국가가 공영주택 건축에 쓰일 땅을 충분히 가지고 있지 않다면, 국가는 공용을 위해 토지를 수용해야만 하거나, 개인들로부터 토지를 사들여야한다.
② 만일 공영주택 거주자들에 대한 국가의 지원이 유효했다면, 국가에 의지하는 사회 악습은 주택 특유 문제의 소멸을 촉진시킬 것이다.
③ 만일 국가가 공영주택을 위해서 중요한 예산을 사용했다면, 중산층의 복지예산 감소로 인한, 사회계층간의 분쟁이 일어날 것이다. 실제로 미국의 중산층은 공영주택이 교외로 확산되는 것을 반대했다. 교외에는 완전한 설비를 갖춘 호화스런 그들의 저택이 있기 때문이다.

4. 신-마르크스주의

신-마르크스주의자 *néo-marxiste* 들은 국가에 의한 공영주택 공급은 주민들에 대한 사회통제의 수단으로만 쓰일 뿐이라고 생각한다. 주택 통제를 통해서, 국가는 수입, 이사, 생애주기, 국가에 대한 태도 등의 정보를 수집할 수 있다. 신-마르크스주의자들의 관점에서 보면, 자본주의 국가의 공영주택은 자본주의자들의 경제를 강화하기 위한 수단일 뿐이며, 노동자들의 주택 안정을 보장해 주기위한 목적은 없다. 그럼에도 불구하고 그들이 인정한 공영주택의 긍정적인 효과는 다음과 같다;

① 공영주택의 저렴한 임대료는 노동자들의 생활비를 낮춰주고 봉급 인상 투쟁을 완화해준다.
② 공영주택의 대량공급은 건축 산업을 발전시킴은 물론이고,

말할 필요도 없이 건축생산 이전 또는 이후의 관련 산업도 발전시킨다. 그리고 주택의 소유권 취득을 갈망하는 노동자들에게 저렴한 가격으로 주택을 취득할 기회도 제공한다.

③ 공영주택 사업의 개선은 마침내 가전제품, 즉 텔레비전, 세탁기, 식기세척기, 냉장고 등의 구매력을 활성화시키기에 이른다.

제2절
국가 개입 모델

오늘날 법률, 세제, 행정규정 등을 통한 주택 시장의 국가 개입은 세계적인 경향이다. 그 결과 공권력의 의도가 완결 무결하게 배제된 자유방임의 주택 시장은 더 이상 존재하지 않는다.

1. 자본주의 국가

1) 정책 보조 범위

자본주의 국가에서는, 국가는 주택시장에 최소한도로 개입하는 것을 원칙으로 하며, 주택의 수요 공급은 시장의 기능에 맡겨 둔다. 그렇지만 불행하게도 아주 인기가 많은 주택은 그에 상당하는 가격을 지불할 수 있는 사람들의 몫이고, 지불능력이 없는 부류의 사람들의 몫은 안락함이라고는 찾아볼 수 없는 주택이다. 경제성장의 혜택을 입은 사람들과 돈이 없는 사람들 사이의 차이는 점점 더 벌어진다. 주택에 대한 공공보조는 사회의 혜택을 받지 못한 사람들을 위한 일종의 공동 이익의 서비스이다. 주택시장의 국가 개입 수단은 다양하며, 두 가지 공공 보조 범주를 특정 짓는 주택 보조 유형은 다음과 같다;

① 투자-주택 *investissement-logement* 사업에 직접 또는 간접적으로 연관된 보조
② 주택 서비스 가격 *prix du service de logements* 의 일부분 지불 동의에 대한 직접 또는 간접적인 보조

2) 투자-주택 보조

투자-주택 보조는, 일반적으로 사업주에게 직접 또는 간접 보조의 동의를 받아 사업에 연관된 비용을 줄이는 방식이다. 투자

-주택에 대한 직접 보조는 그 비용을 직접 감소하는 것이다. 비용 감소는 필연적으로 투자-주택에 대한 장려금, 이자율 할인, 공적 융자 등에 작용한다. 장려금은 수입의 수준에 따라서 사전에 합의된 금액으로 하거나 조절된다. 이자율 할인은 사전에 합의된 비율로 하거나 개인차를 고려하여 정한다.

3) 프랑스의 국가 직접 보조

융자나 보조금을 통한 주택 건설에 대한 국가의 직접 보조, 즉 디딤돌 보조 *aides à la pierre* 는 프랑스에서는 비교적 효과적이었다. 왜냐하면 프랑스는 공영주택 문제에 있어서 다른 선진국에 비해서, 주택의 양적 지연을 바로 잡을 수 있었기 때문이다. 그렇지만 극빈자들을 품질 *qualité* 이 양호한 주택에 거주토록 허용하는 일마저 할 수는 없었다. 투자-주택에 대한 간접 보조는, 간접적으로 투자-주택의 비용을 감소시킨다. 그것은 세금 징수를 자극하고, 공적 담보 또는 특혜 받은 출자의 유통에도 영향을 끼친다.

주택 서비스 *services de logement* 소비에 대한 보조 역시 직접 보조와 간접보조로 구성된다. 직접 또는 간접 보조는, 입주자들이 소비하는 주택 서비스 비용을 줄여주는데 기여한다. 주택 서비스 소비에 대한 직접 보조는 주택 서비스 비용의 일부분을 직접 담당하는데 기여한다. 그것은 필연적으로 주택 입주민, 즉 세든 사람 또는 주택 소유권을 취득하려는 사람에게 지불하는 주택 수당에 영향을 끼친다.

프랑스는 1977년에, 공영주택 제도를 개혁해서, 주택에 입주하려는 모든 사람들에게 공평한 조건으로 소유권 취득을 허용했다. 디딤돌 보조 폐지 없이, 그 개혁은 주택에 대한 개인 보조 제도를 발전시켜, 개인차를 고려한 새로운 보조 제도를 만들었다. 이런 혁신적 보조 제도는 극빈자들에게 주거권을 인정하는 진정한 발전을 이루었으며 그들에게 지불능력을 개선하는 효과도 가져왔다. 하지만 불행하게도 그 개혁은 몇 년 후에 경제 위기가 닥치면서 운명이 역전되었다. 공영주택을 위해서 국가가 지출한 총비용은 1978년에 380억 프랑, 1983년에는 870억 프랑으로 급등했다. 국가 지출의 급등은 두 가지 요인으로 설명된다.

첫 번째 요인은 1973년의 석유 파동이 인플레이션의 재연 *再燃* 을 가져왔으며, 그 결과 이자율이 급등하고, 건설 산업 분야에 불리하게 작용했다. 건설 산업 분야를 받쳐주기 위하여 국가는 기계적으로 디딤돌 보조를 늘려야만 했다. 우리가 체험한 것처럼, 그것이 새로 생기는 건설 산업의 와해를 막기에 충분하지 않더라도 말이다. 두 번째 요인은 1981년, 주택 수당과 개인차를 고려한 주택 보조금의 인상이 개인에 대한 보조금 지출의 쌍벽을 이루는 상승을 가져왔다.

1983년부터 국가는 지출 억제를 시도했다. 새로운 정책 효과 중의 하나는 개인에 대한 보조의 급속한 감소였다. 그것은 개인에 대한 보조가 임대료와 관리비 부담액 인상을 감당하기엔 더 이상 만족할 만한 것이 아니었기 때문이다. 뒤제 드 베르농빌 *Dugé de Bernonville* 의 연구에 의하면, 가정의 수입 총액에서 임대료가 차지하는 비율은, 19세기 초에는 8%~10%였고, 20세기 초에는 28%를 초과했다. 동시에 그리고 같은 비율로 임대료 규제, 즉 임대료 동결을 위한 구체적인 조치를 할 필요가 있다.

4) 프랑스의 H.L.M. 기구

프랑스의 H.L.M. *Habitation à Loyer Modéré*, 즉 "저가 임대 공동주택" 기구는, 실업자가 증가하면서 임대료를 지불하지 못하는 가정이 증가하는 것을 목격했다. 임대료 미지급 추가에 대한 두려움 때문에, H.L.M. 기구는 마지못해 새로운 가족을 H.L.M. 입주민으로 받아 들였다. H.L.M. 입주민의 선정 기준은 경쟁에 상응하면서 엄격해졌다. 결국 수많은 극빈자들은 개인 소유의 낡은 주택들이 밀집해 있는 마을, 즉 빈민굴에서 살게 되었다. 그러나 재개발로 인하여, 빈민굴이 업무용 건축물로, 고급 저택

사진 092 : H.L.M. 단지, 프랑스 빠리 근교, 사르셀 *Sarcelles*

투시도, 붉은 벽돌 주택, 상업센터, 문화센터, 학교 및 교회 등이 있다. 주민 수 3만 명, 1920년대부터 1970년대까지 존재

사진 093 : 임대 공동주택 자리, 빠리 제13구 쟌-다르크 거리

1888년 건축된 빠리 최초의 자선단체 임대 공동주택이 있던 자리, 현재는 현대적인 주상복합 건축물이 들어섰다.

으로 변신하면서 매년 8만 채의 낡은 개인 주택이 사라졌다. 거기서 살던 가족들은, 숙박에 대한 어떤 해결책도 없이 강제로 쫓겨났다. 결국 그들은 정원 초과의 친구 집이나 부모의 집에서 더부살이를 했다. 더구나 그들 중 몇몇은 노숙자가 되었다. 달리 말하자면, 추방된 사람들과 임대료에 대한 제3의 조치가 필요하다.

프랑스 빠리에 H.L.M. 이 처음 나타난 시기는 1920년대이다. 이시기에 빠리 외곽 순환도로변에는 수많은 공영 임대 공동주택이 들어섰다. 그러나 이들의 상당수는 2차 세계대전 때 파괴되었다. 전쟁이 끝나면서 전후 복구사업의 일환으로 보수 공사를 하면서 대규모 주택단지로 변모했다. 이어서 이들은 신도시가 되었지만, 약간은 경멸적 의미가 담긴 "잠자는 도시 *cités-dortoirs*" 라는 별명을 얻었다. 이곳에 사는 사람들의 대부분은 낮에는 빠리 도심에 가서 일하고 밤에는 돌아와서 잠만 잤기 때문이다.

2. 혁명적 사회주의 국가

혁명적 사회주의 국가들의 공영주택 정책은, 자본주의 국가에서 모든 사람들을 위해서 주택 문제를 해결하려 했던 것은 근본적으로 불가능 한 것이라는 전제 *前提* 아래 수립되었다. 개인의 부동산 소유권 제도가 폐기된 혁명적 사회주의 국가에서는, 대부분의 주택은 국가 소유였다. 국가는 주택의 공급, 분배 및 유지관리를 독재적으로 통제한다. 그 결과 주택의 소유권과 거주권 *maintient dans les lieux* 은 완전히 분리되었다. 주택 분배의 최상의 방법은, 주택 자유시장의 수요 공급 법칙이 아니라 인민들의 욕구에 따라서 모든 인민들에게 주택을 공급하는 것이다. 그렇게 했음에도 불구하고, 사회주의 국가 역시 가난한 사람들, 나아가 좀 덜 가난한 사람들조차도, 안락하게 숙박하면서 머물러 살도록 하는 일은 언제나 너무 어려운 일이었다.

제3절
공영주택 정책

1. 세계적 현상 및 경향

1) 공영주택 정책 경향

공영주택 정책의 모델은 나라마다 주택 사정이 다름에 따라서 달리 나타난다. 그러나 1980년대 이래 선진국의, 하나로 일치되는 상황의 공영주택 정책은 다음과 같다;

① 공영주택 산업 분야에서 공권력이 손을 떼는 경향, 국가와 주택시장 사이에서 새로운 역할 분담 모색 및 주택시장 안정 기대
② 주택산업 분야 예산 긴축, ③ 극빈자 집중 지원
④ 소유권 취득 촉진, 일정기간 임대 후 소유권 자동 이전되는 특수 임대계약 제도 활용
⑤ 주택 서비스 소비를 위한 보조 강화
⑥ 주택 투자에 대한 직접 보조 축소

2) 공영임대주택

표 02 및 03에서 보는 바와 같이, 임대주택을 많이 보유하고 있는 나라는 네덜란드, 연합왕국 *Royaume-Uni*, 즉 영국, 구-서독, 덴마크, 프랑스, 싱가포르 등이다.

3) 인간개발지수

유엔의 1994년 인간개발지수 *H.D.I.: Huamn Development Index* 에 의하면 전 세계 173개 국가 중, 지수가 높은 상위 10개국은 캐나다, 스위스, 일본, 스웨덴, 노르웨이, 프랑스, 오스트레일리아, 미국, 네덜란드, 영국 등이다. 인간개발지수는 인간개발에 대한

표 02 : 주-주거용 주택 *logement principal* 현황

연도	국가	자기주택 (%)	임대주택(%)			기타 (%)
			계	공영	개인	
1990	네덜란드	45.0	55.0	39.3	15.7	-
1990	영국	67.6	32.4	25.4	7.0	-
1988	덴마크	55.5	43.3	21.2	22.1	1.2
1988	프랑스	54.2	36.8	17.1	19.7	9.0
1985	구-서독	40.0	60.0	17.0	43.0	-
1981	포르투갈	58.0	36.0	11.3	24.7	6,0
1985	아일랜드	81,0	19.0	10.6	8.4	-
1990	이탈리아	67.0	30.7	7.6	23.1	2.3
1986	벨기에	62.0	36.0	6.0	30.0	2.0
1980	미국	66.0	34.0	2.0	32.0	-
1989	스페인	76.0	18.0	1.4	16.6	6.0
1981	룩셈부르크	68.0	32.0	1.0	31.0	-
1981	그리스	70.0	26.5	-	26.5	3.5

출처:

-Laurent Ghekiere, *Marchés et Politique du logement dans la CEE*, La Documentation française, Paris 1991

-M. Ball, M. Harloe, and M. Martens, *Housing and Social Change in Europe and the USA*, Routledge, Londres 1988

3가지 주요 요소, 즉 장수 *longévité*, 지식 *connaissances* 그리고 삶의 질 *qualité de vie* 을 기본으로 산정되었다.

장수는 평균 생존 기간으로 측정된다. 지식은 성인의 문자 교육 조합, 즉 문자 해독 가능한 성인의 비율이 3분의2와 평균 교육 연한을 이수한 성인의 비율이 3분의1을 조합해서 평가한다. 그리고 삶의 질은 국민 1인당 실질 국민총생산 *P.N.B.* 을 기준으로 하는 구매력으로 평가하되, 지역별 생활비로 조절한다.

결국 우리는, 유럽 공동체 *Communauté européenne* 회원국의 대부분과 위에서 말한 10개국은 사회-경제적으로 안정되었으며, 공영주택 역사가 길다는 사실을 알아냈다.

표 03 : 공영임대주택 총수와 인간개발지수 *H.D.I.*

국가	임대주택 총수 (1000채)	임대주택 수 (주민 1000명당)	인간개발지수 순위 (173개 국가 중) (1994)
싱가포르	503	193	43
네덜란드	1989	137	9
영국	5966	105	10
구-서독	7755	99	11
덴마크	489	96	15
프랑스	3662	67	6
아일랜드	125	34	21
벨기에	253	26	13
이탈리아	1200	21	22
포르투갈	118	12	42
스페인	105	3	23
룩셈부르크	1	3	17

출처:
-Laurent Ghekiere, *Douze 92; pour quel logement social ? , rapport* au congès des directeurs de S.A. d ´ H.L.M., Bruxelles, 1990
-*Ministry of Trade & Industry Economic Survey of Singapor,* 1985

4) 공영주택 정책 목표

공영주택 정책의 목표와 방편이 많은 나라에서 같지는 않았지만, 공영주택 정책의 확고한 목적은 가난한 사람들에 대한 국가의 보조여야 한다. 저개발 국가에서, 가난한 사람들을 보조하는 공영주택 정책을 확실히 찾아볼 필요가 있다. 이때의 공영주택 정책은, 선진국에서의 정책 배경, 정책 방향, 선진국에서 가지고 있는 정보에 대한 이질성 등의 분석을 고려한 정책이어야 한다.

그러나 다른 나라에서 성공한 주택정책 모델을 그대로 본받아서 주택 정책을 수립하는 것은 대단히 위험한일이다. 다른 나라에 상당한 영향을 끼친 영국과 싱가포르의 공영주택 정책을 간단히 요약해서 서술한 내용은 다음과 같다.

2. 연합왕국; 잉글랜드, 스코틀랜드, 북아일랜드

1) 배경과 경향

(1) 런던의 인구과잉 빈민굴

19세기 초, 연합왕국, 통칭 영국은 다른 나라들보다 좀 더 먼저 가족 과잉의 주택과 누추한 집을 경험했다. 산업 혁명 과정에서 대도시로 향하는 농민들의 쇄도 때문이었다. 대도시는 자유방임의 관습으로 인하여 되는대로 마구잡이로 팽창되었다. 런던의 인구 밀집 빈민굴은 전염병, 특히 콜레라, 결핵의 온상이 되었다.

(2) 공영임대주택

런던에 전염병이 창궐하자, 정부, 자선단체 그리고 노동조합 등이 공중위생의 주요성을 인식하기 시작했다. 1888년에 창설된 "런던 평의회 *London country council*"는 낡은 주택들이 밀집해 있는 비위생 구역을 철거했다. 그리고 그곳에 최초의 공영임대주택을 건축했다. 1890년에 정부는 "노동자 주택법 *Housing of the working classes Act*"을 만들었다. 이어서 정부는 토지 수용, 낡은 주택의 철거, 위생적인 공영주택의 재건축 등을 법제화했다. 1914년까지, 국가와 지방공공단체는 공영임대주택을 위탁관리했지만, 그 총수는 기존 주택 총수의 겨우 2%에 지나지 않았다. 그래서 노동자들의 대부분은 개인 임대주택에서 살았으며 집세 지불은 항상 버거웠다. 마침내 1915년, 그라스고우 *Glasgow* 에서 노동자들은 "집세-파업 *grève-loyer*"을 했다. 임대료 규정을 거부하는 집세-파업은 사회적 혼란을 가져왔다. 심각한 상황을 되돌리기 위해서, 정부는 "주택법, 1919 *Housing Act, 1919*"를 제정했다. 그 법은, 지방공공단체가 임대료가 저렴한 공영임대주택을 건축하도록 허용했다. 그 공영임대주택에는, 박봉의 노동자, 제대한 병사 등이 입주할 수 있도록 했다. 정부는 또한 개인 임대주택의 임대료도 동결했다. 전후 *après-guerre, 1차 세계대전후* 기간 동안에, 개인 임대주택의 임대료에 관한 강제 입법이, 집주인-임대인 *propriétaires-bailleurs* 이 시장에서 발을 빼도록 이끌었다. 그 당시까지만 해도, 개인 주택 임차인의 대부분은 개인 *personnes physiques* 이었다.

1950년에서 1980년 사이에 공영임대주택 산업은 급격하게 발전했다. 지방공공단체가 관리하고 있는 공공임대주택 *logement locatif public* 의 총수는 250만 채에서 650만 채로 증가했다. 영국은 또한 주택 소유권 취득의 진전도 경험했다. 같은 시기에 주택 총수대비 자기집-입주자 *propriétaires-occupants* 의 비율은 29%에서 56%로 증가했다.

(3) 정부 정책 배경

1979년부터, 보수당 정부는 주택의 수요, 공급의 조절을 개인이 주도하도록 그냥 내버려 두기로 목표를 정했다. 그 결과 지방공공단체가 임대주택을 개인에게 팔고 나머지 임대주택의 관리권을 개인 당사자에게 양도했다. 이런 조치들은, 지방공공단체가 공영임대주택 산업분야에서 손을 떼도록 하는 정책의 일환을 이루고 있다.

주택 소유권을 우선으로 하는 정책은 세입자들을 징세의 길로 이끌었다. 정확하게 말하면, 세입자들은 유리한 세무제도 때문에 주택 서비스 소비보다는 주택 취득을 선호했다. 보수당 정부는 확실하게, 임대주택 산업 분야에 대한 국가 개입의 오랜 전통을 깨뜨렸다. 그리고 자가 *自家*, 즉 자기 소유 주택 취득이 유리하도록 배려했다. 공영임대주택에 대한 보수당 정부의 정책 배경은 다음과 같다;

① 지방공공단체에 대한 재정 보조 삭감
② 임대주택의 소유권 취득을 더 좋아하는 입주자의 희망
③ 공영임대주택 업무에 관련된 공무원의 감축

④ 입주자들의 태만으로 인하여 점점 더 누추하게 변해 가는 공영임대주택의 관리와 보수를 위한 공적비용 제한

2) 공공보조 시스템

공영임대주택에 대한 공공 보조의 주요 메카니즘, 즉 구조는 주택-투자 *investissement-logement* 보조와 주택 서비스 소비에 대한 보조로 구성된다. 전자는, "주택협회 *Housing Associations*" 를 위한 투자 장려금과 지방공공단체를 위한 개발 보조금이고, 후자는 주택 수당과 공영임대주택 세입자 가족의 수입에 따른 임대료 조절이다.

3) 세입자 선정 기준

영국의 공영임대주택 정책의 목표는, 수입이 적은 가족들이 적절한 임대료를 내고 주택에 숙박할 수 있도록 허용하는 것이다. 이런 목표아래 세입자를 선정하는 기준은 다음과 같다.

(1) 입주 우선권

저렴한 임대료의 공영임대주택에 입주할 권리가 주어지는 가족의 우선순위는 다음과 같다;

① 무주택 가족
② 장애인 가족
③ 도시의 비-위생구역 철거로 내쫓긴 사람
④ 지방공공단체에 의해서 다른 지역으로의 이주를 권고 받은 주민
⑤ 다른 지역의 임대주택으로 이사 가기를 원하는 공영임대주택 입주자
⑥ 공영임대주택 입주 조합원

(2) 3가지 선정 시스템

지원자 선정을 위해서 공인된 3가지 시스템은 다음과 같다;

① 공로 *mérite* 시스템, 즉 지역 심의회 *Conseil* 에서 추천한 공로 순위에 따른 등급 시스템
② 날짜 *date* 시스템, 즉 조합에 가입한 날짜 순위에 따른 등급 시스템
③ 의견서 *note* 시스템, 즉 사회적 신분, 가족의 수, 집의 누추한 정도 등을 고려한 의견서 순위에 따른 등급 시스템

위의 3가지 시스템 가운데 "의견서 시스템" 이 가장 주요한 시스템이다.

3. 싱가포르

1) 배경과 경향

(1) 1965년 독립

1819년 이래 영국의 식민지였던 싱가포르는 하나의 도시였을 뿐이다. 영국은 1960년에 자치권을 허용했으며, 이어서 싱가포르는 1965년에 독립을 선언했다. 이 시기에 싱가포르는 도시 중심의 인구 밀집지역에서 매우 극심한 주택 부족을 겪었다.

(2) "주택 개발 법" 제정

정부는 "주택 개발 법 *Housing Development Act*" 을 제정하고 "주택개발국 *H.D.B.: Housing Development Board* " 즉 주택 위원회를 창설했다. 제정된 법에 따라서 불량주택을 철거하고 공영주택을 건축했다. 1963년까지, 주택개발국은 집 없는 사람들에게 공영 임대주택을 공급했다. 그리고 1964년부터는 소유권을 취득할 수 있는 주택을 공급했다. 주택 소유권 취득을 유리하게 하는

표 04 : 주택 및 가구 총수 1985

가구 총수 주택 총수 가구 대비 주택 비율	588,636 577,200 98.1%	
주택 총수	공영 개인 계	503,100 (87.2%) 74,100 (12.8%) 577,200
공영주택	임대 자기 소유 계	120,200 (23.9%) 382,900 (76.1%) 503,100

출처: *Ministry of Trade & Industry, Economic survey of Singapore, 1985*

정부 정책과 개인 소득 증가로 인하여, 주택 총수 대비 공영주택의 비율은 1964년에 12.8%에서 1986년에는 95.2%를 초과했다. 싱가포르에서 주택산업 분야에 대한, 국민총생산 *P.N.B.* 대비 투자비율은 1970년 7.3%에서 1984년 12.8%로 증가했다. 반면에 다른 선진국들의 그 비율은 4%~6% 였다. 그 결과 주택총수에 대한 공영주택의 비율은, 표 04에서 보는 바와 같이 87.2%였다. 성공 요인은 택지의 81% 이상을 국유화했기 때문이다.

2) 공공보조 시스템

정부는 자가 *自家* 를 매입하려는 주민들에게 이자가 싼 융자와 장기 융자를 허용했다. 이런 주택은 주택개발국 이 공급했다. 융자 한도는 집값의 80%였으며, 상환 기간은 5년에서 20년이었다. 융자에 대한 이자율은 연 6.25%였으며, 상환은 원금과 이자를 매월 지불하는 식이었다.

3) 세입자 선정 기준

주택개발국은 임대주택이나 자기소유주택의 지원자를 바탕으로 주택 수요를 예측했다. 지원자는 자신의 수입에 맞추어 주택의 크기를 선택할 수 있다. 주택 임대차 계약 *bail à loyer* 는 최장 99년의 장기 임대차계약으로 이루어진다. 그렇지만 주택개발국의 서면 *書面* 허가증 없이는 어느 누구도 주택개발국이 관리하는 주택을 담보물로 저당 잡힐 수 없다. 게다가 주택 일부의 전대 *轉貸, sous-location* 조차도 금지되었다. 주택개발국의 임대주택 우선권 혜택을 받을 수 있는 입주민은 다음과 같다;

① 무주택자: 30개월 이상 무주택 상태였던 사람으로서 부동산 투기로 부정한 이득을 취하지 않은 사람
② 노년 독신자: 50세 이상의 남성 또는 40세 이상의 여성 독신자로서 21세 이상의 제3자와 동거를 원하는 사람
③ 고아: 남성 또는 여성과 동거를 원하는 21세 이상의 사람

4) 투기 방지 대책

"주택개발국 *H.D.B.*" 이 공급한 주택의 거래로 부정한 이득을 취하는 일을 저지할 필요가 있다. 왜냐하면 주택개발국 주택의 가격은, 자유시장의 개인주택 가격의 약 45% 이기 때문이다. 주택개발국 주택을 매입한 사람은 의무적으로 30개월 이상 거주해야만 한다. 30개월 만기가 되면 집 주인은 어떤 제약도 없이 자신의 주택을 다시 팔 수 있다. 그러나 만기일 전에 주택을 다시 팔기를 원하는 경우에는, 주택 취득가격에 주택개발국에 주택을 반환해야 한다.

만기가 되어서, 처음 샀던 주택개발국의 주택을 판 다음에 한 번 더 주택개발국의 주택을 샀을 때는, 의무 거주기간은 5년이다. 이 경우에는 의무 거주기간이 만기에 도달하더라도 주택을 자유 시장에 다시 팔 수 없으며, 주택개발국이 평가한 가격에 무조건으로 주택개발국에 주택을 반환해야한다.

5) 싱가포르의 성공한 주택정책

오늘날 싱가포르는, 전 세계에서 주택 문제를 가장 잘 해결한 국가로 평가되고 있다. 싱가포르 주택 정책의 성공 요인은 다음과 같이 간단히 기술된다;

① 주택-투자 *investissement-logement* 의 높은 비율, 즉 1986년, 국민총생산 *P.N.B.* 의 12.8%
② 국토의 81% 이상 국유화
③ 부동산 투기 방지 대책
④ 주택개발국의 비-영리 목적 운영
⑤ 입주자의 요구에 부응하는 다양한 형태의 주택 공급
⑥ 장기, 저리 *faible intérêt* 의 융자
⑦ 사회-경제-정치의 안정
⑧ 공무원 부패 완전 방지

제4절
토속주택 프로그램

1. 드러난 문제점

1) 해결해야할 문제

대도시에서 집 없는 사람이나 누추한 오막살이 생활을 하는 사람들의 주택 문제는 언제나 어떤 해결 방법도 없었다. 모든 나라, 즉 선진국이든 개발도상국이든 간에, 수많은 주택 분야 전문가들의 노력에도 불구하고 주택 문제는 여전히 해결해야할 아주 많은 문제로 남아있다. 주택문제 해결을 위한 첫 단계를 찾기 위해서는 우리 선조들의 피난처 역사를 거슬러 올라가야 한다.

2) 주택 문제 없는 토착민 사회

옛날, 사냥하고, 물고기 잡고, 야생의 식물을 채취하거나 가축 떼를 키우면서 살던 원시 토착민들에게는 주택 위기란 전혀 없었다. 좀 더 시간이 흘러 형성된 농경사회에서도 역시 주택 문제는 없었다. 개인들은 집을 짓는데 얼마 안 되는 땅덩이만 있으면, 그 누구라도 싼값으로 자신의 집을 지을 수 있었기 때문이다.

예를 들면, 북-서 유럽의 농촌지역에서는 몇몇 이웃들이 함께, 각자의 다진-흙집을 지었다. 그들은 점토에 물을 부어 반죽을 만들고 거기에 다시 볏짚을 넣었다. 그런 다음 말을 타고 그 반죽을 쿵쿵 밟아 다졌다. 끝으로 잘 다져진 그 반죽을 육면체 형태로 잘라 햇볕에 말려 점토 블록을 만들었다. 점토 블록, 뼈대용 나무 그리고 짚은 중요한 주택 재료였다. 그렇게 집을 짓는데 불과 며칠이면 족했다. 나무 값을 제외하면 비용은 푼돈 정도였다.

3) 주택 소유권

오늘날 도시인들은 무보수의 일을 좋아하지 않는다. 게다가 집을 지으려면 모든 주택 재료를 돈을 주고 사야한다. 대도시에서는 집을 지을 수 있는 땅은 너무 비싸고, 그나마도 제한적이다. 혼잡한 대중교통망은 가난한 사람들에게, 도시 중심지역에 집을 사는데 그들의 재산을 쏟아 붓게 만든다. 왜냐하면 그들은 자가용을 가질 수 없기 때문이다. 그러니 좀 넉넉한 사회의 시민 대부분조차도 자신의 집을 소유하기 위해서는 30년~35년을 저축해야한다. 수입이 적은 소수의 사람들, 즉 돈벌이가 시원치 못한 소수의 소상인 *小商人*, 나이가 많은 사람, 미혼모, 상이군인, 만성 질환자, 박봉의 직장인 등이 그런대로 쓸만한 자기 집을 소유하기란 매우 힘든 일이다.

이런 상황이 주택분야에 공공의 개입을 용인하게 했다. 그러나 정부의 조치는 언제나 가난한 사람들에게는 유용한 것은 아니었다. 게다가 거주권 보장 및 임대료 동결 조치는 언제나 주택 건축의 의지를 꺾었다. 그리고 격심한 주택 부족 문제를 치유하기 위해서 지나치게 빨리 건축된 주택은 아주 빨리 낡아 떨어진다. 어떤 상황일지라도, 가장 가난한 사람들을 위한 공영임대주택 산업분야에 국가의 개입은 필요불가결한 일이다. 이 책에서 이미 언급했던 바와 같이 소위 토속주택이란 국가가 보조금을 지급하는 주택 중의 하나이다. 그러므로 토속주택 정책은 부분적으로나마, 푸리에 *Charles Fourier* 의 “사회주의적 공동생활체 *phalanstère*” 애이브럼 *C. Abrams* 과 터너 *J. Turner* 의 “자조 주택 *Self-helf housing*”, 그리고 유엔의 “현장과 서비스 *sites and service*” 의 특성을 가져야한다.

2. 정책 목적

1) 되는 대로 하기식의 사회정책

1994년의 유엔 보고서에 의하면, 국민의 거의 절반이 굶주림에 시달리는 국가는 방글라데시, 에티오피아, 필리핀, 베트남, 브라질, 인도 그리고 나이지리아 등이다. 그런 나라의 대도시 교외에는 수많은 빈민굴이 있으며, 그들은 점점 더 도심에서 먼 곳까지 확장되고 있다.

메갈로폴리스 *mégalopolis* 는 되는 대로 하기식 *laisser-aller* 의 사회정책의 회오리 속에서 모습을 드러내면서, 주택 위기를 야기하고 마침내 사회 소요를 초래한다. 그런 순간에 정치적 꼼수로 그 소요를 막아보려 했다면, 주택 위기의 악순환은 물론이고 새로운 빈민굴이 생겨나도록 한다.

2) 쉽지 않은 주택 수요 해소

빈민굴에 사는 사람들은 십중팔구는 날품팔이꾼이다. 그들도 주택 수요의 대상이지만 파악이 쉽지 않다. 그렇다면 그들에게도 주택을 공급하려면 어찌 해야 하는가? 우선 국가는 가난한 사람들에게 집짓는 공업기술을 가르친 다음, 토속 건축 재료를 개발하고, 끝으로 가난한 사람들이 값싸게 자신들의 집을 짓는 일에 직접 참여토록 해야 한다. 그리하여 오리무중인 주택수요를 서서히 감소시킨다.

만일 가난한 사람들 자체를 노동력으로 활용하고, 토속 건축 재료를 사용하고, 전문가들의 무보수 협력을 구하고, 국가가 상하수도, 전기, 도로 등의 기반시설을 갖춘 택지를 제공한다면, 공급이 수요를 초과할 때까지 지속적으로 싼 값에 주택을 생산할 수 있을 것이다. 이것이 진짜 토속주택 정책의 목적이다.

토속주택 정책은 공업기술의 적절성, 그리고 사회-경제-정치적인 이념보다는 자립을 바탕으로 수립되어야 한다. 그 정책은 노동력 및 건축 재료 자원의 효율적인 사용으로 실현되어야한다. 그리고 또한 정책은, 정책 기관의 신뢰를 바탕으로 사회재산 *biens sociaux* 의 공정한 배분을 필요로 한다. 달리 말하자면 공공기관 소유의 주택들은 도덕적으로 관리되어야 한다.

3. 생산, 분배 및 유지관리

1) **사회주의 국가**와 **자본주의 국가**

토속주택의 생산, 분배 그리고 유지관리는 사회주의 국가의 주택정책에 맞추어야한다. 왜냐하면 토속주택은 사회 보조를 목적으로 하는 공공재산 *biens publics* 이기 때문이다. 토속주택의 분배와 유지관리에 대해서는, 영국과 싱가포르의 공영주택 정책 사례가 역시 훌륭한 모델이 될 수 있을 것이다.

2) **혼합정책**의 **우월성**

사회주의체제의 비효율성을 감안하면, 토속주택 정책에는 자본주의 국가의 정책 요소가 가미되어야한다. 그러나 혼합정책은, 두 진영의 주택정책보다는 좀 더 적절한 정책이어야 한다. 달리 말하자면 국가는 기반시설, 즉 상하수도, 전기, 도로 등의 공사를 마친 택지를 조성, 공급하고 주택의 기초공사까지 해야 한다. 잠재적 입주자는 그 기초 위에 계속해서, 자신의 비용으로 주택 상부 구조 공사를 해야 한다. 이때 그 공사는 상부상조 방식이나 공공기관이 과하는 노역 *勞役* 방식으로 이루어진다. 자기 힘으로, 자발적으로 주택을 건설함으로서 잠재적 입주자는 집짓는 공업기술을 배울 수 있다.

택지와 주택 기초는 국가 소유이고, 주택의 상부 구조는 입주자 소유이다. 말할 나위도 없이 입주자는 주택시장에서 주택 상부구조를 자유롭게 사고 팔 수 있다. 그러나 택지와 주택 기초의 임대료를 국가에 지불해야한다.

3) **혼합 소유권**의 **우월성**

토속주택의 혼합 소유권 메카니즘, 즉 소유권 구조가 갖는 우월성은 다음과 같다;

① 자기 집 소유에 대한 갈망 충족

② 자기 집에 대한 애착으로 최상의 유지관리
③ 주택 상부 구조의 유연한 재건축, 생애 주기 *cycle de vie* 에 따라서 또는 다양한 입주자의 취향에 따라서
④ 저렴한 임대료, 일반 주택 세입자에 비해서
⑤ 저렴한 유지관리 비용, 국가에서 관리

4. 임대료 강제 통제

1) **임대료 메카니즘**

주택 임대료는 원칙적으로, 자유 시장 이론에 의한 수요 및 공급 법칙에 따라야 한다. 주택 과잉은 임대료가 내려가게 하고, 주택 부족은 임대료가 오르게 한다. 만일 임대 주택이 많은 수익을 가져다 줬다면, 사람들은 임대주택을 건축하기 시작할 것이다. 그러나 잘 못된 정보로, 사람들이 너무 많은 임대주택을 지었다면 임대료는 내려갈 것이고 마침내 임대주택 건축을 멈출 것이다. 이런 사이클은, 경기 침체나 정부의 임대료 통제로 중단될 수도 있다.

다른 쪽에서는, 인플레이션이 임대료 앙등을 부풀리고, 값비싼 돈의 차용으로 주택 건축 의지를 꺾게 한다. 이쯤 되면 아주 흔한 일로, 주택 위기를 체험하고, 정부는 처음으로 주택 임대료 분야에 그 모습을 드러낸다. 사람들은, 가난한 사람들에겐, 너무 오른 자유로운 집세를 비판한다. 너무 높은 집세는 수요에 상응하는 공정한 분배를 무시, 즉 식구가 많은 가족이 어쩔 수 없이 비좁은 방을 구해 콩나물시루처럼 살거나 독신자에게 넓은 방이 배분되는 현실을 모르는체한다.

그래서 정부는 임대료 투기를 금지시키고 방의 공정한 배분 정책을 약속했다. 그러나 만일 임대료가 대다수 국민들이 보기에 너무 싸다면, 사람들은 더 넓은 방을 배분 받기를 원할 것이다. 지나치게 낮은 임대료는 사람들을 자극하여 과잉소비를 하게하고 끝내는 인플레이션을 유발한다. 그런 때 정부는 사회의

혜택을 받지 못한 부류의 사람들이 지불 할 수 있을 정도의 임대료를 책정하는 조치를 취해야만 한다. 가장 가난한 사람들을 위한 임대료는 사회보장제도의 속성에 맡겨야한다. 이런 상황을 이해하기 위해서는 사회주의 국가 중국의 임대료 시스템을 인용하는 것이 좋다.

2) 사회주의 국가, 중국의 임대료 시스템

(1) 문화 혁명과 임대료

중국의 문화혁명 *Révolution culturelle:1966~1976*, 즉 얼빠진 10년 세월을 보낸 다음, 중국 정부는 문호 개방 정책을 택하고, 이어서 제6차 5개년 계획 *VIe plan quinquennal: 1981~1985* 부터 많은 분량의 주택을 건축하기 시작했다. 건축된 주택의 대부분은 국가소유였다. 저임금과 싼 임대료 정책으로, 임대료는 지나치게 쌌다. 중국의 대도시에서, 임대료와 공공시설 사용료를 포함한 주택 서비스 소비 가격은 가족 수입의 2%~2.6% 이었다. 입주민들은 일반적으로 전화, 전기, 가스, 수돗물 서비스, 위생설비 등의 공공시설 사용료를 지불했다. 공공시설 사용료를 제외하면, 순수 임대료는 가족 수입의 1%~1.5% 에 불과했다. 너무 저렴한 임대료 때문에, 주택 건설과 유지관리를 위한 국가의 부담은 점점 더 무거워졌다.

(2) 새로운 임대료

주택 산업 분야에 대한 국가 출자를 감소시키기 위해서, 임대료의 대폭 인상은 불가피했다. 예를 들자면, 옌타이 시 *煙台市* 는 1987년부터 존재해왔던 임대료 시스템을 재평가하기 시작했다. 새로운 임대료는, 과거 임대료보다 무려 18배나 비싸졌다. 새로운 임대료는 다음과 같이 계산되었다;

① 60년 만기 감채기금 *fonds d´amortissement*, 연간 2%

표 05 : 임금과 임대료 중국 1987

임금과 임대료 (위안/월)	인상 전	인상 후
명목 임금(a) 임대료(b)	78.99 1.09	78.99×123.5%=97.50 1.09×1800%=19.63
실질 임금(a-b)	77.90	77.92

출처: Gillchin Lim et al., *Politique de logement en Chine socialiste*, Nanam, Séoul 1991

② m² 당 주택 보수비용, 연간 2.1 위안 *중국 화폐단위*
③ 투자기금의 이자율, 연간 3%
④ 이상 3가지 사항의 유지비용, 연간 10%
⑤ 이상 4가지 사항의 세금, 연간 12%

(3) **임대료**와 **임금**

임대료가 폭등하자, 거의 모든 세입자들은 당연히 임대료를 지불할 수 없었다. 그래서 옌타이 시는 임대료 상승폭 내에서, 임금을 23.5% 올려야 했다. 16.78 m² 의 주택에 사는 사람들의 명목 임금은, 표 05 에서 보는 바와 같이, 손익계산 결산에 따라서 계산 되었다.

(4) **저렴한 임대료**

옌타이 시의 주택 m² 당 월 임대료는 0.065 위안에서 1.17 위안으로, 18배 폭등했다. 그 결과, 임금이 올랐음에도 불구하고, 면적 16.78 m² 이상의 주택에 살면서, 78.99 위안의 임금을 받는 사람들의 실질 임금은 줄어들었다. 반대로, 면적 18.78 m² 이하의 주택에 사는 사람들의 실질 임금은, 명목 임금의 인상에 따라서 상승했다. 이와 같은 임금 인상 원칙은 물질적 욕구, 즉 좀 더 넓은 주택에서 살고 싶어 하는 심리적 욕구를 억제하는 결과를 가져왔다. 게다가 그 원칙은 또한 사람들로 하여금 적정 주거단위 *unité d ´ habitation correcte* 를 선정하게 했다. 중국의 실례를 참고로 하여, 다음과 같이 토속주택의 저렴한 임대료를 책정할 수 있다;

① 택지와 건축물 기초 임대료

택지와 건축물 기초의 임대료를 최소화하기 위해서는, 국가는 국제기구에 무상원조를 신청하거나 국제 금융기구에서 장기, 저리로 자금을 차용해야한다. 그다음에 무보수 자원봉사 전문가의 지원을 받는다.

② 보수비용

보수비용을 줄이기 위해서는, 토속재료, 토착민 노동력, 전통 공업기술 등을 활용해야한다. 물론 이들 3가지 요소들은 모두가 현대적인 것은 아니다.

③ 납부금과 세금

납부금, 즉 공공시설 사용료와 세금은 국가 사회정책에 따라서 공정하게 결정되어야한다.

토속주택은, 자연환경과 관습에 적응하는 일종의 저가 주택이다. 일반 주택이나 공영주택에 관한 현재의 자료를 활용해서, 토속주택의 관념, 수요 및 특성 등에 관한 결론을 이끌어 낼 수 있었다. 현재의 자료는, 구석기시대부터 오늘날까지의 주택 형태, 주택 재료, 건축 기술, 심지어 전문 용어에 관한 해석학적 사실에 의해서 규명되었다. 토속주택의 실용성과 이상적 논리는 공영주택에 관한 비평과 영국 및 싱가포르에서의 공영주택 정책에 의한 증거로 만들어 졌다. 끝으로 토속주택 정책, 생산, 분배, 유지관리 및 임대료 강제 통제 등에 관한 문제점을 제기하면서 다양한 해법을 얻고자 힘썼다.

제2부

토속주택 생산

제1부의 논리적 연구와는 달리 여기서는 실증주의자 입장에서 주택의 형태에 따른 수요를 결정하기 위하여 주택 총수, 주민 수 및 여성의 생애주기를 분석하고 종합한다. 주택 도면을 만들기 위해서 주거 단위 *unité d ' habitation*, 비례 규준 *canon de proportions* 및 주택 형태를 연구한다. 이어서 주택 부지 선정, 주택 배분 및 비용이 조금 필요한 자원, 즉 택지, 노동력, 설비, 재료, 재정 기금 등을 찾아낸다. 끝으로 현장에서의 공사 관리 원칙을 제안한다.

제1장

자료수집

주택 생산을 위해서는, 우선 주택 프로젝트의 타당성 검토에 필요한 설계도서, 통계자료 등을 수집해야 한다. 타당성 검토에 대한 연구는 경제, 사회, 문화, 정치, 공학기술 등의 분야에서 이루어져야한다. 그러나 이 책에서는 공학기술 분야에 한정해서, 즉 통계자료, 주택 규범, 자연 환경, 그리고 주택 공사 현장에 관해서만 기술하고자 한다.

제1절
통계자료

주택 통계자료는 인구 팽창, 도시화, 그리고 경제발전과는 본질적으로 상관관계를 갖는다. 진정한 통계자료를 만들기 위해서는 계량단위에 대한 정의가 필요하고, 또한 인구와 주택에 관한 공식적인 조사가 필요하다. 오직 정확한 통계에 의해서만이, 주택 부족이나 주택의 방에서의 인구 과소 *寡少* 를 계산할 수 있으며, 주택과 인구의 상관관계를 숫자상 *數字上* 으로 규명함으로서 마침내 성공적인 주택 정책을 이끌어낼 수 있다.

1. 주택 총수

1) **주택 총수**의 **분류**

주거용 건축물 총수는 대체로, 주-거주용 주택 *résidences principales* 의 수량과 제2-거주용 주택 *résidences secondaires*, 말하자면 때때로 비어있는 집 수량의 합으로 계산된다. 비어 있는 집이란 주로 폐가 *廢家* 또는 평상시에는 비워두고 주말이나 휴가철에 잠시 거주하는 집, 즉 별장을 말한다.

2) **주택 형태**와 **정책 대상**

프랑스의 경우, 주택 총수 대비 비어 있는 집의 비율은, 1968년에 6.8% 에서 1978년엔 7.9% 로 증가했다. 국민의 대부분은 주-거주용의 독립 주택 *logements individuels* 이나 집합 주택 *logements collectifs* 에서 산다. 전자는 개인 주택, 개인 아파트를 포함한 독립적인 숙소이고, 후자는 양로원, 근로자 숙소, 대학 기숙사 촌 *cités universitaires*, 학생 기숙사, 종교 공동체 등을 말한다. 나머지 국민들은 정신병 시설, 감금 시설 또는 이동 주거 *habitations mobiles*, 즉 큰 거룻배, 이동 주택 *maison mobile*, 자주식 주택 *logement motorisé* 등에서 산다. 이동 주택은, 도로나 철도로 이동할 때 손쉽게 떼었다 붙였다 할 수 있는 5개 부분으로 이루어진다. 자주식 주택의 모델은 캐러밴 *caravanes*, 즉 주택으로 개조한 캠핑용 소형 트레일러 또는 대형 화물차이다. 제2-거주 주택은 농촌지역, 숲, 바닷가, 산악지역 등에 존재한다. 그러나 그들은 일반적으로는 주택정책의 주택 총수에는 계산되지 않는다. 주택의 형태는 매우 다양하지만, 현실적으로 주택 정책의 대상이 되는 주택은 오직, 대도시 육체노동자들을 위한 주-거주 주택일 뿐이다.

3) 셋집; 고급 아파트

오늘날 도시민들이 찾는 주택은, 정원에 둘러싸인 대저택, 방이 15개~20개인 고급 아파트 또는 마차가 드나들 수 있는 대문이 있는 유별난 저택은 아니다. 도시민들은 다만, 대규모 아파트 단지에 있는 토끼장 *casier à lapin*, 즉 소형 아파트를 찾고 있을 뿐이다. 그들이 찾는 소형 아파트는 그들의 주-거주용 집일뿐이다. 그러나 우리들의 문명사회는 여전히, 기술공학적, 경제적, 법률적 해법을 기다리면서 모든 사람들에게 쓸만한 집을 공급하지 못하고 있다. 그런데 사실, 그런 해법이란 막연한 것이다. 주택 수량에 대한 관념은 그리 간단하지는 않다. 옛날엔 가구 *feux* 와 주택이 셈의 대상이었다. 가구 수와 주택 수가 같았기 때문이다. 그러나 오늘날엔 여러 가구가 같은 집에서 살기도 한다. 경우에 따라서는 단일 가구가 여러 채의 집을 소유하기도 한다. 그렇더라도 주택 총수는, 통계상의 가구 수를 기본으로 계산되어야한다.

2. 주민 수

1) 프랑스 자료

주민 수는 가정 *ménage*, 가구 *feu*, 가족 *foyer*, 주택 *logement*, 개

표 06 : 경제 활동 인구 분포 및 변화 프랑스

연도	산업 분야별 인구 분포(%)		
	1차 산업	2차 산업	3차 산업
1805	68	32	-
1851	53	25	22
1881	48	27	25
1901	42	31	27
1936	37	30	33

표 07 : 규모에 따른 도시 발전 현황 프랑스

도시 인구 (천명)	도시 수		
	1801년	1851년	1901년
5 ~ 10	160	230	270
10 ~ 20	58	95	150
20 ~ 30	18	26	53
30 ~ 50	9	19	35
50 ~ 100	5	9	24

출처: L. Houdeville, et al., *Pour une civilisation de l ´ habitat*, Economie et Humanisme, 1969

인 *individu* 등의 현장조사로 계산될 수도 있다. 그러나 대부분의 저개발 국가에서는 통계 조사로 정확한 자료를 얻기가 어렵다. 이 경우엔, 인구 프로그램을 수립하기 위하여 선진국의 유사한 통계 자료를 차용한다. 프랑스의 통계 자료를 예로 들자면, 프랑스에선, 오스만 *Georges Eugenne Haussmann: 1809~1891* 시대와 2차 세계대전 *1939~1945* 사이의 기간 동안에 도시화와 산업화가 동시에 이루어 졌다. 산업 분야와 도시 규모에 따른 당대의 인구 분포 및 변화 현황은 표 06 과 표 07에 나타나있다.

표 08 : 가정 당 가족 수

국가	가족 수(명)	연도
스웨덴	2.3	1950
영국	3.2	1951
이탈리아	4.0	1951
프랑스	2.8	1954
구-서독	3.0	1956
미국	3.3	1960
일본	4.1	1965
한국	4.2	1985

출처: Byungjeun Park, *Habitation*, Kimounedan, Séoul 1986

2) 도시 성장

이상의 2가지, 선진국의 통계 조사를 통해서, 간략한 방식으로 저개발 국가들의, 미래의 산업 분야별 경제활동인구의 변화, 도시 성장 속도 등을 예측할 수 있다.

1805년과 1936년 사이에, 1차 산업분야의 인구는 감소된 반면, 3차 산업분야의 인구는 점점 더 증가했다. 도시 성장의 경우, 대도시의 성장 속도는 소도시의 그것보다 훨씬 더 빨랐다. 좀 더 정확하게 말하면, 산업 혁명을 체험한 다른 국가들처럼 프랑스 역시 도시로의 인구 이동 현상이 두드러졌다. 프랑스의 도시 인구는 1846년엔 전체 인구의 24%였고, 1911년엔 44%, 1946년엔 56%, 1960년엔 62%, 1965년엔 63%, 1980년엔 69%, 그리고 1992년엔 74% 였다. 캐나다의 경우 1871년경에 도시인구가 전체 인구의 20% 를 초과했으며, 1992년엔 78% 를 초과했다. 도시지역으로의 인구 쇄도는 필연적으로 주택 건설과 도시 기반 시설의 확충을 필요로 했다. 저개발 국가에서 미래의 가정 당 가족 수와 주택 당 가족 수를 예측, 조절하기 위해서는 표 08 과 표 09 를 참조 할 수도 있다.

표 09 : 주택 당 가족 수 1980

국가	가족 수(명)	국가	가족 수(명)
스웨덴	2.22	스위스	2.36
덴마크	2.42	구-서독	2.43
오스트리아	2.49	벨기에	2.58
노르웨이	2.59	미국	2.60
프랑스	2.86	스페인	2.86
캐나다	2.88	핀란드	2.92
네덜란드	2.92	이탈리아	2.96
구-소련	3.88	한국*	6.62

출처: Jean-Eugène Havel, *Habitat et logement*, Presses universitaires de France, Paris 1985, Corée* en 1985

3. 생애주기와 주택 배분

1) 기본 자료

주택 크기와 주택 수량을 결정하기 위해서는, 가정 당 가족 수와 전체 가정의 수를 알아야 한다. 그것들은, 국가가 주택정책을 수립할 때 기본적인 자료이다. 가정 당 가족의 수는 약 30년, 즉 한 세대 *génération* 마다 변한다.

2) 가정 형성 4단계

가정은 생애주기 4단계 *quatre stades*, 즉 결혼, 자식의 탄생, 자식의 성장, 그리고 동거 분리 *dés-cohabitation* 의 반복으로 형성된다. 동거 분리는 자식이 부모의 집을 떠남으로서 발생한다. 달리 말하면, 가정은 가족의 생성, 성장, 쇠퇴 및 소멸 등의 4단계로 구성된다.

3) 주택 크기

가정 형성의 1단계인 신혼 기간 동안에는 작은 주택이 필요하다. 부부와 젖먹이를 위한 2단계 초에도 역시 작은 주택이면 족하다. 그러나 자식들이 커가면서 점점 더 큰 주택이 필요해진다. 자식이 커서 7세 정도의 철들 나이 *âge de raison* 가되면 부부뿐만 아니라 자식들에게도 사생활의 비밀이 필요하다. 더구나 자녀의 성이 다르다면 그들은 각기 자신만의 방을 필요로 한다. 결국 생애주기에서 가장 큰 주택이 필요하게 된다. 3단계에선 성장한 아들과 딸들이 부모를 떠나면서, 새로운 가정을 만든다. 이제부터는 집의 크기가 줄어들게 되며, 부부가 죽을 때까지 지속된다. 마지막 단계인 4단계에선 홀아비 또는 과부가 죽음으로서 가정은 소멸된다. 처음 2개 단계에서는 도심의 고층 아파트가 적절하고, 끝의 2단계 동안에는 도심 교외의 저층 주택이 합당하다.

4) 생애주기 분석

1995년, 한국의 인구를 활용해서 생애주기를 분석해보기로 한다. 이때 남성의 평균수명은 69.6세이고, 여성의 평균수명은 77.4세이다. 그리고 평균 결혼 연령은, 남성이 28.4세, 여성이 25.3세이다. 자녀는 가정 당 평균 2명이다. 그런 까닭에, 토속 주택 정책 수립을 위해서는 여성의 평균수명을 기준으로 생애주기를 분석함이 타당하다. 한국여성의 생애주기는 그림 01 과 같이 분석된다.

5) 부부 생활

표 11은, 표 10과 그림 01을 기본으로 작성할 수 있다. 그러나 무자녀 부부 생활(D)은 여성의 생애주기와 별개로 계산 할 수는 없다. 왜냐하면 자식이 없는 부부 생활은 모호하고 결핍된 생활이기 때문이다. 수명이 같은 주택을 건축했다면, 표 12 에서, 주택 총수 대비 필요한 주택 형태의 백분율을 결정할 수 있다. 다시 말해서 형태별 주택 분배는 표 12 에서처럼 계산된다.

그림 01 : 한국 여성 생애주기 1995

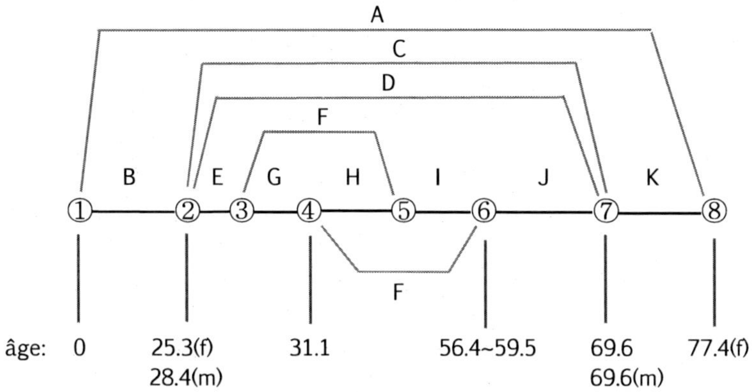

주 註 :

(f) : 여성 (m) : 남성
A : 평균 수명 - 77.4 세
B : 평균 결혼 연령 - 25.3 세(f), 28.4 세(m)
C : 독신 생활 - 44.3 년(f), 41.2 년(m)
D : 무자녀 부부 생활 - 41.2 년
E : 무자녀 신혼 생활 - 2.2 년
F : 자녀 성장 기간 - 25.3 년(f), 28.4 년(m)
G : 자녀 출산 기간 - 3.6 년
H : 자녀 교육 기간 - 21.7 년(f), 24.8 년(m)
I : 자녀 결혼 기간 - 3.6 년
J : 무자녀 노령 부부 생활 - 10.1~13.2 년
K : 미망인 - 7.8 년

6) 주택 수명

오늘날, 소단위로 분할되고 있는 사회로 치닫고 있는 도시문명은, 가까운 미래에 도시 인구 수가 급격히 감소하지 않는다면 훨씬 더 많은 소형주택, 즉 T0 및 T1 의 새로운 수요를 필요로 한다. 거기에 더해서 모든 주택이 각각의 수명을 갖는다고 생각하면, 주택 분배는 변할 것이다.

표 10 : 연령 및 성별 인구 한국 1995

연령	인구(천명)		
	계(%)	남성(%)	여성(%)
0 ~ 24	18402(41.30)	9587(42.88)	8815(39.71)
25 ~ 29	3529(7.92)	2078(9.29)	1451(6.54)
30 ~ 34	3673(8.25)	1729(7.73)	1944(8.76)
35 ~ 39	3927(8.81)	1963(8.78)	1964(8.85)
40 ~ 44	3000(6.73)	1538(6.88)	1462(6.59)
45 ~ 49	2436(5.47)	1245(5.57)	1191(5.37)
50 ~ 54	2051(4.60)	1022(4.57)	1029(4.64)
55 ~ 59	1906(4.28)	920(4.12)	986(4.44)
60 ~ 64	1492(3.35)	672(3.01)	820(3.69)
65세 이상	2638(5.92)	973(4.35)	1665(7.49)
독신생활	1500(3.37)		
25 ~ 70(f)			870(3.92)
28 ~ 70(m)		630(2.82)	
계	44554(100)	22357(100)	22197(100)

출처: Bureau des statistiques, recensement d ′ habitants, Corée 1995

주택 수명은, 보수 기간을 포함해서 일반적으로 다음과 같이 계산 된다;

① 철근콘크리트 주택 - 75년
② 벽돌 주택 - 55년
③ 목재 주택 - 30년

결론적으로, 100채의 철근콘크리트 주택은 136채의 벽돌 주택, 또는 250채의 목재 주택과 같은 효용성을 갖는다고 할 수 있다.

표 11 : 여성의 생애주기에 따른 주택 형태 한국 1995

생애주기	연령대(기간)	여성(천명)		주택	
		계	평균*	형태*	점유기간(년)
②-④	25 ~ 30(6)	1821	304	T1	6
④-⑥	31 ~ 40(10)	3910	391	T2	10
④-⑥	41 ~ 56(16)	3727	233	T3	16
⑥-⑦	57 ~ 70(14)	2111	151	T1-변형	14
⑦-⑧	71세 이상(8)	943	118	T0-변형	8
독신생활	25 ~ 70(46)	870	19	T0	46
	28 ~ 70(43)	630	15	T0	43
계		14012	1231		

평균 여성 수* = 연령대별 여성 수계 ÷ 연령대(기간)
형태* T1 : 1-방 + 거실 + 서비스 실(주방, 식당, 욕실, 창고 등)
T2 : 2-방 + 거실 + 서비스 실(주방, 식당, 욕실, 창고 등)
T3 : 3-방 + 거실 + 서비스 실(주방, 식당, 욕실, 창고 등)
T0-변형 및 T1-변형 : 노령자 주택
T0 : 스튜디오 *studio*

표 12 : 주택 형태별 배분

형태	연령대별 평균 여성 수 × 점유기간	주택 총수 대비 비율(%)
T0	2429	17.34
T1	3938	28.12
T2	3910	27.92
T3	3728	26.62
계	14005	100.00

사진 094 : 메콩 하구 토착주택, 베트남 칸토 *Can-Tho*

토착재료, 목재 골조 및 갈대 지붕

4. 주택 수요 결정

1) 주택 보급 비율

만일 같은 시기의 가정 총수와 주택 총수를 안다면 주택 보급률, 다시 말해서 주택 부족 또는 주택 과잉을 파악 할 수 있다. 그러나 필요한 주택 수량을 계산하기는 쉬운 일은 아니다. 왜냐하면 주택이란 살아있는 생명체와 같기 때문이다. 주택 수의 변화는 붕괴 위험이 있는 주택, 비위생적인 주택, 적법하게 법으로 규정되어 있는 누추한 주택 등의 철거에 관련되기 때문이다. 또한 주택수의 변화는, 도시계획 프로젝트의 시행, 즉 정원, 녹지 공간, 숲, 스포츠 시설, 쇼핑센터, 행정용 건축물, 도로, 대로, 광장 등을 조성하기 위해서 철거해야하는 우수한 주택의 대체조차도 고려해야하는 상황에도 관련된다. 동시에 주택수의 변화는 노후 주택 밀집 지역의 대체 또는 재정비에도 관련이 있다. 끝으로 주택의 수량은 주택 조사원의 평가 또는 조사에 응하는 사람들의 정신상태 등에 의해서도 언제나 다양하게 변하는 것으로 결론이 난다.

2) 인구 조사

1954년 5월, 프랑스의 인구 조사에 따르면, 프랑스 가정의 가족 수는 가정 당 2.8명 이하였다. 동거 분리 때문이었다. 스웨덴에서의 그것은 2.3명으로 떨어졌다. 스웨덴 인구의 3분의 1은 혼자 살았으며, 또 다른 3분의 1은 2인 가정이었다. 그것은 고립에 필요한 자원 증가의 필요성을 초래했다. 더욱 곤란한 문제는, 정적인 확정과 역동적인 전망이 뒤섞인 미래에서의 주택 수요를 예측하려고 애써야만 하는 일이었다. 역동적인 전망아래서는 미래의 주택 수요 예측은 시간과 공간 속에서 이루어진다. 그러니, 고려해야만 할 인구 이동, 풍습의 진화, 그리고 한 지역의 주택 수요를 예측하는데 필요한 비용 규모를 고려하기만 하면 되었다. 그 외에 또한 5년, 10년, 20년 동안의 인구변화 자료, 그리고 연령, 성, 신분, 가정, 국적, 민족 등에 따른 분배도 필요했다.

3) 주택 부족

인구 증가는 주택 부족을 유발하고, 이어서 주택 위기를 초래한다. 주택 위기가 닥쳤을 때 정부는 일반적으로 산아제한으로 인구를 제한하고, 해외 이주를 장려하거나 아니면 주택을 더 건축해야만 한다. 선진국에서의 인구 증가는 이민을 받거나 평균 수명을 늘리는 방식으로 이루어진다. 반면에 저개발 국가에서의 그것은, 급속한 도시화를 유발하는 높은 인구 증가율에 기인한다.

4) 외국 태생 인구

프랑스에서의 외국 태생 인구는 1851년엔 1% 였으나, 1896년엔 2.6%, 1936년엔 5.8%, 1946년엔 4.1%, 그리고 1981년엔 7.7% 를 넘어섰다. 벨기에의 경우 그것은 1983년에 11% 였고 스위스는 14.4% 였다. 1931년 캐나다 인구의 19.1% 는 외국 태생의 사람들이었다.

5) **평균 수명**과 **도시화**

프랑스에서의 평균 수명은 1965년과 1980년 사이, 남성은 67세에서 70.2세로, 여성은 74세에서 78.5세로 증가했다. 그리고 1989년과 1990년엔 남성이 78.8세, 여성이 84.0세였다. 1984년 캐나다에서의 그것은 남성이 72세, 여성이 80세였다.

20개 국가, 즉 선진국 10개 국가 및 저개발국 10개 국가의 도시화, 인구 증가 및 평균 수명은 표 13 및 표 14 와 같다. 이상과 같은 통계자료를 참조한다면, 미래 어떤 국가의 형태별 주택 수요를 예측할 수 있다.

6) 주택 수요

표 13 : 도시 인구 및 인간개발지수 20개 국가

국가	도시 인구 비율 (%)			도시 인구증가율 (연, %)		H.D.I. 순위
	1960	1992	2000	1960~1992	1993~2000	1994
캐나다	69	78	79	1.7	1.0	1
스위스	51	63	64	1.2	0.9	2
일본	63	77	78	1.6	0.5	3
스웨덴	73	84	86	0.9	0.3	4
노르웨이	50	76	79	1.9	0.8	5
프랑스	62	74	77	1.3	0.7	6
오스트레일리아	81	85	86	1.9	1.2	7
미국	70	76	77	1.3	0.9	8
네덜란드	85	89	89	1.0	0.6	9
영국	86	89	90	0.4	0.3	10
브라질	45	77	81	4.2	2.5	63
중국	19	28	47	3.8	4.9	94
필리핀	30	44	49	3.9	3.6	99
인도네시아	15	30	40	4.7	4.4	105
베트남	15	20	27	3.6	4.3	116
파키스탄	22	33	38	4.3	4.6	132
인도	18	26	32	3.6	3.9	135
나이지리아	14	37	43	6.3	5.4	139
방글라데시	5	18	23	6.8	6.2	146
에티오피아	6	13	17	4.8	5.8	161

출처: *Human Development Report 1994, UNDP*

사진 095 : 메콩 하구 빈민굴, 베트남 칸-토 *Can-Tho*

표 14 : 인구 통계 및 평균 수명 20개 국가

국가	총인구(천명)		인구 증가율(%)		평균 수명 (1989~1990)	
	1992	2000	1960~1992	1993~2000	(남)	(여)
캐나다	27.4	30.4	1.3	1.3	-	-
스위스	6.8	7.2	0.7	0.6	79.1	83.9
일본	124.5	128.1	0.9	0.4	80.0	84.4
스웨덴	8.6	9.0	0.5	0.5	79.1	83.3
노르웨이	4.3	4.5	0.6	0.6	78.3	82.9
프랑스	57.1	58.8	0.7	0.4	78.8	84.0
오스트레일리아	17.6	19.6	1.7	1.4	78.8	83.1
미국	255.2	275.3	1.1	1.0	78.6	82.7
네덜란드	15.2	16.1	0.9	0.7	78.3	83.4
영국	57.7	58.8	0.3	0.2	77.4	81.7
브라질	154.0	172.8	2.4	1.5	-	-
중국	1187.4	1309.7	1.9	1.2	-	-
필리핀	65.2	76.1	2.7	2.0	-	-
인도네시아	191.2	218.0	2.2	1.7	-	-
베트남	69.5	81.5	2.2	2.0	-	-
파키스탄	124.9	154.8	2.9	2.7	-	-
인도	880.1	1018.7	2.2	1.8	-	-
나이지리아	115.9	147.7	2.7	5.1	-	-
방글라데시	119,5	144.3	2.7	2.4	-	-
에티오피아	53.1	67.2	2.5	3.0	-	-

출처: *Human development Report 1994, UNDP*

여기서, 우리는 어떤 장소나 어떤 시기에도 주택 수요를 예측할 수 있는 보편적이고 세부적인 방법을 제안할 수 있다. 이때 주민 조사는 추출 표본으로서 효력이 있을 수 있다. 보편성이 있는 방법의 사례로 중국을 들자면, 중국은 2000년에 주민 당 주거 면적을 8m² 로 하는 주택 정책의 목표를 정했다. 한편 세부적인 방법으로는 베트남 *Viêt-Nam* 의 1994년 통계연감을 사례로 들었다.

2000년을 계획 연도로 하여, 메콩 하구 지역인 베트남, 칸토

Can-Tho 시 교외에 주택단지 프로그램을 만들었다. 1994년에 칸-토시의 인구 밀도는 km² 당 613명이었으며, 남성이 48.08%, 여성이 51.92% 였다. 1993년에서 2000년 사이, 칸-토시의 도시 인구 증가율은 연 4.3% 에 달했다. 그 결과 2000년 칸-토시의 인구 밀도는 km² 당 757명이었으며, 남성이 364명, 여성이 393명이었다. 만일 2000년 칸-토시의 시민 생애 주기를 그림 01에 적용하고, 연령대 및 성별 인구 분포 와 평균 수명 추정을 위해서 표 10 과 표 14 를 차용한다면 칸-토 시민을 위한 km² 당 주택 수요는 아래와 같이 계산할 수 있다.

① 노총각용 주택 - 364×2.82%=11
② 노처녀용 주택 - 393×3.92%=16
③ 기혼자용 주택 - 393×56.37%=222
계 - 249 채

결론적으로 칸토 시민을 위한 주택 총수는 km² 당 249채이며, 표 12 에 따라서 배분한 형태별 주택 수는 다음과 같다;

① T0 타입 - 249×17.34%=43
② T1 타입 - 249×28.12%=70
③ T2 타입 - 249×27.92%=70
④ T3 타입 - 249×26.62%=66
계 - 249 채

제2절
주택 규범

주택 규범의 정의는 주거 단위, 비례 그리고 주택 형태 등에서 나온다. 비록 이런 요소들이 전통, 관습 또는 자연환경 등에 따라서 매우 다를 지라도, 주택의 역사적 진화, 또는 주택 연구를 통해서 그 규범을 추론할 수 있다.

1. 주거 단위

1) 최소 주택 면적

주택의 최소 면적과 최소 체적을 정의 하기란 매우 어려운 일이다. 같은 주택 면적에서도, 어떤 사람들은 가족 수가 많다고 주장하는 가하면, 다른 사람들은 그와는 반대로 그렇지 않다고 단정한다. 그렇다면, 적정 식구가 사는 방이란 무엇인가? 예를 들면, 구-소련에서 주택의 방에 대해서 이야기 할 때 그 면적이 $7m^2$ 이면 족했다. 그런데 프랑스에선 그것이 $11m^2$ 였다.

2) 적정 주거 밀도

게다가, 방 또는 주택의 적정 주거 밀도를 알아보는 것은 매우 흥미로운 일이다. 실제로 주거 밀도에 관한, 국가에 따른 다양성은 상당하다. 프랑스, 스웨덴 그리고 노르웨이 사람들은 2개 내지 3개의 큰방이 있는 주택을 선호하는 반면, 네덜란드와 캐나다 사람들은, 방이 좀 작더라도 방이 4개 내지 5개있는 주택을 원한다.

캐나다와 스웨덴에서는, 식구 과잉 주택의 기준은 매우 단순해서, 한 주택의 식구 수가 주택 방의 수를 초과하면 이를 식구 과잉 주택이라 한다. 프랑스에서의 그것은 가정 당 거주지, 즉 19세 이상의 가족 한 명당 방 1개, 거기다 성이 같은 어린이 2

명 당 방 1개를 공급하지 못하는 경우를 말한다.

그러나 집에 방이 많으면 많을수록 그 용도는 더욱더 변할 수 있고, 가정의 모든 가족이 동시에 서로 얼굴을 볼일이 점점 더 줄어들 수 있다는 사실을 고려할 필요가 있다.

영국에서는 주택은 보통, "공중위생법, 1875 *The public health Act. 1875*" 에 따라서 1개의 거실과 3개의 침실을 가지고 있어야만 한다. 그 법은 공중위생과 사회의 도덕성을 강조하는 법이다. 만일 1951년에 가정 당 3.2명의 가족이 있었다면, 그 가정에겐 방이 4개인 주택이 허용된다.

좀 더 정확하게 방과 주택 당 주거 밀도에 관해서 더 많은 논의를 하려면, 주택의 방과 그 면적에 대한 정의가 필요하다.

3) 주-주거 방과 서비스 실

주택은 보통 주-주거용도 *locaux principaux* 의 방과 서비스 실 *locaux de service* 로 구성된다. 주-주거 방은 주방, 식당, 세수 및 세면실 *salle d ' eau*, 욕실 *salle de bain*, 변소 *w.-c.*, 의상실 *penderie*, 잡동사니 광 *débarras*, 재택근무 실 *office*, 통로 *passage*, 복도 *couloir*, 지하 술 저장실 *cave*, 외랑 *外廊. loggia*, 발코니 *balcon*, 현관 *vestibule* 등은 결코 포함하지 않는다. 그들은 서비스 실이다. 주-주거 방은 단지 거실 *salle de séjour* 과 침실 *chambre à coucher* 뿐이다.

4) 순 면적과 건축 면적

주택의 면적은 어떻게 계산하는가? 거기에는 순 면적 *surface nette* 과 벽을 포함한 면적이 있다. 순 면적은 벽 안쪽 치수로 계산한 순수 공간의 면적이다. 여기서 순 면적을 주거 면적 *surface habitable* 이라고 규정짓고 싶다. 그리고 벽을 포함하는 면적을 건축 면적 *surface constructive* 이라 하고 싶다. 주거 면적은 주택 입주민에게 유리하게 작용하는 것이고, 건축 면적은 주택건축 사업자들에게 유리한 것이다.

실제에 있어서 조적조 주택, 즉 벽돌, 블록, 또는 석재를 쌓아 올려 짓는 주택의 경우, 주거 면적과 건축 면적의 차이는 전체 주택 면적의 12~15% 나 된다. 하지만 일반적으로는 주거 면적과 건축 면적을 구별하지 않고, 벽의 중심선을 기준으로 하는 치수로 주택 면적을 계산한다. 그러나 이런 계산 방식은 주택 가격을 계산하는데 아주 애매하므로, 두 가지 면적은 엄밀하게 구분되어야 한다.

5) 주택 최적 주거 면적

주택의 최적 주거 면적을 찾아내기 위해서, 몇몇 국가의 모델과 연구를 활용하고자 한다.

(1) 싱가포르

1985년 싱가포르의 평균 주거 면적은, 주택 당 72.6m², 가족 한명 당 16.5m² 였다.

(2) **구-서독, 구-동독** 그리고 **통일 독일**

구-서독과 구-동독에서, 공영주택 주거 면적의 진화는 표 15 와 표 16 과 같다. 1989년부터는 표 17 과 같은 새로운 프로그램에 따라서, 독일 대도시 교외에 있는 대형 주거용 건축물 한 동 *棟* 속에 있는 주택, 즉 아파트의 평균 주거 면적은 58m² 였다. 이런 종류의 아파트는 대도시 교외에 있는 주택 총수의 70%~80% 였다. 가족 한명 당 평균 주거 면적은 20m²~25m² 였다.

위와 같은 현상은, 방이 4개 내지는 5개인 주택을 원하는 교외에 사는 사람들의 개인적 욕구를 결코 충족시킬 수 없었다. 게다가 주택의 소형화와 여가를 즐길 수 있는 시설 부족은, 교외의 한적한 분위기를 즐기려는 사람들에게 용기를 불어 넣어 제2-거주용 주택 *résidence secondaire*, 즉 별장을 건축하게끔 부추겼다.

표 15 : 구-서독, 공영주택 주거 면적

연도	주거 면적(m²)	
	가족 한명 당	주택 당
1968	25.5	89.3
1978	33.8	103.5
1987	38.3	112.7

출처: *Statisches Bundes amt, Gebäude-und Wohnungs zählung, 25 October 1968 and 25 May 1987; 1% Wohnungs stich probe 1978*

표 16 : 구-동독, 공영주택 주거 면적

연도	가족 한명 당 주거 면적(m²)
1961	16.8
1971	20.6
1981	24.9
1990	27.6

출처: Graham Hallette, *The new housing shortage*, Routledge, Londres 1993

표 17 : 주택의 새로운 프로그램 통일 독일, 1989

형태	분배율 (%)	주거 면적 (m²)
방-1개	18	27~39
방-2개	23	39~52
방-3개	43	52~68
방-4개	15	68~84
방-5개	1	84~96

(3) 일본

1983년에 일본은 표 18 에서처럼, 주택의 최소 주거 면적과 평균 주거 면적의 기준을 결정 했다. 최소 주거 면적 계산 기준은 다음과 같다;

① 침실

5살 미만의 어린이와 부부를 위한 침실 1개, 성별 구별 없이 6살~11살의 어린이 한명 또는 두 명 당 침실 1개, 그리고 12살 이상의 성이 다른 어린이 한명 당 침실 1개. 침실의 면적은 부부 침실이 10m² 로, 어린이 침실이 7.5m² 로 계산되었다.

② 주방 겸 식당

주방 겸 식당의 면적은 가족 수에 따라서 7.5m²~10m² 로 계산 되었다. 표 19 와 표 20 에서, 일본의 주택 당 방 수의 진화와 주택의 평균 주거 면적을 파악할 수 있다.

(4) 중국

중국의 도시에서 1985년에 가족 과잉 방의 기준은, 주-주거 방, 즉 침실과 거실의 면적 합계가 가족 1인당 4m² 이하였다. 1978년부터 중국은 지속적으로 주택을 건축하고 개량했다. 표 21 에서 보는 바와 같이, 마침내 1988년 중국 도시 주택의 평균 주거 면적은 가족 1인당 6.3m² 에 도달했다. 1988년 중국의 경우, 주택 전체 면적 대비 주-주거 방 *locaux principaux* 면적의 비율은, 오늘날 선진국의 그것과 유사한 63% 였다. 그러나 이 비율은 경제 발전에 비례하여 70% 이상까지 오를 것이다.

(5) 프랑스

이제부터는 주택의 최소 주거 면적을 확인하기 위하여 프랑스, 영국, 독일 및 미국의 주택 역사 속으로 거슬러 올라간다. 1851년에 완공된 프랑스의 “씨떼 나뽈레옹 *cité Napoléon* ”, 즉

표 18 : 주택의 주거 면적 일본

기준	주거 면적(m²)	
	최소	평균
가족 1명 당	16	29
4인 가족 주택 당	50	86

출처: *Statistique Bureau, Management and Coordination Agency, Housing Survey of Japon, 1983*

표 19 : 일본, 최소 주거 면적 1989

가정 당 가족 수	최소 주거 면적 (m²)	가족 1명당 면적 (m²)
1	16	16.0
2	29	14.5
3	39	13.0
4	50	12.5
5	56	11.2
6	66	11.0
7	76	10.9

출처: Ministère de la construction, *situation de construction territoriale*, Japon 1989

표 20 : 주택 평균 주거 면적, 일본

연도	평균 주거 면적(m²)	주-주거 방 수(개)
1968	73.9	3.8
1973	77.1	4.2
1978	80.3	4.5
1983	85.9	4.7
1988	89.9	4.9

출처: Ministère de la construction, *situation de construction territoriale*, Japon 1989

표 21 : 도시의 평균 주거 면적, 중국 1988

주거 면적	가족 1명 당	주택 당
(A) 침실+거실	6.3m²	24.0m²
(B) 서비스 실을 포함한 전체	10.0m²	37.9m²
비율; (A)/(B)	63%	63%

출처: Bureau des statistique nationales de Chine, *Annuaire des statistiques, 1989*

노동자 가족을 위한 "공영 임대 주택 단지"의 주택 면적은 25m²~27m² 였다. 그 주택에는 방 1개 내지 2개에 작은 간이 주방 *cuisinette* 이 있을 뿐이다. 공동변소 *Privés* 와 생활 오수 배출 설비는 각층마다 있었지만, 수돗물 그 자체는 안뜰에 있는 시가 수도전 *市街 水道栓, borne-fontaine* 까지만 연결이 되었다. 게다가 집은 비좁고 불편 했지만, 일련의 공동 서비스 시설, 말하자면 공동세탁장, 건조장, 목욕탕, 난방장치가 된 방문객 접견 휴게실, 탁아소, 일상의 의료 진찰, 무료 약 배급 등이 그런 약점들을 보상해주었다.

좀 더 시간이 흐른 다음엔 2층짜리 표준 주거용 건축물을 건설 했다. 그 건축물에는 똑같이 다수의, 면적 30m²~35m² 의 아파트가 있었다. 그것은 당시엔 직장인이나 소시민 중산계층 *petites bourgeoisies* 을 위한, 넓은 아파트였다. 그 아파트엔 붙박이 침대가 있는 2개 또는 3개의 방과, 작은 주방 및 변소 등이 있었다. 이어서 면적 42m²~48m² 의, 당시로서는 대형 아파트가 등장했다. 그 아파트는 앞뒤 양면이 외기 *外氣* 에 접했으며, 모든 방들은 완벽하게 독립적이었다. 주방에는 작은 발코니도 있었다. 또한 그 아파트 단지에는 다양한 공동 서비스 실, 즉 도서실, 자전거 및 어린이 자동차 보관실, 세탁실, 건조실, 샤워

표 22 : 프랑스, 최소 주거 면적 1985

주택 형태	최소 면적(m²)
방-1개	18
방-1개 변형	30
방-2개	46
방-3개	60
방-4개	73
방-5개	88
방-6개	99
방-7개	114
방 1개추가 당	14

실 *bains-douches*, 난방설비 실 *chaufferie*, 지붕 덮인 운동장 *préau couvert* 등도 있었다. 1903년엔 대형 아파트의 면적이 50m² 에 다다랐다. 1985년엔 법령 *arrêté* 으로 최소 면적을 규정했다. 그 법령은 기술 특성과 국가 보조 융자나 보조금의 혜택이 있는 임대용 새 아파트의 가격과 상관해서 수정된 것이다. 주택의 최소 면적은 표 22 와 같다.

(6) 연합왕국; 잉글랜드, 스코틀랜드, 북아일랜드

연합왕국, 통칭 영국에서는 1930년대 동안에 주택 면적의 대부분은 74.3m² 이하였다. 좀 더 세월이 지난 2차 세계대전 이후에는 1944년의 "더드리 보고서 *Dudly Report* " 의 권고에 따르게 되었다. 그 보고서는 최소면적이 83.6m² 인 방 3개짜리 주택을 추천했다. 주택에는 면적이 6.5m²~9.3m² 인 외부 차고가 포함되었다. 1945년에서 1951년 사이에, 잉글랜드 지방정부와 갈 *Galles* 정부, 즉 웨일즈 지방 정부가 허용한 방 3개인 주택의 평균 주거 면적은 표 23 과 같다.

표 23 : 영국, 평균 주거 면적

연도	방 3개의 주택 면적(m^2)
1945	91.0
1946	95.4
1947	97.2
1948	97.7
1949	98.0
1950	97.7
1951	95.0

출처: *The Report of the Girdwood committee*, 1948 et 1952

(7) **미국**

오늘날 미국에는 주택에 있는 쾌적한 방의 주거 면적에 관한 2개의 규제 *réglementation* 가 있으며, 그 규제에 부응하는 평균 주거 면적 상세는 표 24 와 같다. 그들 규제를 제정한 두 단체는 "연방주택협회 FHA; *Federal Housing Association* " 와 "공공주택협회 PHA; *Public Housing Association* " 이다. 다른 나라와 비교하기 위해서, 표 25 에 있는 FHA 와 PHA 의 흥미로운 자료와 방의 주거 면적에 관한 연구 자료를 인용하려 한다. 표 26 및 표 27 에서 보는 바와 같이 FHA 규제에 의한, 출입문이 별도로 있는 독립된 방이 있는 주택은 고소득의 가족에 적합하고, 용도가 다른 방과 결합된 방이 있는 주택은 수입이 적은 가족에 유리하다. PHA 의한, 방의 최소 주거면적 상세는 표 28 에 있다. 주택 형태별, 주택의 전체 면적 대비 주-주거 방 *locaux princiaux* 면적의 비율 상세는 표 29 와 같다.

(8) **한국**

1997년 한국 서울에서 준공된 서로 다른 아파트의, 아파트 전체 면적 대비 주-주거 방 면적의 비율은 표 30 과 같이 분석된다. 이 분석 결과는 미국 PHA 분석 결과와 유사하다.

표 24 : 미국, 평균 주거 면적

<table>
<tr><th rowspan="2">방(개)</th><th rowspan="2">방 명칭</th><th colspan="6">면적(m²)</th></tr>
<tr><th>B</th><th>L</th><th>D</th><th>K</th><th>S</th><th>계</th></tr>
<tr><td>4</td><td>B+L+D+K</td><td>9.3</td><td>7.4 ~8.4</td><td>3.7</td><td>4.7</td><td>4.7</td><td>29.8 ~30.8</td></tr>
<tr><td>3</td><td>B+LD+K</td><td>9.3 ~11.2</td><td colspan="2">11.2~14.9</td><td>4.7</td><td>3.3 ~4.7</td><td>28.5 ~35.5</td></tr>
<tr><td>2</td><td>BL+DK</td><td colspan="2">16,7</td><td colspan="2">8.4</td><td>4.7</td><td>29.8</td></tr>
<tr><td>2</td><td>BLD+K</td><td colspan="3">16.3~18.6</td><td>4.2 ~4.7</td><td>3.3 ~3.7</td><td>23.8 ~27.0</td></tr>
<tr><td>3</td><td>B+L+DK</td><td>12.1 ~13.0</td><td>13.9</td><td colspan="2">7.0~8.4</td><td>3.7 ~4.7</td><td>36.7 ~40.0</td></tr>
<tr><td>3</td><td>B+LD+K</td><td>11.6 ~12.1</td><td colspan="2">14.4~17.7</td><td>4.7</td><td>3.7 ~4.7</td><td>34.4 ~39.2</td></tr>
</table>

주 *註*:

B = 침실 *chambre à coucher*　　L = 거실 *salle de séjour*
D = 식당 *salle à manger*　　K = 주방 *cuisine*
S = 욕실 *salle de bain*

표 25 : FHA 및 PHA, 최소 주거 면적

<table>
<tr><th rowspan="2">방 명칭</th><th colspan="2">주거 면적(m²)</th></tr>
<tr><th>중간 소득</th><th>고소득</th></tr>
<tr><td>L</td><td>20.6</td><td>27.3</td></tr>
<tr><td>D</td><td>8.4</td><td>12.3</td></tr>
<tr><td>K</td><td>6.3</td><td>8.2</td></tr>
<tr><td>B (부부)</td><td>12.1</td><td>18.0</td></tr>
<tr><td>B (기타)</td><td>9.3~10.2</td><td>12.3~15.6</td></tr>
<tr><td>발코니</td><td>6.7</td><td>8.4</td></tr>
</table>

주 *註*:

복도 및 서비스 실은 최소화해야 한다. 그렇지 않으면 주택 건축 비용과 유지관리 비용이 증가하기 때문이다. 서비스 실은 공동 현관 *vestibule publique*, 입구 *entrée*, 주방 *cuisine*, 잡동사니 광 *débarras*, 세탁실 *blanchisserie*, 욕실 *salle de bain* 등이다.

표 26 : 독립된 방의 최소 주거 면적 FHA 규제

방 명칭	방(개)	주거 면적(m^2)			
		T1	T2	T3	T4
L	1	14.9	14.9	15.8	16.7
D	1	9.3	9.3	10.2	11.2
K	1	5.6	5.6	6.5	7.4
간이 주방	0.5	3.7	-	-	-
B (제1)	1	11.2	11.2	11.2	11.2
B (제2)	1	-	7.4	7.4	7.4
B (제3)	1	-	-	7.4	7.4
B (제4)	1	-	-	-	7.4
B (추가)	1	7.4	7.4	7.9	8.4

주 *註*:
T1=1B+L+서비스 실
T2=2B+L+서비스 실
T3=3B+L+서비스 실
T4=4B+L+서비스 실

표 27 : 결합된 방의 최소 주거 면적 FHA 규제

방 명칭	방(개)	주거 면적(m^2)			
		T1	T2	T3	T4
L+D	1.5	18.6	18.6	20.4	21.4
L+D+B	2.0	22.3	22.3	24.2	25.1
L+D+K	2.5	24.2	25.1	26.9	28.8
K+D	1.5	10.2	10.2	11.2	13.0
간이 주방+D	1.0	7.4	-	-	-

표 28 : 방의 최소 주거 면적 PHA 규제

방 명칭	방(개)	주거 면적(m²)				
		T1	T2	T3	T4	T5
L	1	13.5	14.4	14.9	15.3	15.8
K+D	1.5	6.5	8.4	10.2	12.1	13.9
L+D	1.5	15.8	17.2	19.1	20.5	21.4
K	1	4.7	5.6	7.0	8.4	9.3
B (제1)	1	11.6	11.6	11.6	11.6	11.6
B (제2)	1	-	9.3	9.3	9.3	9.3
B (제3)	1	-	-	9.3	9.3	9.3
B (제4)	1	-	-	-	8.4	8.4
B (제5)	1	-	-	-	-	8.4
B (추가)	1	7.4	7.9	8.2	8.4	8.7

주 註:
T1=1B+L+서비스 실 T2=2B+L+서비스 실 T3=3B+L+서비스 실
T4=4B+L+서비스 실 T5=5B+L+서비스 실

표 29 : 미국, 주-주거 방의 비율

형태	최소 주거 면적(m²)							
	FHA				PHA			
	LP*	LS*	total	%*	LP*	LS**	total	%*
T1	26.1	22.3	48.4	53.9	25.1	13.9	39.0	64.4
T2	33.6	22.3	55.9	60.1	35.3	16.3	51.6	68.4
T3	41.8	24.6	66.4	63.0	45.1	18.4	63.5	71.0
T4	50.1	27.0	77.1	65.0	53.9	20.5	74.4	72.5

주 註:
LS*; FHA 의 독립된 방 기준 LS** PHA 의 결합된 방 기준
LP*; 주-주거 방 LS* 또는 LS**; 서비스 실 %*; LP*/전체

표 30 : 한국, 주-주거 방의 비율 1997

방 명칭	주거 면적(m²)		
	아파트-1	아파트-2	아파트-3
주-주거 방	39.06	61.20	84.18
거실	10.80	23.85	31.98
침실 (제1)	12.96	17.55	17.64
침실 (제2)	8.10	9.90	11.70
침실 (제3)	7.20	9.90	11.70
침실 (제4)	-	-	11.16
서비스 실	20.92	23.67	30.72
주방+식당	12.33	13.50	16.14
욕실+변소	4.78	7.12	9.78
잡동사니 광	1.03	-	2.10
벽장	0.98	0.80	-
현관	1.80	2.25	2.70
계	59.98	84.87	114.90
% : 주-주거 방/전체	65.12	72.11	73.26

6) 주거 면적 규범

주택의 최소 주거 면적을 깊이 연구하기 위해서는, 개인의 연구, 국제기구의 연구, 또는 국제회의 보고서를 검토할 필요가 있다.

(1) 블라쉬르 제안

성인, 청년 그리고 어린이, 누구나 할 것 없이 잠자기, 일하기, 놀기, 생각하기, 휴식, 옷 입기, 개인위생 등과 같은 활동을 하면서 적어도 인생의 절반을 자신들의 방에서 보낸다. 블라쉬르 *G. Blachire* 는, 이런 활동에 필요한 적정 주거 면적을 제안했다. 그의 제안에 따르면, 소득 계층에 따른, 3인 가족 이상인 가정의 1인당 적정 주거 면적은 다음과 같다;

① $14m^2$; 저소득층 가정
② $18m^2$; 중간 소득층 가정
③ $20m^2$; 고소득층 가정

(2) 숑바르 드 로웨 부부 제안

뽈 앙리 숑바르 드 로웨 *Paul Henry Chombart de Lauwes* 와 그의 아내 마리-조제 *Marie-José* 는 가족과 주거 관계의 관점에서 주택의 주거 면적을 연구했다. 사회학자인 이들 부부는 노동자 가족, 도시 주거, 어린이 정신 병리학 등을 연구했다. 뽈은 1913년 빠리 북부 깡브레 *Cambrai* 에서 출생했고 마리-조제는 1923년 빠리에서 태어났다. 병리적 관점에서 연구한, 뽈과 마리-조제의 가족 1명당 주거 면적 기준은 다음과 같다;

① $8m^2$ 이하

신체 건강과 정신 위생에 지장을 초래하는 병리학적 기준이다. 만약 가족 1인당 주거 면적이 $8m^2$ 이하라면, 그 것은 비좁은 주택 거주자의 신체 건강 및 정신 위생에 나쁜 영향을 끼칠 수 있다.

② $14m^2$ 이하

안락하고 쾌적한 주거 면적, 즉 주거 생활의 한계 기준이다. 가족 1인당 주거 면적이 $14m^2$ 이하인 주택에서는 가족 상호간의 사생활 침해 우려가 있다. 다시 말해서 이런 주택에서는 가족들에게 정신적 순응성과 일상생활에서의 알맞은 환경을 전혀 보장할 수 없다.

③ $16m^2$

적정 주거면적의 최소 기준이다. 다시 말해서 이것은 국제가족기구연합 *UIOF; Union internationale des Organismes Familiaux* 의 꼴로뉴 *Cologne* 규범으로서, 합리적인 가치기준이다.

표 31 : UIOF 규범 주거 면적

방(개)	가족 수(명)	주거 면적(m²)	
		주택 당	가족 1명 당
3	3	56	18.7
	4	62	15.5
4	4	65	16.2
	5	75	15.0
	6	82	13.7
5	6	87	14.5
	7	94	13.4
	8	110	13.7
6	8	114	14.2

(3) 꼴로뉴 규범

국제가족기구연합 *UIOF* 은, 독일 쾰른 회의에서 적정 주택의 최소 주거 면적 기준, 즉 꼴로뉴 *Cologne* 규범을 발표했다. 프랑스에서는 쾰른을 꼴로뉴 *Cologne* 라고 말한다. UIOF 는 주거 면적 규범을 가족 1명당 16m² 이라했으며, 최대 10% 까지 추가할 수 있다고 했다. UIOF 의 규범에 일치되는 주거 면적 상세는 표 31에 있다.

(4) 건축물과학기술센터 제안

프랑스의 건축물 과학기술센터 *CSTB: Centre Scientifique et Technique du Bâtiment* 는 방 및 실이 2개~6개인 주택 20채를 조사, 분석하여 다음과 같은 결론을 끌어냈다.

① 가족 1명당 주거 면적: 15,73m²
② 거실: 18m² = 4.4m × 4.1m

③ 침실: $10.8m^2 = 3.05m \times 3.55m$
④ 주방: $6.6m^2 = 2.0m \times 3.3m$
⑤ 화장실: $1m^2 = 0.8m \times 1.25m$
⑥ 욕실: $3.6m^2 = 1.75m \times 2.05m$

(5) 국제현대건축회의 제안

1929년 독일, 마인 강변의 프랑크푸르트 *Francfort am Main* 에서 국제현대건축회의 *CIAM: Congrès International à Architecture Moderne* 가 있었다. 그 회의서 각국이 제안한 가족 1인당 최소 주거 면적은 $11.4m^2$~$14.9m^2$ 였다.

5) 주택 내부 공기 오염

주택의 주거 면적 규범을 정하는 데는 여전히 필요한 요소들이 남아있다. 특히 주택의 주거 용적이 그렇다. 즉, 방내부의 공기 오염 정도는 주거 용적의 크기에 따라서 결정된다. 통상적인 대기 속에는. 일반적으로 0.03% 의 이산화탄소 *bioxyde de carbone* 가 있다. 공기 중에 CO_2 농도가 0.1% 이상이 되면 건강에 해로운 물질, 즉 일산화탄소 *oxyde de carbone*, 먼지, 불쾌한 냄새, 수증기, 연기 등의 양이 신속하게 증가한다.

방 내부 공기의 CO_2 농도가 0.1% 이하가 되도록 유지하기 위해서는, 방의 용적, 환기량, 살아있는 생명체의 호흡에서 나오는 CO_2 방출량 등을 파악할 필요가 있다. 일상생활에서 성인들은, 하루 종일 활동하면서 보통 1시간에 17.1 리터의 CO_2 를 방출한다. 그리고 잠잘 때는 1시간에 8.4 리터의 CO_2 를 방출한다. 이와 같은 CO_2 방출량을 기준으로, 방에서 필요로 하는 공기순환 량에 적합한 방의 용적을 계산 할 수 있다. 하지만 이 책에서는 방의 적정 용적을 위한, 구체적인 계산을 제시하지는 않겠다. 왜냐하면 이 책보다 먼저 시행한 수많은 연구 결과가, 평균 주거 면적을 바탕으로 계산한 방의 용적이 필요로 하는 공기순환 량을 확실히 충족했다고 입증했기 때문이다. 이상에서

표 32 : T3*-형 주택, 최소 주거 면적

국가	연도	주거 면적(m^2)
미국	1961	59
프랑스	1985	60
일본	1988	55
독일	1990	60

주 *註*:
T3* = 3B + L + 서비스 실

말한 연구 결과의 분석에 따라 도출된 침실 3개, 거실 1개, 그리고 서비스 실을 포함한 주택의 최소 주거 면적은 표 32 와 같다. 결론으로, 4인 가족 가정을 위한 현대적 토속주택에 어울리는 주택의 크기는, 주거 면적 약 60m^2 가 적절하다고 말할 수 있다.

2. 비례 규준

1) 고대 비례 규준

건축물의 비례 규준은 고대 건축물, 즉 이집트 왕국, 페르시아, 그리스 제국, 로마 제국의 건축물에서 나왔다. 적어도 그 시절부터, 학자 및 예술가들은 건축물 비례의 비밀을 찾아내려고 애썼다. 고대 그리스 신전에 관한 비트루비우스 *Marcus Vitruvius Pollio* 의 비례 규준, 제이 햄비지 *Jay Hambidge* 의 역학적 대칭 *symétrie dynamique* 그리고 건축가 어네스트 프랙 *Ernest Flagg* 의 "파르테논 성상 안치소 *The Parthenon naos*" 등은, 건축 비례의 비밀을 파헤칠 때 일반적으로 채택된다.

2) **황금수**와 **피보나치수열**

그리스인들과 로마인들은 아주 오랜 세월동안 그들의 예술과 건축물에 황금분할에 의한 황금수 *nombre d' Or* 를 활용 하였다. 황금수 공식에서 나온 황금비 *règle d ' Or* 는 $\frac{(1+\sqrt{5})}{2}$, 즉 약 1.618 이다. 이 황금비는 정사각형과 원의 융합작용으로 나타나며, 균형 잡힌 비율의 공간과 건축물을 만들어 낸다. 또 한편으로는, 황금수는 유클리드 기하학의 기본 요소이다. 그리고 그것은 언제나 대략적인 피보나치수열 *suite de Fibonacci* 상수이기도 하다. 그 상수는 8-13-21-34-55-89-144- . . . 으로 구성된다.

피보나치는, 18세기 초 이탈리아의 수학자 레오나르도 피사노 *Leonardo Pissano* 의 별명이다. 그는 토끼 한 쌍의 번식 과정에서 그 수열을 찾아냈다. 피보나치수열의 구성비는 8:13, 13:21, 21:34, 34:55, 55:89, 89:144. . . 이다. 그들 중 55:89 는 황금수에 가장 근접하는 비이다. 유클리드 기하학에 의한 황금수 작도법은 그림 02 와 같다.

그림 02 : 황금수 작도법

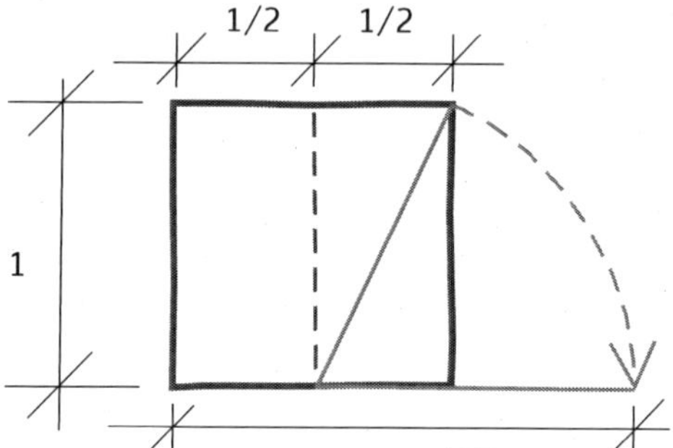

3) 인체 비율

지난 세기 동안에 차이징 *A. Zeising* 은, 황금수를 기본으로 해서 인체 비례에 관한 문제를 명확하게 밝히는데 공헌했다. 그러나 그의 노력은 불행하게도 온전한 평판을 얻지 못했다. 그 분야에서 가장 유능한 전문가였던, 모에셀 *E. Moessel* 이 차이징 시스템의 중요성을 입증하고, 결정적으로 차이징의 업적을 정당하게 인정한 것은 아주 최근의 일이었다.

건축가, 르 꼬르뷔지에 *Le Corbusier* 는 1945년부터 인체의 황금비 *règle d' Or* 를 기초로 고안한 건축용 표준 치수, 즉 "르 모듈러 *Le Modulor*" 를 자신의 모든 건축 작품에 응용했다. 실제로 건축물에 적용된 "르 모듈러" 는 마찬가지로 황금수에 의한 인체의 가분성 *可分性* 에서 출발한 것이다. 르 꼬르뷔지에는 피보나치수열이라는 이름으로 알려진 황금분할 *section d' Or* 급수 위에서 인체를 3개의 구간, 즉 발, 태양신경총 *plexus solaire*, 머리, 그리고 들어 올린 손의 손가락으로 표시했다. 태양신경총은 배꼽을 말한다. 르 꼬르뷔지에는 먼저 유럽인의 평균 신장 175cm 에서 출발했다. 그가 황금비에 따라서 세분한 신장 175cm 의 수열은 다음과 같다;

175-108.2-66.9-41.3-25.5 . . .

르 꼬르뷔지에는 위 수열의 마지막 수치가 실제로 엄지손가락의 첫 번째 마디의 10배와 일치한다는 사실을 알아냈다. 그다음에 그는 영국인들의 그것을 연관해서 생각했다. 반면에 영국인들의 그것은, 꼭 그 경우는 아니지만, 좀 더 컸다. 그것은, 그가 1947년 영국인들의 발 크기의 6배, 즉 신장 183cm 에서 시작한 다음, 그것을 황금수에 따라서 세분했기 때문이다. 그 수열은 다음과 같다;

183-113.1-69.9-43.2-26.7-16.5-10.2 . . .

이 수열, 즉 붉은 급수는 "발 크기=12×엄지손가락의 첫 번째 마디 크기", 즉 30.48cm 를 기준으로 했다. 엄지손가락의 첫 번째 마디 크기는 2.54cm 이다. 황금분할에 따라서 르 꼬르뷔지에는 붉은 급수 *série rouge* 와 또 다른 급수, 즉 푸른 급수 *série bleue* 를 만들었다. 붉은 급수는 183cm 에서 출발하고, 푸른 급수는 226cm 애서 출발한다. 226cm 는 들어 올린 손의 손가락 끝까지의 높이이다. 확실히, 푸른 급수는 붉은 급수 수치의 2배에서 출발했으며 그 상세는 그림 03 과 같으며, 그 수열은 다음과 같다;

226-139.7-86.3-53.4-33.0-20.4-12.6 . . .

이들 급수의 수치는 건축물이나 가구의 길이, 깊이, 높이 등의 조사에 적용될 수 있다. 르 꼬르뷔지에는 특히, 모듈러 *Modulor* 즉, 건축용 표준 치수를 마르세이유 *Marseille* 의, "빛나는 도시" 라는 별칭을 가진 아파트, 즉 "씨떼 라디외즈 *Cité radieuse*" 에 적용했다. 아파트 한 동 *棟* 인 "빛나는 도시" 를 "위니떼 다비따시용 *unité d' habitation*", 즉 "주거단위" 라고도 한다. 이 아파트는 주거 공동체, 즉 아파트의 원형이 되었다.

4) **미국**의 **황금수**

황금수에 관한 미국의 한 미술대학에서의 또 다른 연구는 황금수로 이루어진 직사각형이 가장 아름답다는 사실을 확인 시켜준다. 이런 사실은 실제 현장 조사, 즉 학생들이 여러 형태의 사각형을 준비해서 여러 사람들에게 실제로 보여주고 조사해서 얻은 결과이다.

여러 가지 사각형에 대한 선호도 조사 상세는 표 33 과 같다. 그러나 비록 황금수로 만들어진 직사각형이 가장 아름답다고 하더라도, 실제의 건축물이나 가구의 수치는 실질적인 기능이나 유용성에 따라서 형성될 뿐이다.

그림 03: 르 모듈러 *Le Modulor*, 르 꼬르뷔지에

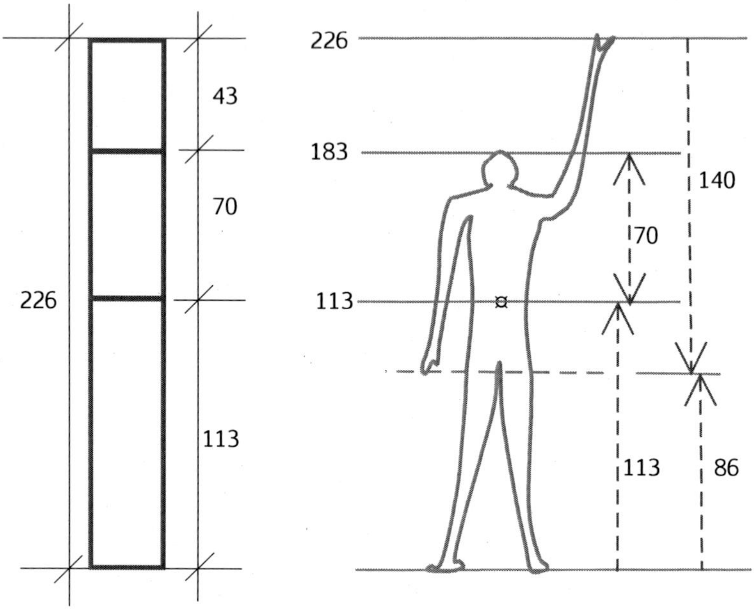

출처: Charles Edouard Jeanneret, *The Modulor* , the MIT press, Cambridge Massachusettes, 1971

5) **샤를 르나르**와 **ISO**

다른 측면에서의 표현방식으로는, "정규 수 *nombres normaux*"는 특별 급수 *série préférentielle de nombres* 를 의미한다. 이들 정수급수들은 기본적으로 표준화 작업, 특히 기계 장치에 관련된 규격화 작업에 쓰인다. 기하급수 *progression géométrique* 에 관련된 그런 일련의 수들 *série de nombres* 이 절대적인 필요에 부응하면서 존재하기 위해서, 그들은 그들 사이에 요소나 크기 또는 서로 다른 거듭제곱의 집합에 관련된 상사 *相似, homothétie* 관계를 정의했다.

표 33 : 직사각형 선호도 미국

비율	형태	선호도 (%)	비고
1 : 1		1.5	-
1 : 1.31		13.2	책, 일간지, 카드
1 : 1.618		48.3	황금수
1 : 1.732		31.9	플라토 직사각형, 1: $\sqrt{3}$
1 : 2		5.1	-

특별 급수, 즉 정수급수가 최초로 실행된 곳은 19세기말 프랑스이다. 프랑스 육군 공병 대위이며 비행기구 연구가였던 샤를 르나르 *Chales Renard* 는 1877년에서 1879년까지 3년 동안, 비행기구 제작에 필요한 요소를 연구하다가, 10-16-25-40-63-100- 으로 구성된 정수급수, 즉 수열을 발견했다. 이들 급수의 비 값 역시 황금비 *règle d' Or: 1.618* 와 유사하다. 1890년에는 상기 급수에 따라서 제작한 최초의 탐측 기구를 발진시켰다. 이들 급수는 2차 세계대전 이후 국제표준화기구 *ISO: International Standardization Organization* 회원국들의 공업 제품, 특히 기계 공업 제품 생산의 표준화 작업의 기본이 되었다.

샤를 르나르는 면화 밧줄을 동여매어 만든 매듭을 "일정 간격으로 떼어놓기" 에 대한 결론을 내렸다. 그 매듭 간격은 장차 쓰이게 될 어떤 기구에 대한 예측 없이 선험적으로 만들어 질

수 있었다. 기하급수에 관한 이해관계를 터득하면서, 그는 1미터 당 "a" 그램의 질량을 갖는 매듭과 그 간격을 기준으로 하는, 그 급수의 매 5-경계 *5 termes* 마다 인수 10 *facteur 10* 근처에서 같은 가치 "a" 를 다시 찾을 수 있는, 다음과 같은 법칙을 찾아냈다;

$a \times q^5 = 10a$, 즉 $q = \sqrt[5]{10} \fallingdotseq 1.5849$

위의 식에서 얻은 수열은 다음과 같다;

$a - aq - aq^2 - aq^3 - aq^4 - 10a$

위의 수열에서, 계산된 5개 숫자 *5 chiffres* 는 다음과 같다;

a-1.5849a-2.5119a-3.9811a-6.3096a-10a

르나르는 마침내 위의 수열에, 음 또는 양의 10 에 근접하는 수를 거듭 곱한 다음, 이들 숫자의 우수리를 없앨 생각을 했다. 그 결과로 르나르가 제안한 수열은 다음과 같다;

10-16-25-40-63-100

이 수열을 기본으로 하여, 2차 세계대전 이후 국제표준화기구 *OIN: Organisation Internationale de Normalisation*, 즉 ISO, 좀 더 상세히 말하면 ISO 의 기술 위원회 *Comité Technique* 의 "표준화 번호 *Nombres normaux*, ISO/TC19" 는 1953년에 국제 권고 결의안 ISO R/3 를 발표했다. 좀 더 후에 그 기술 위원회는, 4개의 기본 급수와 특별 급수 R80 를 확정하고 권장했다. 4개의 기본 급수는 아래와 같고 그 상세는 표 34 에 기술되었다;

R5-R10-R20-R40

표 34 : 4개의 기본 급수 ISO 규범

R5	R10	R20		R40			
1.00	1.00	1.00	1.12	1.00	1.06	1.12	1.18
1.60	1.25	1.25	1.40	1.25	1.32	1.40	1.50
2.50	1.60	1.60	1.80	1.60	1.70	1.80	1.90
4.00	2.00	2.00	2.24	2.00	2.12	2.24	2.36
6.30	2.50	2.50	2.80	2.50	2.65	2.80	3.00
	3.15	3.15	3.55	3.15	3.35	3.55	3.75
	4.00	4.00	4.50	4.00	4.25	4.50	4.75
	5.00	5.00	5.60	5.00	5.30	5.60	6.00
	6.30	6.30	7.10	6.30	6.70	7.10	7.50
	8.00	8.00	9.00	8.00	8.50	9.00	9.50
10.00	10.00	10.00		10.00			

거기에 더하여, "표준화 번호 사용 지침 *Guide pour l ´ emploi des nombres normaux*" 이 확립되고, ISO R/17 의 권장 목적이 만들어 졌다. 이들 표준화 번호는 암페어 *ampères*, 리터 표시 압력 물탱크 *réservoirs d ´ eau sous pression en litres*, 톤 표시 기중기 부하 *charges des grues en tonnes*, 건축물 치수 *mesures dans le bâtiment* 등에 적용되었다.

기계 공업과는 반대로, 건축물은 기하급수를 거의 필요로 하지 않았다; 벽돌, 판재, 타일, 들보, 서까래, 벽, 서까래 틀, 기둥, 창유리, 문, 창, 마루, 지붕, 대문 등과 같은 종류의 부재에 적용되었던 것은 산술급수 *progression arithmétique* 였다. 규격화 *modulation* 는 우선 이런 요구에 따라야만 했으나, 기술 통합의 개념을 고려했다. 규격화는 또한 표준화 번호에 부합해야만 하며, 특히 실제 사용할 때 식별해야하는 치수에 따라야 한다. 만일 모든 건축자재와 건축물의 모든 평면이 이런 수치로 규정된다면, 건축물들이 대단히 간소화되고 가격은 하락할 것이다.

6) **구-서독**의 **치수 시스템**

구-서독 *ex-l' Allemagne Fédérale* 은, 엄밀히 말하면 분단 이전의 독일은 2차 세계대전 동안에 수치 시스템 *système de dimensions* 을 사용한 유럽 최초의 국가이다. 그 시스템은 오늘날에도 여전히 벽돌, 건축석재 *pierres de taille,* **벽체 공사 사각타일** *carreaux,* 피복타일 *dalles de recouvrement,* 단열판재 *panneaux isolants,* 석면-시멘트판 *plaques en amiante-ciment,* **강철판** *panneaux en acier* 등에 사용된다. 그뿐만 아니라 사람들은, 특히 이들 시스템을 문의 개구부 *baies* 는 물론이고 창의 개구부 조차에도 활용한다. 그리고 사람들은 여전히, 특히 그 시스템이 기존 건축물의 부속건축물에 적용될 때는 공업 건축물 *bâtiments industriels,* 행정 건축물 *bâtiments administratifs* 등으로 분류한다.

7) **높이**와 **폭**의 **비율**

방의 용적을 마련하기 위해서는, 방 천정의 높이가 결정되어야한다. 일반적으로 천정의 높이는, 그림 03 에서 보는 바와 같이 들어 올린 손의 손가락 끝까지의 높이를 기준으로 결정된다. 그러나 방의 높이와 폭의 비율은 심리적 안정을 회복할 수 있는 규범에 따라야만 한다. 만일, 방의 천정 높이에 대한 폭의 비 값 *valeur de proportion* 이, 그림 04 와 같이 1배 이하 일 경우에는 폐쇄 공포증 *phobie de coinçage* 을 유발할 위험이 있다. 반대로 그것이 2.5배 이상이라면 방의 공간성 *spatialité de pièces* 을 상실하게 된다. 그러나 실제로는 간혹, 변소 *cabinet de toilette* 나 샤워-실 *salle de douche* 등에서는 그 비 값이 1배 이하여야하는 경우도 있다. 그렇지만 대부분의 주-주거 방, 즉 거실 *salle de séjour* 과 침실 *chambre à coucher* 은 일반적으로 적절 비 값, 즉 1~2.5배에 화답한다.

8) **토속주택 모듈**

이상의 것을 종합, 분석하여, 토속주택 프로그램을 위한 모듈

그림 04 : 방의 높이와 폭의 비율

$\frac{L}{H}$ < 1 : 폐쇄 공포증 유발

$\frac{L}{H}$ = 1 ~ 2.5 : 적절

$\frac{L}{H}$ > 2.5 : 방의 공간성 상실

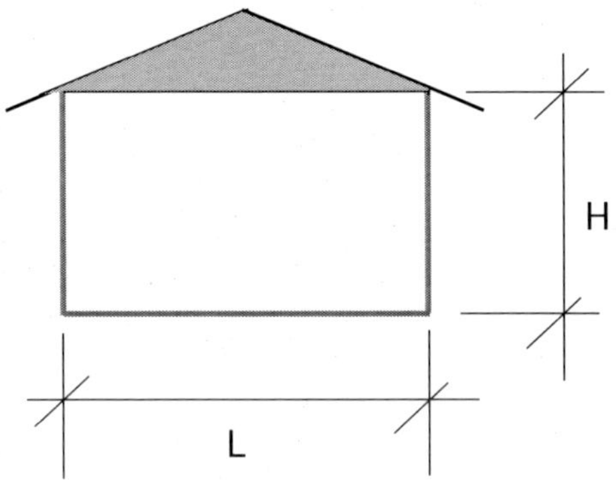

module, 즉 조립 단위를 제안하려고 한다. 토속주택은 현장에서 한 세트로 조립된다. 다시 말해서 토속주택은 일종의 공업화된 조립 주택 *prêts-à-bâtir* 이다. 토속주택의 모든 부재와 모든 조립의 표준 단위 *unités modulaires* 는 황금수 *nombre d' Or* 와 ISO 규범을 기본으로 한 모듈이다. 이 표준 단위는 기본 모듈 *module de base* 과 복합-모듈 *multi-module* 로 구성된다. 황금률 *régle d' Or* 을 바탕으로 하는 기본 모듈은 K=10×16 이다. 그리고 복합-모듈은, 그림 05 에서 보는 바와 같이, 기본 모듈을 규격화된 복합체 *multiples entiers*, 즉 S=20×32=4K 이거나 Y=30×48=9K 이다. 그리고 변조된, 규격화 중의 하나는 그림 06 과 같다.

그림 05 : 토속주택 모듈

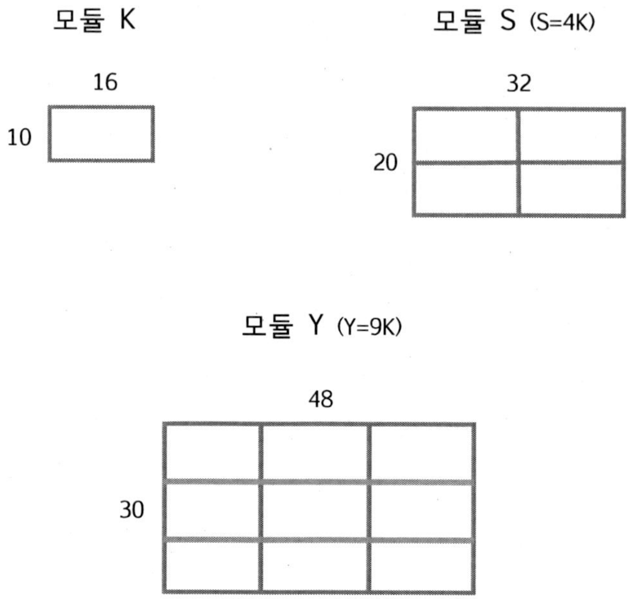

그림 06 : 줄눈 유, 무의 치수 벽돌 주택

줄눈 포함 치수 : 320x200x200=8(160x100x100)
명목치수 : 310x190x190=8(155x95x95)

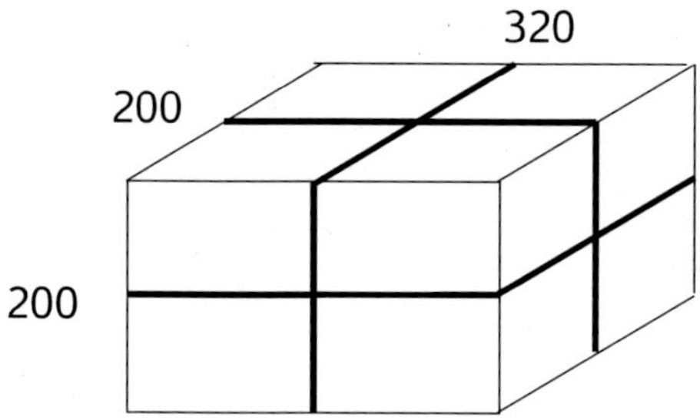

3. 주택 형태와 자연환경

1) **심리적 주택 형태**

주택 형태의 표현은 아주 오래전부터, 자연히 또는 인위적으로, 즉 자연환경, 시대 또는 인간의 풍습 등에 따라서 바뀌어왔다. 그러므로 무엇보다도 먼저 심리학적 관점에서 주택 형태를 분석할 필요가 있다. 주택 형태의 원초적 근원은 자궁이나 어린이들이 무의식적으로 그리는 소용돌이 모양, 즉 나선에서 유래했다. 나선은 아마도 탄생의 원천에 대한 어린이들의 잠재적인 표현인 것 같다. 자궁이나 사선의 형태와 관련해서, 상상해 보는 주택 형태의 진화는 그림 07 과 같다.

2) **여러 나라**의 **주택 형태**

(1) **위괌**과 **에스키모 이글루**

실제로 우리는, 우리들 역사에서 주택의 이런 진화를 확인해주는 수많은 주택 형태를 찾아볼 수 있다. 원시인들은, 주변에서 쉽게 찾을 수 있는 재료, 즉 돌이나 칡과 유사한 나무 등으로 그들의 둥근 오두막-집을 지었다. 오두막-집은 나뭇잎, 짚, 골풀, 동물의 가죽 등으로 덮었다. 에스키모 사람 *Esquimau* 은, 그들 조상 시초의 원형 오두막집 "위괌 *wigwams*" 을 생각하면서, 고래 가죽을 잡아 늘려 덮고, 물개 창자 등으로 창을 만들어, 조상들의 집과 비슷한 여름 집 투픽 *Tupig* 을 지었다. 겨울 집 "이글루 *iglou*" 역시 조상들의 집과 비슷한 형태다. 이글루는 육면체의 눈덩이를 쌓아올려 짓고, 얼음덩이로 창을 만들었다.

(2) **로마 사람**과 **사산조 사람**

고대 로마인들은, 최초로 돌로 만든 둥근 천장 *coupoles* 의 건축물 판테온 *Panthéon*, 즉 만신전 *萬神殿* 을 건축했다. 판테온은 가장 단순한 형태의 건축물이며 그 평면은 원형이다. 6세기 페

그림 07 : 원초적 주택 형태의 진화

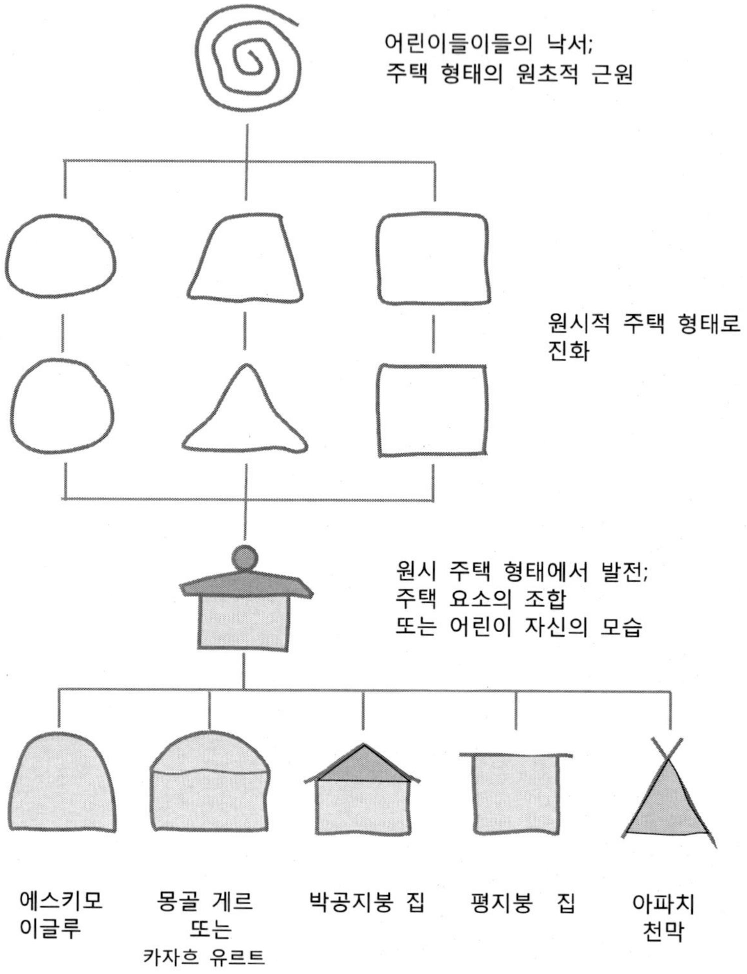

출처: Olivier Marc, *Psychology of the house* , Thames and Hudson, London 1977

르시아, 사산조 *Sassanides* 사람들은 그들의 최초 판테온을 건축할 때 사각형 평면으로 시작했다. 평면이 사각형에서 원형으로 바뀐 것은 "사냥 나팔 *trompes*" 의 영향이었다.

(3) **칠레 사람**과 **예멘**

칠레 사람들은 원추형의 오두-막을 지었다. 반면에 예멘에서의 그것은 반-구형 *半-球形* 이었다.

(4) **아파치족**의 **천막**

미국 서남부 지역에 살았던, 원주민 부족인 아파치족 *Apaches* 의 천막은 기능과 설계의 상징이었다. 그 천막은 원형-삼각형 구조 *construction de cercle-triangle* 의 주거 공간이다.

(5) **캄보디아 오두-막**과 **몽골 천막**

캄보디아 오두-막의 지붕은 삼각 형태로 조립되었다. 그 삼각 지붕은 땅바닥에서 완전히 조립된 다음, 오두-막 위에 올려졌다. 몽골의 게르 또는 카자흐의 유르트 *yourte* 는 자궁의 고유 변형이다. 카자흐 족은, 몽골 서쪽 알타이산맥 지역 키르키스탄에 사는 유목민이다.

(6) **사우디아라비아**의 **유목민 천막**

사우디아라비아 왕국의 유목민 천막은 가장 단순한 집의 표현이다. 피라미드를 닮은 지붕은 거의 땅바닥에 닿는다.

3) **주거 형태**와 **자연환경**

그리고 자연환경, 즉 기후나 식생 등이 주택의 형태에 어떻게 영향을 끼치는지를 입증할 필요가 있다. 기후는, 주택 부지 설정과 식량 생산에 폭넓게 결정적 역할을 하면서 인간 생활에 지대한 영향을 끼친다. 기후의 가장 중요한 특성은 강수 *降水* 와 기온이다.

(1) 5개 기후 지역

기후 고유의 가치와 조합에 따라서 지구를 5개 대-지역으로 분할할 수 있다. 그들 5개 기후 지역은 극지, 한랭, 온난, 아열대, 열대 지역이다.

[1] 극지 기후 지역

극지 기후 지역은 남극 대륙과 북극해 지역이다. 겨울철 평균 기온은 영하 30℃, 여름철은 10℃ 이다. 연평균 강수량은 278mm 이다.

[2] 한랭 기후 지역

이 지역은 캐나다와 러시아 북부 그리고 스칸디나비아 지역이다. 겨울철 평균 기온은 영하 13℃, 여름철은 18℃ 이다. 연평균 강수량은 460mm 이다.

[3] 온난 기후 지역

① 해양성 기후 지역

캐나다와 미국의 대서양 연안, 뉴질랜드 남섬, 칠레 남부 및 유럽 서부 지역이다. 겨울철 평균 기온은 영하 5℃, 여름철은 16℃ 이다. 연평균 강수량은 1048mm 이다.

② 대륙성 기후 지역

유럽 동부, 극동 및 미국 서부 지역이 이 기후 지역에 속한다. 겨울철 평균 기온은 영하 9℃, 여름철은 평균 22℃ 이다. 연평균 강수량은 805mm 이다.

③ 반-건조 기후 지역

미국 서부 및 러시아 남부 지역이다. 겨울철 평균 기온은 0℃, 여름철은 22℃ 이다. 연평균 강수량은 346mm 이다.

④ 건조 기후 지역

중국 북부와 몽골 지역이다. 겨울철 평균 기온은 영하 5℃, 여름철은 30℃ 이다. 연평균 강수량은 96mm 이다.

[4] 아열대 기후 지역

① 다습 기후 지역

아르헨티나 및 우루과이 동부 지역, 중국 동-남부 지역 및 미국 동-남부 지역이다. 겨울철 평균 기온은 15℃, 여름철은 26℃ 이다. 연평균 강수량은 1135mm 이다.

② 지중해성 기후 지역

유럽 남부 및 아프리카 북부의 지중해 연안 지역이다. 겨울철 평균 기온은 12℃, 여름철은 26℃ 이다. 연평균 강수량은 512mm 이다.

③ 반-건조 기후 지역

아프리카 남부, 남아메리카 남부, 아프리카 북부, 이락, 이란 등의 지역이다. 겨울철 평균 기온은 10℃, 여름철은 32℃ 이다. 연평균 강수량은 140mm 이다.

④ 건조 기후 지역

지구상 아열대 기후 지역의 대부분 사막이 여기에 속한다. 사하라 사막 북부, 미국 남서부 사막, 오스트레일리아 남부 사막, 아프가니스탄 사막, 사우디아라비아 중부 사막 등이다. 겨울철 평균 기온은 18℃, 여름철은 35℃ 이고 강수량은 거의 없다.

[5] 열대 기후 지역

① 여름철 다습 기후 지역

남아메리카 중동부, 아프리카 중부, 동남아시아, 오스트레일리아 북부 지역이다. 겨울철 평균 기온은 15℃, 여름철은 22℃ 이다. 연평균 강수량은 835mm 이다.

② 적도 기후 지역

브라질 북부, 인도네시아, 아프리카 중서부 지역으로 사계절 구별이 거의 없는 상시 여름철 지역이다. 연평균 기온은 28℃, 연평균 강수량은 2313mm 이다.

③ 건조 기후 지역

지구상 열대 기후 지역의 사막이 여기에 속한다. 사하라 사막 남부, 오스트레일리아 북부 사막, 예멘 사막, 인도 사막, 파키스탄 사막 등이다. 겨울철 평균 기온은 18℃, 여름철은 35℃ 이며 강수량은 거의 없다.

(2) 8개 생물지리 지역

다른 한편으로는 지구를 본질적으로 기후 조건, 즉 기온, 무엇보다도 강수량 *降水量* 에 따라서 8개의 생물지리 지역으로 분할 할 수 있다. 지리학적 동식물 지역에서, 대규모 식물군 *植物群* 은 국지 기후의 원인이 되며 사람의 주거 환경에도 많은 영향을 끼친다.

[1] 툰드라 *Toundra* 및 산악 Montagne 식생 지역

표고가 높은 지대 또는 북극해 연안 지역의 동토 및 늪지 지대의 빈약한 식물군이다. 이끼, 지의류 *地衣類*, 선태-식물 *蘚苔-植物* 등이 여기에 속한다. 지의류는 수분이 적은 나무껍질이나 바위 등에 붙어서 산다. 이 식생 지역은 일 년 내내 거의 얼음으로 뒤덮여 있지만, 여름철에는 잠시 일부 지표면이 녹는다.

[2] 사막 *Désert* 식생 지역

생물체 *生物體* 가 거의 존재하지 않고 비도 거의 내리지 않으며 많은 바위와 모래로 뒤덮인 지역이다. 사하라 사막, 오스트레일리아 중-서부, 미국 서-남부가 여기에 속한다.

[3] **프레리** *prairie* **식생 지역**

땅이 비옥하고, 광활한 목초지가 조성되어 있는, 목축과 경작을 병행 또는 혼합할 수 있는 농경지역이다. 강수량은 적지만 일 년 내내 고른 강수와 기온차가 좀 있는 기후이다. 북아메리카의 미시시피 강 연안이 대표적이다.

[4] **사바나** *Savane* **식생 지역**

열대와 아열대의 비가 적은 광활한 초원 지역인 사바나 식생 지역에서는, 프레리보다 조금 더 큰 목초가 밀생하며, 점점이 관목도 자란다. 아프리카, 즉 서부 아프리카의 기니 만 *Golfe de Guinée* 에서 아프리카 남부까지, 그리고 중앙아메리카, 아시아 및 오스트레일리아 등지에 광범위하게 존재한다.

[5] **북극 침엽수림** *Forêt boréale* **식생 지역**

여름은 덥고 짧으며, 겨울은 길고 혹독한 추위가 이어지는 한랭 침엽수림지대, 즉 타이가 *Taiga* 이다. 유럽 북부, 시베리아 중부, 캐나다 북부 등의 아한대 지역이 여기에 속한다.

[6] **열대림** *Forêt tropicale* **식생 지역**

언제나 같은, 고온 다습한 기후의 열대 밀림 습지대로서 지구상에서 가장 덥고 습한 적도 직하 *赤道直下* 이다. 브라질의 아마존 강 유역, 아프리카의 자이레 *Zaïre* 강 유역, 인도차이나 반도 및 인도네시아 등지가 여기에 속한다.

[7] **온대림** *Forêt tempérée* **식생 지역**

겨울과 여름철의 기온차가 좀 있기는 하지만, 지표면이 주거

지와 농경지로 지나치게 개발된 지역이다. 유럽, 미국 동부 및 중국 대부분의 지역이 여기에 속한다.

[8] **지중해** *Méditerranée* **식생 지역**

여름철엔 조금 덥고 건조한 상태가 지속되지만 큰 추위가 없고, 일 년 내내 대체적으로 온난한 기후가 지속된다. 포도와 올리브가 잘 자라는 식생 지역이다.

(3) **토착주택 형태**

세계 전체 지역의 기후와 식생을 분석함으로서, 주요 지역의 고유한 습관과 풍속이 담긴 토착주택의 형태를 찾아낼 수 있다.

[1] **한랭 기후 지역 주택 형태**

이지역의 주택은 반구형, 정육면체 또는 원뿔형으로 건축되었다. 겨울철이 길고 추위가 혹독했으며, 여름철은 항상 짧았지만 가끔은 몹시 더웠기 때문이다. 벽에 있는 모든 개구부, 즉 창과 문은 작고 이중으로 되었다.

[2] **대륙성 온난 기후 지역 주택 형태**

대륙성 온난 기후 지역에서는 주택의 고유한 형태를 찾기가 매우 어렵다. 여름과 겨울의 기온차가 크기 때문이다. 겨울철에는 매우 춥고 건조하다. 결론적으로 여름철에는 열기를 제거할 수 있는 주택 형태가 필요하고, 겨울철에는 정반대이다.

[3] **아열대 건조 기후 지역 주택 형태**

지붕은 테라스 *terrasse* 형태, 즉 평지붕이고, 벽은 매우 두껍다. 여름철에는 늘 건조하며 찌는듯하고 겨울철에는 포근하기 때문이다. 이기후 지역의 몇몇 곳에는 수년 동안 비가 거의 오지 않는다. 주택의 안뜰에는 일반적으로 분수 *fontaine* 가 있다. 분수에서 분출되는 수분이 기화하면서 열기를 빼앗아, 중정의

더운 공기를 선선하게 만들기 때문이다. 벽의 개구부 *ouvertures*, 즉 문과 창은 매우 작다. 외벽면의 마감을 백색으로 한 것은 뜨거운 햇볕을 반사하기 위함이다.

[4] 여름철 다습 열대 기후 지역 주택 형태

지붕은 높고 경사가 급하다. 필연적으로 집안의 열기와 높은 습기를 제거하기 위함이다. 하지만 자연환기는 매우 어렵다. 왜냐하면 끊임없이 덥고 습기가 차있기 때문이다. 특히 여름철에는 많은 비가 내린다. 벽 또한 통풍이 잘되어야한다. 동향의 창과 서향의 창은, 태양의 열기가 하루 종일 방안으로 침투하는 것을 막을 수 있을 만큼 충분히 작아야한다. 반면에 남향과 북향의 창은 충분히 커야하며, 방 벽의 높은 곳에 설치돼야한다. 방 위쪽으로 상승하는 열기 방출을 용이케 하기 위함이다. 더운 공기가 상승하는 것은 자연현장의 본질이다.

4) 오늘날 주택 형태

(1) 인공 및 자연 실내공기 조절

오늘날 사람들은, 과학 문명의 비약적 발달 덕분에 일상생활의 편의에 따라서 스스로 주택의 형태를 만든다. 원시적 주택의 형태는 오직 자연 환경에 순응해야만 했는데 말이다. 그렇지만 기후 조건에 거스르는 주택 형태는, 유지관리에 많은 비용이 들어간다. 왜냐하면 인공 실내공기 조절은, 수동 *受動, passive* 공기 조절, 즉 자연 공기 조절보다 많은 비용이 들기 때문이다. 수동 공기 조절이란 태양열, 풍력 *houille incolore*, 지세 *地勢, configuration de terrain* 등을 활용하여 실내 공기를 조절하는 것을 말한다.

게다가, 실내 공기 조절 효과는 건축 재료의 열적 특성과 관련이 있다. 그런 까닭에 주택의 형태뿐만 아니라 주택 재료도 기온 변화에 화합되어야만 한다. 다시 말해서 주택 외피의 재료와 형태는, 열의 흡수와 방출을 조절하는 기후 여과기 역할을

사진 096 : "투러우", 중국 푸젠성

집합주택단지, 짚과 다진 흙으로 건축, 위쪽 사진은 융딩현 투러우 전경, 아래쪽 사진은 난징현 투러우 내부, 투러우 *土樓* 는 중국 최초의 3~5층 아파트이다. 8세기 초부터 건축되기 시작한 투러우는 지금도 꾸준히 건축되고 있다. 현재 중국 동남부 푸젠성의 융딩현에 2만여 채, 난징현에 1만5천여 채가 남아있다. 투러우는 건물 한 채의 크기가 거대하고 높이가 16m 에 달하는 것도 있다. 흙벽의 두께는 1~2m 이고, 평면은 원형, 반달형, 직사각형 등으로 다양하다. 원형 투러우의 경우, 그 중심에 사당이 있으며, 그 지름이 70m 에 달하는 것도 있다. 투러우는 두꺼운 흙벽에 있는 대문만 걸어 잠그면 아무도 침입할 수 없는 보루이다. 트러우는 성씨가 같은 사람, 수십 명에서 수백 명이 공동체 생활을 하는 한족의 집성촌이다.

해야 한다. 주택의 용적이 같은 경우, 최소 면적의 주택 외피 형태는 반-구형 *mi-sphère* 및 정육각형인 반면, 최대 표면적의 주택 형태는 직사각형이다.

(2) **주택 외피 및 창**

주택 외피를 통한 열 교환은 전도, 대류, 복사 및 증발 등에 의해서 이루어진다. 만일 방의 난방에 필요한 부하를 계산하고자 한다면, 인체 *corps humains*, 전등 *lampes*, 여러 가지 가전 기기 등의 발열상태를 고려해야 한다. 이들이 방사하는 열량은 전체 난방부하의 약 25% 정도이다. 그리고 또, 주택 외피는 소음, 냄새, 빛, 사람들의 눈과도 소통한다. 주택 외피는 일반적으로 벽, 지붕, 창, 문 등으로 구성된다.

창 크기의 결정은, 열의 흡수와 방출은 물론이고 전망까지도 고려해야 하는 가장 어려운 일이다. 일조량 및 조망을 위해서는 커다란 창이 필요하지만, 반대로 열 손실 방지와 모르는 사람들의 귀찮은 시선 차단을 위해서는 작은 창이 필요하다. 결국 창에는 겉창, 블라인드 *stores*, 커튼 *rideaux* 등이 필요하다. 이들은 창이 어떤 경우에도 본연의 역할을 잘 할 수 있도록 도와준다.

(3) **건축 공법**과 **재료**

지금까지는 심리학과 기후 측면에서 주택의 형태를 검증했다. 그러나 주택 또한 건축공법과 건축재료, 즉 목재, 석재, 강철재, 철근콘크리트 등에 따라서 그 형태가 변했다. 처음엔 건축공법이 언제나 주택 형태를 결정지었다. 그다음, 건축 방식 *mode* 이 바뀌자, 사람들은 준엄한 이 방식을 고수했다. 하지만 그 방식은 이제는 더 이상 존재이유가 없는 것이다. 사람들은 리키아 *Lycie: 소아시아의 고대 도시* 의 묘지 건축 방식 이래, 수많은 방식을 찾아냈기 때문이다.

오늘날 우리들의 시대는, 사실상 정체된 지식에 의해서 뿐만 아니라, 빈번하게 새로운 건축 방법 *nouveaux modes de construction*

사진 097 : 나카무안 *Nakanmuan* 마을 토착주택, 필리핀 바스코 *Basco*, 토착 재료 돌과 짚 사용 건축

사진 098 : 야자나무, 뿌에르또 프린세사 *Puerto Princesa*, 필리핀 팔라완, 야자나무는 토착 건축재료

의 심오한 정수 *精髓* 에서 영감을 얻어 형태를 만드는 건축, 그리고 제기된 문제점에 들어맞는 형식적인 표현을 추론하려고 시도하는 건축으로부터, 주택 형태를 다시 개발하기 시작했다. 이런 점에서, 기존 형태를 활용하거나, 형태 그 자체를 "장식 *décoration*"과 그 어떤 건축물, 즉 석재, 목재 또는 석고 건축물 등을 막론하고 영혼 없는 단순 특질로 사용하던 시대와는 달리 건축에서 생겨난 형태 연구에 결정적인 차이가 존재한다.

[1] **목재 주택**

거의 모든 선진 국가의 목재 주택은 같은 공법 및 같은 재료 사용으로 인하여 결정된 같은 형태를 갖는다. 재료 및 공법은 다음과 같다;

-외피: 흙덩이 및 풀 또는 짚
-기초: 석재 또는 벽돌
-경사 벽면: 버들가지와 점토 반죽으로 채우고 일정 간격의 지창 *地窓, fenêtres isolées* 설치
-판재: 신속 조립, 저비용 *peu de frais*
-까치발: 돌출 층 *saillie de l ′ étage* 밑에 설치

[2] **석재 건축물**

모르타르 *mortier*, 즉 접착 재료를 사용하지 않은, 보통 석재의 건축물은 약간 들어 올린 기초 위에 건축되었다. 왜냐하면 최초의 석재 건축물은 거의 모두가, 오로지 낮은 출입구와 한 개의 지붕으로 구성되었기 때문이다. 그러나 잘라서 다듬어, 규격화 된 석재로 건축한 경우, 좀 더 높은 벽과 궁륭형 *穹窿形* 개구부, 즉 창과 문이 가능했다. 모루타르를 사용함으로서 석재 박공 건축물이 가능해 졌다. 좀 더 후에는 개구부를 짜 맞추고, 정성을 다하여 다듬어 규격화 된 돌로 벽 모퉁이를 쌓아 올렸다. 모퉁이와 모퉁이 사이를 막돌로 채워 벽을 만든 다음 그 표면을 마

사진 099 : 코코넛 궁전 *Palais du coco* 건축물, 필리핀 마닐라

전체 건축 재료의 70% 를 토착 재료, 야자나무 사용, 1978년 준공

감 재료로 덮었다. 도시 주택에서 언제나 항상, 더 큰 창을 갖고 싶은 욕망이 기둥이 있는 건축물을 만들도록 이끌었다. 석재 기둥과 기둥사이는, 목재 주택에서처럼 목재 지지대, 즉 들보를 올렸다.

[3] 강재 및 철근콘크리트 건축물

오로지 강철재 건축물만이 기둥이 거의 보이지 않는, 가장 날렵하게 보이는 건축물 형태를 만들어 낼 수 있다. 근래에 몇몇 사례에서 보는 바와 같이, 강철재 기둥이 외부로 노출된 경우도 있다. 외부로 드러난 강철재 들보와 관련해서는, 그렇게 함으로서 유별나게 경쾌함에도 불구하고 견고한 형태를 얻을 수 있다. 이런 형태는 거의 무제한의 대형 자유 공간을 보장해준다.

도심의 어떤 거리에 있는 수많은 건축물에 관해서 사람들은, 강철 부재를 방화 재료로 감싸, 철근콘크리트의 특성을 갖도록 하여, 화재를 지연 시키거나 더 나아가 화재를 방지할 수 있는 건축 방식을 주장한다. 철근콘크리트 건축물 형태의 특성은 하부-들보 *sous-poutres* 위에서 힘차게, 불쑥 튀어나온 지붕 면적, 또는 망루 주위의 돌출부, 또는 버섯 형태의 주택이나 지붕 등이다.

5) 주택 형태 연대기

15세기, 즉 요술 발달의 시대, 미신의 시대, 요새 *forteresses* 의 시대이래, 현대에 이르기까지 기술 및 경제의 비약적 발전과 지식의 진화는 끊임없이 발전해왔다. 주택과 그들의 다른 부분 그리고 그 중간 세기 *siècles intermédiaires* 의 관습을 나타내는 대상을 조사하면서, 의식과 자유를 향한 인간의 진화, 그리고 투명함과 경쾌함을 향한 건축물을 상상하는 것은 쉬운 일이다.

오늘날 시대의 사람들에겐, 주택이란 더 이상 요새도 아니고, 적, 강도, 또는 악마 같은 놈들로 부터의 피난처도 아니다. 그렇지만 오늘날의 우리들에겐 주택은, 인생과 현실이 끼워 넣어져

사진 100 : 킹 사우드 대학교 캠퍼스, 사우디아라비아 리야드

부지면적 약 400만m², 연건축면적 약 60만m², 16개 건축물, 프리캐스트콘크리트 조립식, 총공사비 약 25억 U$, 1984년 말 준공. 위쪽 사진은 단과대학 건축물 연결 통로, 주랑의 조명등, 그리고 연못과 분수, 기화열 활용, 아래쪽 사진은 주랑 기둥의 조명등, 간접조명으로 눈부심 방지, 상향 불빛은 천정의 유리 피라미드를 통해서 하늘로 솟구친다.

잘 조화된 틀 *cadre* 이며, 자연을 향해 자유롭게 열려있는 틀이다. 그러나 주택은 또한 자연의 힘, 즉 비와 바람을 막아주는 틀이기도 하다. 그 틀은 개인에 따라서 서로 다르게 생각되기도 한다. 각각의 개인은 각자의 창조적인 강력한 힘에 따라서, 각자가 느끼는 대로 그 틀을 표현할 수 있다. 하지만 그 틀은, 형태를 차용해서, 그리고 정당한 작업을 통해서 만들어 져야한다.

하지만 주택 건축을 계획하고 있는 사람들의 생각은 본질적인 것이다. 다수의 건축주와 건축가들은 지난날의 건축 양식에 따라서 곰곰이 생각하고 느끼는 반면, 소수의 그들은 현대적인 건축양식을 단숨에 채택한다. 건축주와 건축가들은 주택 형태에 관해서, 지난날의 건축 양식과 현대적인 그것을 융합해서 단번에 훌륭한 해법을 찾으려 할 것이다. 과거와 현대의 건축 형태 연대기는 다음과 같다;

(1) **1000년 경**

오늘날의 주택 형태와는 달리 마치 군대의 보루 *blockhaus* 같은 움집에는 높은 문턱에 낮은 출입문이 있었다. 햇빛은, 움집엔 창이 없기 때문에 열린 지붕을 통해서 들어왔다.

(2) **1500년 경**

이시기의 주택과 도시는 육중한 출입문이 있는 성벽 *城壁* 으로 둘러싸여 있었다. 출입문에는 문 두드리는 쇠뭉치를 달아 놓았다. 작은 창에는 쇠 격자가 설치됐다. 집에는 작은 방들이 있었으며, 그곳에는 낮에 햇빛이 아주 조금 들어오고, 바닥에는 길고 좁은 널빤지를 깔았다. 목재 주택의 형태는 지방에 따라서, 건축 공법에 따라서 그리고 생활 방식에 따라서 조금씩 달랐다. 주택의 석재 벽은 적과 추위를 방어하기 위해서 매우 두꺼웠으며, 방 자체만큼 자리를 차지했다.

(3) **1700년 경**

주택의 벽과 출입문은, 사람을 맞아들일 준비가 된 모습의 울타리가 되었다. 단철 *鍛鐵, fer forgé* 로 만든 출입문에는 판유리가 끼워졌고, 초인종도 갖춰졌다. 이중 문짝의 목재 출입문은 아주 컸으며, 한 줄로 늘어선 방들에는 쪽판 마루를 덮었다.

(4) 1900년 경

주택은 이미, 약간 높은 쇠창살 울타리가 쳐진 공간의 내부에 들어가 있다. 미닫이문, 미닫이창 그리고 창문에 치는 수동 가변 차양 *遮陽, stores à tringles* 등이 등장했다.

(5) 20세기

주택의 모든 울타리, 특히 아메리카 대륙에서, 모두 사라졌다. 주택은, 공동으로 가꾸는 대형 공원 속으로 들어갔으며, 공원의 수목들과 잘 어우러졌다. 주택의 입구까지 이어진 통행로를 따라 자동차가 주택의 출입문 앞까지 들어왔다. 주택의 출입문은 강화 판유리로 만들어 졌으며, 거기에는 전자 눈 *oeil électrique* 이 설치되었다. 움직이는 전자 눈은 방문객의 도착과 동시에 그 사실을 알려준다. 방들은, 전기로 작동하는 미닫이 칸막이 덕분으로 필요에 따라서 규모나 형태를 변형할 수 있다. 수직 미닫이창과, 햇빛 차단을 위해서 자동으로 움직이는 차양 *marquises mobiles* 은 대유행이었다.

(6) 2000년 경

날렵한 골조의 주택이 강철로 건축되었다. 외벽과 내부 칸막이벽은 구조적 지지점 *points d' appui* 과는 독립적이었으므로 어떤 하중도 부담하지 않는다. 조립된 벽들은 혹독한 기후로부터의 최상의 보호를 보장하며, 소음과 냉기의 전달을 완벽하게 차단한다. 침실, 식당 그리고 현관 사이에는 문이 없으며, 그들은 단지 격리 되어 있을 뿐이다.

6) 주택 형태 특성

우리는, 세계의 대도시 거의 도처에 산재해 있는 주택의 형태를 검토했다. 전 세계 대도시에서 피할 수 없는, 위험한 환경 속에서, 쾌적한 주택을 만들기 위해서 환경을 파괴하고, 지나치게 많은 에너지를 소모하는 경향이 있다. 지금 우리들이 당장 해결해야할 문제는 서로 다른 주택 형태의 특성을 완전히 평가해서, 자연환경과 조화를 이루는, 쾌적한 주택을 건축하는 것이다. 다양한 타이프 *Types* 의 주택 특성은 다음과 같다.

(1) 개별 단독 주택

개별 단독 주택 *Maison individuelle indépendante* 은 인간의 거처로서 아주 이상적인 것으로 보인다. 그러나 단독 주택은 필연적으로 도시팽창, 교통, 공동체 서비스의 분산, 농토 소실 *消失* 등의 문제를 유발할 수 있고, 주거 밀도를 낮춘다. 단독 주택은 오로지 땅값이 비싸지 않은 곳에서만 좀 더 바람직한 타이프이다. 충분한 일조량, 온당한 공기, 텃밭 가꾸기에 풍족한 녹지 공간, 놀이를 위한 넓은 땅, 넓은 주차장, 야외에서의 많은 서비스, 도로와 개인 정원으로의 직접 진입, 도시 소음 차단, 낯선 사람들의 삼가지 않는 시선으로부터의 보호, 자유로운 유지관리 및 보수 *補修* 등등, 이런 것들은 개인 단독 주택의 완벽한 이점이다. 그러나 만일, 주거 밀도가 택지 4000m² 당 5~6채 주택 이상이라면, 가족 간의 은밀한 비밀, 개체성 등을 포함해서, 이상에서 말한 단독 주택의 이점은 사라지기 시작할 것이다.

(2) 쌍둥이 주택

건축물 한 동에 단위 주택이 두 개인 쌍둥이 주택 *Maisons jumelées* 은 단독 주택에 비해서 많은 경제적 이점이 있다. 예를 들면, 더 효율적인 택지 활용, 인접 주택 사이의 벽체 감소 등이 있다. 이런 것들은 결국 건축 공사비 및 유지관리 비용의 절감과 난방비용의 절약을 가져온다. 그러나 주택을 서로 마주 보게, 대칭적으로 배치하면, 외부 쪽에 배치된 방들은 다른 주택의 반대쪽에 위치하게 된다. 그러나 이런 불리한 점들은, 창을 합리적으로 배치하거나, 방의 배치를 바꿈으로서 잠정적으로 대처할 수 있다. 두 가정을 위한 쌍둥이 주택은 독일에서는 매우 흔한 타이프이다. 중소 도시에서는 이웃 사람들을 지나치게 많이 사귀는 것을 좋아하지 않는다. 반면 대도시에서는 그런 것은 별로 중요하지 않다.

사람들은 실제로 방의 배치와 실내 장식에 관해서 깊은 연구를 해왔다. 그 증거로 시끄러운 방, 즉 소음이 발생하는 욕실, 변소 *w.-c.*, 주방 등을 외부와의 격리벽 *mur de séparation* 쪽이나, 계단실 쪽으로, 한데로 모으는 일이 나타났음이 밝혀졌다. 또한 우리들은 주방 앞쪽의 발코니, 거실 앞쪽의 널찍한 외랑 *外廊, loggia* 등도 실현되었음을 알 수 있다. 쌍둥이 주택은 보통 2층으로 건축되었으며, 소시민 *petit bourgeois* 들에게 부동산 소유권 취득 기회, 또는 임대료 수입을 위한 소규모 투자 기회를 주었다.

(3) 일렬 주택

일렬 주택 *rangées de maisons*, 즉 일종의 연립주택은 쌍둥이 주택과는 달리, 경계벽 *murs mitoyens* 이 2개이다. 이 경계벽은 건축 공사비를 비롯해서, 난방 및 유지관리 등의 비용 절약에 현저하게 영향을 끼친다. 방화벽 *mur coupe-feu* 은 30m 마다 계획하는 것으로 만족했다. 그럼에도 불구하고 주택 사이의 격리용 칸막이 벽 *cloisons de séparation* 의 두께는 24cm 이상이 되도록 했다.

단층 *單層, sans étages* 일렬 주택은 건축 공사비 절약, 넓은 정원, 아름다운 내부 중정 *cours-jardins*, 모든 방에 유용한 방향 *bonnes orientations* 등을 허용했다. 2층 일렬 주택은 원칙적으로 계단의 위치에 따라서 다른 집들과 서로 구별된다. 가로 방향 *sens de la largeur* 의 계단은, 특히 폭이 넓은 주택 *constructions larges* 에 이용되었다. 일렬 주택은, 작은 택지 *petit terrain à bâtir* 에 거주하는 주민들에게 적어도 은밀한 사생활, 개체성 등을 확보해 주었다. 일렬 주택은 작은 택지의 효율성을 높였다. 달리 말하면, 작은 택지란 토지 구획 정리를 하면서 생겨난, 손실될, 폭이 좁은 가장자리 땅, 즉 자투리-땅 *parcelle de terrain* 을 말한다. 일렬 주택에 있는 각각의 주택은 일반적으로 정면 폭이 약 10m, 깊이가 7.5m 이다. 일렬 주택은 보통 2층이었다.

(4) 다세대 주택

많은 세대를 위한 공동주택, 즉 다세대 주택 *Logement pour nombreuses familles* 은 어느 한때, 가장 싼 주택의 일종이었던 시절이 있었다. 그러나 그 주택의 건축 공사비는 점점 올라갔다. 방화법 *防火法* 이 비-내화성 건축물의 건축을 금지했기 때문이다. 게다가 오늘날의 3~5층에 해당하는 주거용 건축물의 수가 점차 감소했다. 사람들이 그런 건축물이 주거용으로는 적합하지 않다고 생각했기 때문이다. 그러나 그런 건축물은 여전히 교외나 주요 도시 *métropole* 변두리에 남아있다. 그런 주택들은 소수의 가정, 즉 독신자나 임시로 머무는 사람들에게는 완전히 적합했기 때문이다.

복도 면적을 절약하기 위해서, 가끔은 각각의 침실, 주택으로 직접 들어갈 수 없는 구조를 택하기도 했다. 그렇지만 주택을 서로 붙여 배치한 일에 대해서는 걱정할 필요가 없었다. 분명한 선호 방식은, 건축물 출입구의 복도 *couloir* 와 건축물 내부 통로 *corridor intérieur* 의 분리였다. 같은 층에 3개 이상의 주택을 배치해서 상당한 건축비용의 절약을 실현 할 수 있었다.

(5) 테라스 주택

테라스 주택 *Immeubles en terrasses* 은 경사가 급한 지역의 택지에 합당한 주택이다. 테라스 주택의 건축 경사각도, 즉 테라스 주택의 층고 *hauteur de l´étage* 와 깊이 *profondeur* 의 비례는 경사 택지의 평균 경사, 즉 8°~40° 이다. 테라스 주택의 깊이는 3.2m 이상 이고, 정면은 대부분의 경우 남향이다. 테라스 주택은 달갑지 않은 시선으로부터 보호되며, 구속이 없는 조망의 혜택을 누릴 수 있다. 테라스 주택은 넉넉한 휴식 공간, 작업 공간 및 어린아이들을 위한 옥외 *屋外* 놀이 공간도 갖는다. 어린이들의 놀이 공간은 마치 정원이 딸린 아파트 1층의 그것과 같다. 테라스 주택 버팀벽 *mur d' appui* 위의 식재 *plantations* 는 주택의 가치를 높여준다. 대형 테라스 주택의 유리한 점 때문에 평평한 대지에서 조차도 테라스 주택 형태의 주택을 건축한다. 이런 형태의 주택 건축으로 생기는, 아래 층 공간 *espaces vides* 은 다용도실 등으로 활용된다.

마찬가지로 대형 홀 *grands halls* 위에 테라스 주택 건축이 시도되었다. 단독 *un côté*, 2연립 *2 côtés* 또는 3연립 *3 côtés* 등의 테라스 주택은 확실히 다른 형태의 주택이었다. 여러 채의 테라스 주택을 갖는 건축물은, 깊이가 같은 주거 단위 *unités d' habitation*, 즉 단위 테라스 주택을 들쭉날쭉하게 배치하거나 깊이가 감소하는 테라스 주택을 서로 포개는 방식으로 배치함으로서 만들어 낼 수 있다.

(6) 고층 아파트

주거용 고층 건축물 *Immeuble-tour*, 즉 고층 아파트는 대개의 경우 한 개 층에 4~6채의 아파트, 그리고 8~24개 층으로 건축된다. 임대용 고층 공동주택, 즉 서민 임대 아파트는 일반적으로 방은 1~2개이고, 복도는 비좁다. 주방, 욕실 그리고 변소 *w.-c.* 는 부자연스럽게 규격화되고, 환기가 잘 안되고, 햇빛이 조금 들어오는 한 개의 블록 속에 배치되었다. 주거용 고층 건축물은, 발코니는 대부분 햇빛에 노출되어야 하고, 즉 남향이어야 하고, 북향의 단위 아파트는 햇빛을 받아들이기 위해서 정북방향에서 옆쪽으로 조금 비트는 방식으로 방향이 결정되어야만 한다.

"Y" 자 형태의 주거용 고층 건축물은, 각각의 아파트, 즉 각 세대가 횡단 통풍 *ventilation transversale*, 충분한 일조 *日照* 시간, 충분한 채광 등을 확보하고 모르는 사람들의 삼가지 않는 시선을 피할 수 있도록 건축물의 방향을 잘 잡아야 한다. 이런 건축물에는 계단실 *cage d' escalier* 의 배치 방법에 따라서 같은 층에 3채 또는 6채의 단위 아파트가 존재한다.

전통적인 미국 아파트 건설사업자들은 "+", 즉 십자 형태의 주거용 고층 건축물을 선호한다. 한 층에 보통 8채의 단위 아파트가 있는 건축물의 중앙에는 계단 및 엘리베이터가 있으며, 그들은 자리를 얼마차지하지 않는다. 그러나 중앙 수직 교통량 *noyau vertical de trafic* 에 합당한, 한 개 층 *étage* 당 단위 아파트의 수를 최대로 늘리기 위해서는 건축물 형태를 십자형에서 별 *étoile* 모양으로 바꿔야한다. 별 모양의 건축물은 방향 *orientation* 을 전혀 고려할 필요가 없으며, 꼭 필요한 만큼의 위생비용만을 사용함으로서 경제적인 이점을 실현 할 수 있다. 네덜란드의 건축가들은 최대 일조 시간 확보를 위해서 반-별 *demie-étoile* 모양의 건축물에 초점을 맞추었다.

주거용 고층 건축물은 대도시의 주택 부족 위기를 해결할 수 있는 현실적인 대안이다. 그러나 거기에는 피할 수 없는 몇 가지 문제점이 있다. 즉, 건축물의 높이와 폭 *largeur* 의 비율, 즉 세장비 *細長比* 는 매우 언짢은 일이다. 높이 300m 이상의 초고층 건축물의 세장비는 현재의 건축기술로는 10 대 1 정도지만, 그 비가 15 대 1 인 경우도 있다. 고층 건축물에 대한 언짢음은 도심의 큰길이나 다른 건축물에 깊숙이 투영되어있다. 도심의 고층 건축물 때문에 생기는, 안락함이라고는 거의 느낄 수 없는 세찬 바람의 낙하, 빛 과 소음의 반사 등은 모두 건강에 해로운 것들이다. 열려 있는 지하통로 입구 *accés à galerie ouverte* 는 아주 어린아이들에겐 위험하다. 일층 출입구는, 오가는 사람, 멈춰 서있는 사람 등으로 항상 혼잡하다.

이상과 같은 문제점 이외에도 고층 건축물의 건축과 유지 관

사진 101 : 고층 건축물 피로티, 서울 용산

SEOUL DRAGON CITY NOVOTEL, 작은 사진은 피로티 정원 및 휴게 공간

리에는 아주 돈이 많이 들어간다. 반면에, 고층 건축물에는 높은 주택 밀도의 이점이 있으며, 게다가 고소 *高所* 주거에서 누리는 몇몇 이점은 덤이다. 다시 말해서 고층 건축물의 상층부에 살고 있는 사람들은 기막히게 훌륭한 전망을 즐길 수 있다.

고층 건축물 그 자체는 어떤 지점의 훌륭한 표적, 즉 도시 속에서 극적인 강조 지점으로 쓰이며, 도시 경관과는 강력하게 밀착된다. 다시 말해서 고층 건축물은 도시에서 길을 찾을 때 훌륭한 표지석이 된다. 또한 고층 건축물은 편의점 *magasins de commodité*, 사회 공동 회합 장소, 기분 전환을 위한 여가 시설 등을 포함하다. 놀이 장소는 지붕 위의 평평한 곳이나 중간층에 설치된다. 사회 공동 회합 장소와 상점들은 사회 관습대로 지상 1층이나 지하에 둔다.

지상 1층의 피로티 *pilotis*, 즉 기둥은 멋지다. 그 피로티가 충분한 이익을 가져다주지는 않지만, 거기서 불쾌감을 주는 낙하 바람을 소멸 시킨다. 게다가 피로티는 수많은 공용의 장소, 대중이 필요로 하는 장소 그리고 필요불가결의 욕구에 의한 장소, 즉 상점이나 식당 등을 무시한다. 그들은 논리적으로는 반드시 지상 1층에 두어야하는 것들이다.

7) 주택 선호도 및 비용

(1) 주택 형태 선호도

지금부터 즉시, 전적으로 현장 조사와 기존의 통계자료에 의거하면서, 다양한 범주의 주택에 관한 선호도와 건축비용을 훑어보려한다. 그렇게 하면 토속주택의 모델을 선택할 수 있을 것이다. 물론 그 모델은 국가와 지역에 따라서 선호도가 조금씩은 다를 것이다.

미국에서의 여론 조사에 따르면 여러 형태의 주택 중 인기 있는 주택은 소수 세대용 테라스 주택 *Maison à terrasse*, 다수 세대용 중정 아파트 *logement à patio* 및 안뜰이 있는 개별 단독주

표 35 : 주택 형태 선호도 미국

사회적 신분	주택 형태					
	A	B	C	D	E	F
35세 이하의 독신	¤	×	¤	¤	×	×
자녀가 없는 젊은 부부	¤	×	¤	¤	×	×
35세 이하의 부부	¤	×	¤	¤	×	×
36세 이상의 부부	¤	×	¤	¤	×	×
자녀가 없는 36~64세 부부	×	×	¤	¤	×	×
편부 *mari seul* 또는 편모 *femme seule*	¤	¤	¤	¤	×	×
36~64세 독신	¤	×	¤	¤	¤	×

출처: Clovis Heimsath, *Behavioral Architecture*, McGraw-Hill, N.Y., 1977

주 註: ¤ - 매우 만족 × - 보통
A – 안뜰 *patio* 이 있는 개별 단독주택
B – 일렬 주택 *rangées de maisons*
C – 소수 세대용 테라스 주택 *maison à terrasse*
D – 다수 세대용 중정 아파트 *logement à patio*
E – 승강기가 없는 4~7층 아파트
F – 8~24층의 고층 아파트

택이다. 반면 가장 인기 없는 주택은 8~24층의 고층 아파트이다. 주택 형태 선호도 조사에 관한 상세는 표 35와 같다.

(2) 주택 공사비

주택 건축 공사비에 관해서는 언제라도 미국의 자료를 활용할 수 있다. 품질이 같은 주택일지라도 건축 공사비에 영향을 끼치는 요소는 주택의 규모와 층수이다. 일반적으로 같은 지역에서, 공사 시방이 같다면, 저층 건축물의 m² 당 건축 공사비는 고층 건축물 보다 싸다. 저렴한 건축 공사비는 필연적으로 외벽 배치의 감소, 그리고 보통대로라면 대형 건축물 공사에서의 사다리 경제 *économie d' echelle* 방법에 기인한다. 표 36에서 평가된 공사비는, 미국 전국의 1만개 이상 프로젝트의 평균치이다.

표 36 : 주택 평균 공사비 미국, 1994

주택 형태	건축면적 (m²)	평균 공사비 (U$/m²)	공사비 지수
1~3층 개별 주택	2090	827	1.00
1~3층 아파트	5574	843	1.02
8~24층 아파트	15050	919	1.11

출처: *Means square foot costs 1994*, R.S.Means, Kingston, MA., 1993

(3) 주택 등급

이상의 주택 건설 공사 자료 분석을 통해서, 주택의 범주를 건축 공사비에 따라서 4개 등급으로 분류할 수 있다. 그리고 경제적 등급의, 4~7층 주택이 토속 주택에 합당할 것이라고 추천할 수 있다.

[1] 경제 등급

경제 등급의 주택은 일반적으로 규격화된 모델 *prototype* 에 따라서 대량 생산된다. 건축 재료의 품질과 노동자들의 좋은 솜씨는 건축법규의 최소 기준을 준수하는 정도이다. 이 주택의 경우, 주택의 특징보다는 저렴한 건축 공사비가 더욱 중요한 요소이다. 이 주택의 형태는 사각형이나 직사각형을 좀처럼 벗어나지 않는다.

[2] 보통 등급

보통 등급의 주택은 건축가의 표준 설계도에 따라서 건축된다. 건축 재료의 품질과 노동자들의 좋은 솜씨는 나쁜 수준은 아니다. 다시 말해서 그들은 건축 법규의 최소 한계를 겨우 벗어난 수준이다. 이 주택이 눈에 띄는 특성을 갖는 일은 빈번한 일이다.

[3] 맞춤 등급

이 주택의 범위는 때때로 주문 주택 수준을 넘나든다. 이 주택은 일반적으로 건축가가 정성을 기울여 창작한 설계도에 따라서 건축된다. 건축가의 창작 설계도는 주택에 건축가의 작품 특성이 반영된다. 건축 재료의 품질과 건축 장인의 솜씨는, 건축 상세를 위한 세심한 배려를 기본으로 하고 있으므로, 일반적으로 보통 등급 주택의 그것을 넘어선다. 건축 품질은 일반적으로 건축 법규의 요구 수준 이상이다.

[4] 호화 등급

호화 등급, 즉 최고급의 주택은 거의 모두가 주문 주택이며, 건축주의 의도가 반영된, 건축가의 설계도에 따라서 생산된다. 건축가의 설계도와 훌륭한 솜씨는 오직 이 호화 등급 주택만을 위한 것이다. 건축가의 훌륭한 솜씨는 이 호화 주택에 수많은, 특별한 특성을 부여하며, 이 주택의 품질은 건축 법규의 요구 한계를 현저하게 뛰어 넘는다. 이 주택을 위한 건축가의 최우선의 배려는, 건축주의 안락과 건축주의 주택에 대한 기쁨이다. 그리고 당연한일로서, 이 주택의 건축 공사는 프로 건축가의 감독 아래 이루어진다.

제3절
주택 부지 설정

주택 건축에 적합하다고 생각되는 주택 부지는 자연 조건과 입주자의 일상생활을 위한 사회적 상황에 맞도록 선정 되어야만 한다. 주택, 기념 건축물, 그리고 도시 그 자체 등을 위한 좋은 자리를 찾기 위해서, 서양 사람들 *Occidentaux* 은 지리학 또는 지질학의 논리적이고 과학적인 도구 *instrument* 를 활용했다. 반면에 동양 사람들 *Orientaux* 은 정신적 연장 *outil spirituel*, 즉 그들 자리의 지세 *configuration* 에 관한 사상을 활용 했다. 다시 말해서 그 사상이란 한국의 풍수 *Foun-Shou* 를 말한다. 이 풍수를 중국에서는 푼수이 *Fun-Shui* 라고 발음한다.

1. 부지 선정

1) 자연 조건

주택 부지 설정을 위한 자연 조건의 요소들은 지세 *地勢*, 땅의 본질 *nature de terre*, 지하수, 일조 시간, 주-풍향 *主-風向*, 강수량 등이다. 만일 자연 환경을 무시하고 집을 짓는 다면, 자연재해를 당할 위험이 있으며, 집을 관리하는데 많은 비용이 들게 된다. 쾌적한 주택을 위한 지세 *地勢* 의 조건은 변화무쌍한 기후에 따라서 달라진다. 대륙성 온난 기후 지역에서는 북쪽에 낮은 언덕이 있고 남쪽은 완만한 경사를 이루는 지세가 참말로 최상의 주택 부지이다. 북쪽의 언덕은 겨울철 북쪽에서 불어오는 찬바람을 막아주고, 남향의 경사지는 태양 빛을 충분히 받을 수 있기 때문이다. 평평한 땅이나 낮은 지대의 땅은 교통에 유리하다. 그렇지만 주택 부지 내에 지하수가 있다면 주택에 물이 스며들게 된다. 그렇게 되면, 습기로 인한 주택의 부패와 높은 이병률 *罹病率* 을 몹시 걱정해야한다. 결론적으로 지하수의 배수와 환기장치가 필요하다. 특히 저지대에서는 항상 홍수에 대한 예방조치가 절대적으로 필요하다. 주택 부지용 땅의 본질로서, 모래가 많은 땅, 점토, 자갈투성이의 땅, 사암 *砂巖* 등은, 홍토 *紅土*, 부식토, 성토 *盛土*, 기름진 땅, 황토 *limon fin* 보다는 바람직한 땅이다.

2) 사회 상황

대규모 주택 단지에는 맑은 공기, 맑은 물, 햇빛, 평온함 그리고 생활편의시설, 가스, 전기, 상수도, 하수도, 대중교통수단 등이 필요하다. 하지만 수많은 대도시의 발생에도 불구하고 시민들의 일상생활 환경은 더욱더 나빠지고 있다. 그러므로 우리들은 주택 부지 선정을 위한 주요 요소로서, 대기 오염, 식수 *eau potable*, 하수공사, 교육시설, 상업센터, 병원, 행정용 건축물, 문화센터, 도시화 및 건축법규 등을 고려해야만 한다.

3) 풍수 사상

(1) 이원 오행설

풍수 사상에 관해서는 정립된 어떤 이론이나, 논리적인 어떤 증거자료가 있는 것도 아니지만, 그 사상은 왕국 왕도 *王都* 의 부지, 세속 주택의 부지 또는 극동 지역에서 아주 오랜 세월동안 묏자리 등에 관한 진정한 사색의 메카니즘이다. 풍수 사상은 "이원", 즉 두 가지 요소 *deux principes* 와 "오행", 즉 다섯 가지 원소 *cinq éléments* 이론에 바탕을 두고 있다. 이원 오행설, 즉 음양오행설은 동양철학의 정신에서 나온 이론이다. "이원"은 남과 여, 부정 *négatif* 과 긍정 *positif*, 또는 빛 *lumière* 과 그림자 *ombre* 를 의미한다. "오행"은 화 *fer*, 수 *eau*, 목 *bois*, 금 *fer* 그리고 토 *terre* 를 의미한다. "이원"에 관한 개념은 "이원론 *dualisme*" 과 같은 것이다. 이원론은 전적으로 서로 대립되고 환원될 수 없는 두 개의 원리가 공존할 수 있도록 용인하는 시스템이다.

다시 말해서 서로 대립하는 두 개의 원리로, 실재 *實在* 의 개별적 부분 또는 전체를 설명하는 이론이다. 그리고 "오행" 은 우주의 요소인 다섯 가지 피조물에 의한 자연 변천의 이치와 그들 요소간의 창조와 갈등에 의한 세상의 변화를 밝히려는 생각을 근간으로 하는 이론이다.

(2) 풍수 구성

풍수의 기본 구성은 산, 물, 풍향 및 사람을 바탕으로 한다. 그리고 풍수 실현의 주체성 *主體性* 은 용 *dragon*, 바람, 물, 혈 *穴, cavité*, 부지의 방향, 땅의 형세 등으로 형성된다. 여기서 "용"은 산의 흐름, 즉 용이 몸통을 뒤틀면서 힘차게 솟구쳐 오르는 형상과 같은 산맥의 겉모습을 의미한다. 그리고 "혈"은 주택, 도시, 기념물 또는 뫼 등에 적합한 부지를 의미한다.

(3) 풍수 목적

풍수의 목적은 가장 훌륭한 "혈", 즉 혈장 *穴場* 을 찾아내는데 있다. 땅의 형상을 고려한, 그리고 땅의 생기 *生氣* 에 적응한 "혈"은 사람들에게 불행을 면하게 해줄 수 있고, 사람들에게 기혈순환을 촉진케 해줄 수도 있다. 땅의 생기란 땅속을 흘러 다니는 음양의 기를 말하며, 마치 혈액이 사람의 혈관을 따라 순환하는 것처럼 땅속 구석구석을 흐른다. 생기가 충만하게 모인 장소, 즉 가장 훌륭한 "혈"은 남자의 요소와 여자의 요소가 상응하는 곳이며 또한 산의 정기와 물의 정기가 엉기는 장소이다.

(4) 풍수설 원리

풍수설의 원리는 장풍득수법 *藏風得水法*, 즉 물을 얻고 바람을 막는 방법을 파악하는 것이다. 왜냐하면 사람들은, 바람은 생기를 흩뜨려 버리고, 물은 그자신이 있는 곳에 생기를 머물게 한다고 생각하기 때문이다. 다시 말해서 생기는 바람을 타면 흩어져 버리고 물에 닿으면 머문다는 것이다. 이상의 것으로부터,

최상의 집터는 앞쪽에 시냇물이 흐르고 뒤쪽에 작은 언덕이 있는 곳, 즉 배산임수 *背山臨水* 의 지세라고 할 수 있다.

(5) 풍수설 정수

사람들은 땅의 생기 *énergie vivante de terre* 를 볼 수는 없다. 왜냐하면 오늘날까지도, 생기는 과학적 방법으로 입증된 실체가 아니기 때문이다. 달리 말하면 풍수의 정수 *essence* 는 여전히 정신적 영역, 즉 경험과학 *science empirique* **이거나, 자연과학 현상** *phénomène* **이거나, 아니면 인간의 심리적 가상** *假象, apparence* 이기 때문이다. 정신적인 것이란 결국 어떤 사회의 오래된 관습을 통해서 얻은 경험론의 결과물이다.

(6) 풍수 이론

"옛-한국의 종교 *Religions of old Korea*" 저자인 알렌 크락 찰스 Allen Clark Charles 는, 풍수는 바람과 물의 과학이며, 동시에 행운을 가져오는 주택 부지나 묏자리를 찾는데 필요한 과학이라는데 동의하고 있다. 주택 부지를 양택 *陽宅*, 묏자리를 음택 *陰宅* 이라고도 한다. 반면에 "종교와 문화 *Religion and Culture*"의 저자 안느마리 드 월 마레피츠 *Annemarie de Wall Malefijt* 나 "샤머니즘: 무아경의 옛-기교 *Shamanisme: Archaic Techniques of Ecstasy*"의 번역자 미르시아 에리아드 *Mircea Eliade* 등과 같은 서양의 몇몇 사람들은 풍수란 단지 미신적인 행위 *superstition*, 샤머니즘, 지상술 *地相術, géomancie*, 또는 장례 지리학 *géographie funéraire* 일 뿐이라고 주장하기도 한다. 이런 부류의 사람들은 풍수를 무당의 굿쯤으로 착각한 것 같다. 그렇지만 풍수의 본질은 결코 미신적인 행위도, 지상술도, 샤머니즘 마법사의 푸닥거리에 의한 황홀경의 결과도 아니다.

(7) 풍수 지관

사람들은 풍수 전문가를 지관 *地官* 이라고 부른다. 만일 지관이 불교 의식인 명상 중에 절대적인 진리치 *眞理値* 의 순간에 도달했다면 그는 지기 *地氣*, 즉 땅의 에너지를 찾을 수 있다. 지관은 나침반, 대합재 *對合材. jumelles*, 나무 막대기 *canne en bois*, 줄자 *mètre à ruban* 등을 사용한다.

(8) 주택과 풍수

지금 우리는 주택 부지, 건축물 높이, 색깔, 재료, 방의 배치, 주택 크기, 대문 위치, 가구 배치, 마루 높이 *niveau de plancher*, 안마당의 나무 *arbre dans jardin* 등에 관해서 본질적으로 논의하려 한다. 오늘날 미래예견 *divination*, 역사, 동양철학, 건축, 도시계획, 환경, 민속, 한국문학 등의 분야에서 많은 학자들은 과학적이고 논리적인 방법으로 합리적인 이론을 정립하기 위해서 깊이 있게 풍수를 연구하고 있는 중이다.

(9) 풍수 개념의 사례

우리는 매일 매일의 실행 속에서, 풍수 개념에 관한 구체적인 몇몇 사례를 제시하고자 한다.

[1] 홍콩

홍콩에서는, 중국 은행의 정문 옆에 돌로 만든 웅대한 사자상 *獅子像* 을 놓아둔다. 왜냐하면 중국인들은 수호신인 그 사자상이 그들에게 닥칠지도 모르는 업무상의 불운을 막아 줄 것이라고 믿기 때문이다.

[2] 워싱턴

미국 워싱턴에서는 한 풍수 전문가가, 클린턴 대통령의 수많은 추문이 풍수설의 원리를 오해하고 있는데서 비롯한다고 주장했다. 그는 백악관 타원형 집무실의 에너지, 즉 집무실의 기 *氣* 와 대통령의 기가 상충하기 때문이라고 말했다. 다시 말해서 타원형 집무실의 "화 *火. fer*" 의 기운, 즉 불의 기가 대통령의

"목 木, bois" 의 기운, 즉 나무의 기를 억누르기 때문이라 했다. 더 이상 추문을 일으키지 않기 위해서는, 불의 기를 제압하고, 나무의 기를 촉진할 수 있는 몇 가지 조치를 취할 필요가 있다고 했다. 추문 발생 문제 해결을 위한 몇 가지 제안 사항은 다음과 같다;

① 타원형 집무실의 이전
② 집무실의 형태를 타원형에서 직사각형으로 변형
③ 풍수 원리를 따른 실내 장식

그러나 이상과 같은 해결 방법이 효력이 있을지 아닐지에 대해서는 의문이 생길뿐이다.

[3] **서울**

한국 서울에서는, 상업은행의 한 지점이 산 쪽으로 나있는 기존의 정문을 폐쇄하고, 그 반대 쪽 대로 boulebard 에 새로운 정문을 낸 이래, 어떤 동기도 없이 끊임없이 전혀 영업성과를 올리지 못했다. 설명할 수 없는 불행의 연속 끝에, 풍수 전문가의 조언에 따라 그 정문을 되돌려 놓았다. 풍수 전문가는, 기존 정문의 폐쇄로 인해 지기 地氣 의 흐름이 끊겼기 때문이라 했다. 지기가 흐르는 길이 다시 열리자 모든 일이 잘 풀렸다.

(10) **한국인들**의 **풍수 개념**

풍수에 대한 한국인들의 주된 사상은 건축, 도시계획, 환경 등의 분야에 뿌리 깊게 박혀 있다. 예를 들면 주택 분야에서, 아주 오래 전부터 택지, 주택의 색깔, 주택 재료, 안마당의 나무 등 모든 사항들이 풍수의 영향을 받아왔다. 한국인들은, 땅의 기운을 더 많이, 충분히 받기 위해서 지표에 보다 가까이에서 살고 싶어 한다. 지금까지 여전히, 그 어떤 사람도 땅의 기운의 실체를 알지 못하는데도 말이다. 그렇더라도 실제로 1층 집은,

경제적 측면을 고려하지 않는다면, 최고의 편의 및 건강을 누릴 수 있는 가장 훌륭한 집이다.

게다가 우리가 경험해온 바와 같이, 지구 표면에서는 0.5 가우스의 자기력 *磁氣力, force magnétique* 을 받을 수 있고, 지표면 10m 높이의 지점에서는 0.25 가우스의 자기력을 받을 수 있다는 것은 참된 진실이다. 그 까닭은, 사실은, 지구는 실제로는 거대한 천연 자석 덩어리이기 때문이며, 지구는 자기력을 내뿜기 때문이다. 지구 자기력의 크기는 지역 및 표고 *altitude* 에 따라서 달라진다. 남극 및 북극 지방의 지표에서는 최대 46 가우스의 자기력이 분출된다. 지구의 자기력이 풍수에서 말하는 땅의 기운인지 아닌지는 앞으로의 연구과제이다.

(11) 의학 보고서

오늘날 우리들은 의학적 치료에 자기력을 활용하고 있다. 지구 자기력과 관련해서, 일본의 한 의학 보고서가 말하고 있는 고층 아파트 거주, 층별 주민들의 자연 분만 율은 다음과 같다;

① 아파트 5층 이하 거주 주민: 70%
② 아파트 6~10층 거주 주민: 50%
③ 아파트 11층 이상 거주 주민: 40%

또 다른 사례로 성인병은, 고층 아파트의 높은 층에 거주하는 주민에게서 강하게 나타나며, 어린아이들의 불안정서는 높은 층일수록 점점 더 나빠진다. 그런 것은 자기력 *磁氣力* 의 감소에 기인하는 것으로 추정된다. 풍수지리 *風水地理* 에서 보면 땅 속을 흐르는 생기가 부족한 것이다. 이런 논리라면, 밤에 잠잘 때 자기력을 충분히 흡수하기 위해서 주택은 땅의 자기 장 *磁氣 場, champs magnétiques de terre* 안에 배치되어야 한다.

하지만 땅속에는 인체에 해로운 수파 *水波, onde d' eau* 도 있다.

땅속을 흐르는 지하수 층에서는 물의 기운을 내뿜는다. 말하자면 지하수는 지표면을 향해서 약 10헤르츠 *hertz* 의 수파를 발산한다고 한다. 그리고 이 수파는 땅의 자기장을 교란하고 인체를 혼란케 한다고 한다.

다시 말해서 수파는 살아 있는 생명체 *organisme vivant*, 즉 인체의 리듬을 깨트리고 뇌파 *onde cérébrale* 에 간섭하기 때문에, 수파 장 *水波 場, champ de l' onde d' eau* 속에서는 깊은 잠을 잘 수 없어 항상 피곤하고, 질병은 잘 치유되지 않는 다고 한다. 그 의학 보고서는, 지하수 층 위에 사는 사람들의 뇌출혈과 암의 이병률 *罹病率* 은 그렇지 않은 사람들의 그것보다 훨씬 더 높다고 보고한다. 이와는 좀 다른 이야기지만, 수목 *樹木* 과 잔디는, 마치 해를 쫓아 도는 해바라기처럼, 지하수가 있는 쪽으로 성장함을 알 수도 있다.

한국에서는 지하수 파 *onde d' eau souterraine* 를 차단하기 위해서 동판 *銅版, plaque de cuivre* 이나 영구 자석 *aimant permanent* 을 사용한다. 그러나 왜 지구 자기 *magnétisme de terre* 는 건강에 이롭고 지하수 파는 해로운가? 그리고 끝으로 지기 *地氣, énergie de terre* 의 실체는 무엇인가? 이런 것들이 좀 더 명확하게 규명되어야할 문제들이다.

(12) 주택 색깔과 풍수

주택의 색깔로서는 천연 재료, 즉 나무, 돌, 점토 등의 색깔이 더 좋다. 왜냐하면 자연의 색깔은 주택의 환경 및 효용성에 잘 어울리기 때문이다. 풍수에서 정의하는 색깔의 의미는 다음과 같다;

① 녹색 *vert* - 봄, 동쪽, 생명력 *vitalité*
② 적색 *rouge* - 여름, 남쪽, 열정 *passion*, 도발 *défi*
③ 백색 *blanc* - 가을, 서쪽, 순진 *naïveté*
④ 흑색 *noir* - 겨울, 북쪽, 권위 *autorité*

(13) **살아있는 재료**와 **죽은 재료**

토착 건축 재료와 전통적인 건축공법은 주택 건축에 알맞은 요소이다. 옛날에는 스스로 자기 집을 지을 때, 주변 환경과 잘 어울리는 점토, 나무, 돌 등과 같은 살아 숨 쉬는 재료를 사용하였다. 그러나 오늘날에는 대량으로 주택을 건축하면서 죽은 재료, 즉 고철, 철근콘크리트, 시멘트, 구운 벽돌, 판유리, 석유제품 등을 사용한다. 이들 죽은 재료 모두는 열을 가해서 가공된 것들이다. 달리 말하면 죽은 재료란 전혀 생기 *生氣, énergie vivante* 를 얻을 수 없는 재료를 말한다. 하지만 잘 알려진 바와 같이, 죽은 재료는 살아 있는 재료보다 더 강하고 더 내구적이다. 하지만 죽은 재료는 약간의 유해 가스를 내뿜을 뿐만 아니라 건설 폐기물의 순환사용도 매우 어렵다.

(14) **황토**

살아있는 건축재료 중에서도 황토 *loess* 는 최상의 재료이다. 황토에 열을 가하면 황토는, 건강에 좋은 파장 6~14 mμ 의 적외선을 내뿜는다. 이 대단한 적외선, 즉 열에너지는 인체 세포의 생리학적 기능을 활성화한다. 게다가 황토 자체는 복어 알 중독 또는 독버섯 중독의 해독에도 쓰인다. 한국산 황토의 주요 구성 성분은 다음과 같다;

① 이산화규소 - 71.20%
② 산화알루미늄 - 10.50%
③ 산화나트륨 - 3.66%
④ 산화제2철 - 3.26%
⑤ 산화포타슘 - 2.47%
⑥ 기타 - 8.91%

(15) **집 안마당**의 **나무**

집 앞마당에 있는 나무의 높이는 주택 지붕의 높이보다 낮아야 한다. 키가 크고 나뭇잎이 무성한 나무는 쉽게 벼락을 맞을 수 있을 뿐만 아니라 돌풍에 쓰러져 주택과 사람들에게 커다란 피해를 입힐 수도 있기 때문이다. 또한 커다란 나무에는 곤충이나 벌레가 들끓는다. 만일 그 나무가 심근성 *深根性* 이라면 뿌리가 주택의 기초를 파고들어 주택을 무너트릴 수도 있다.

반면에 잎이 넓고 무성한 나무, 즉 녹음수 *綠陰樹* 는 여름철에 짙은 그늘을 만들어 주변을 선선하게해주고, 침엽수를 비롯한 방풍수 *防風樹* 는 겨울철 집안으로 침투하는 차가운 북풍을 막아준다. 또한 나무의 녹색은 우리들에게 정서적 안정을 준다. 게다가 나무는 낮 시간에 산소를 내뿜고 밤에는 탄산가스를 들이마신다.

한국에서 우리의 조상들은 집 안마당에 정서적 측면을 고려하여 대나무나 소나무 등을 심었다. 소나무는 언제나 푸르고, 대나무는 곧게, 즉 휘지 않고 똑바로 자라기 때문이다. 하지만 선조들은, 줄기가 구불구불한 등나무는 절대 심지 않았다. 왜냐하면 선조들은, 사람들의 정신은 앞마당에 있는 나무들의 형태를 닮아간다고 생각했기 때문이다.

(16) **주택**의 **방**과 **풍수**

이하에서 기술하는 몇몇 내용은 이 절 *cette section: 주택 부지 설정* 과는 약간 거리가 있기는 하지만, 그래도 양택 풍수에는 관계가 되는 내용이다. 우리는 주택의 방 배치, 주택 및 방의 크기, 방 또는 마루의 바닥 높이 차이, 가구비치 등의 전문분야에 대해서 몇몇 구체적인 사례를 들고자 한다.

주택의 대문과 현관, 침실, 주방 및 화장실 등은 일직선상에 배치해서는 안 된다. 만일 모르는 사람이 집 밖에서, 침실, 주방, 화장실 등의 내부를 직통으로 들여다 볼 수 있다면, 집 식구들의 은밀한 사생활 모습이 대중의 시선에 노출될 위험이 있다. 침실에 있는 값비싼 물건들의 노출은 도둑을 끌어들이게 된다. 화장실, 즉 변소에서의 낯선 시선에 의한 불안정한 감정은 변비증의 원인이 된다. 그리고 그런 시선은 주방의 분위기를 어설프게 만들어 접시에 담은 요리를 망친다.

사람들은 지나치게 널찍한 방에서는 버림받은 느낌을 갖고, 반대로 지나치게 좁은 방에서는 갑갑함을 느끼게 된다.

집의 크기는, 몸의 치수에 맞는 옷처럼 가족의 수에 적합해야 한다. 방의 수가 지나치게 많은 집은 보통 빈방이 몇 개 있기 마련이다. 빈방은 틀림없이 먼지로 뒤덮이고 습기가 차게 된다. 습기와 먼지는 필연적으로 주택의 품질을 떨어트리고 사람의 건강을 해친다. 게다가 넓은 주택을 관리하려면 많은 유지관리 비용이 필요하다.

주택의 방 또는 마루의 바닥 높이 차 *差*, 즉 고저차는 제로 *zero* 여야만 한다. 만일 마루 바닥 위에 단 *段* 이 있다면, 사람들은 그 돌출부에 걸려 비틀거리게 된다. 그러면 사람들은 늘 긴장할 것이고 성질이 거칠어진다. 결국 사람들은, 마음의 걱정으로 인해 병을 얻게 된다.

비좁은 방에 햇빛은 매우 유용하다. 그래서 그 햇빛을 침실의 벽에 걸쳐 두어야만 하지만 그렇지 못하다. 햇빛은 언제나 사람의 건강에 해로운 먼지 위에만 머물다 간다. 같은 논리로 책꽂이, 장롱, 찬장 그리고 벽장 등의 높이는 천장에 닿게 하는 것이 더 좋다. 먼지가 쌓일 공간을 없애기 위해서다.

2. 택지 분할

택지를 분할하기 위해서는, 원칙적으로 택지 분석과 진입도로, 보도, 가로 *街路*, 주차장, 정원 그리고 주택 배치 등에 관한 계획이 요구 된다. 그런 계획은 잠재 *潛在* 주민들의 사생활 보호와 의사 소통아래 수립되어야한다. 이와 같은 요구 사항들은, 적어도 몇몇 지역에서 항상 주민들의 공통이었던 관습에서 나와야한다. 주택 배치에 관한 주민들의 만족 수준은, 주민들 간의 사생활에 대한 안전보장과 의사소통의 만족에 의해서 결정된다. 사생활의 안전보장은 인구 밀도와 주택 사이의 조망에 따

따라서 결정된다. 그리고 주민들 사이의 의사소통 수준은 주민의 수에 따라서 결정된다.

집을 지어야하는 주택 부지 계획은, 근본적으로 자유방임으로 인해 생겨난 작은 마을의 재정비에는 거의 적용되지 않는다. 비용이 지나치게 많이 들고, 일이 너무 복잡하고, 권력이 과도하게 남용되거나 좋지 못한 결말로 이어지기 때문이다. 그러나 만일 새로운 우선권이 양해되고, 그 기술이 거주 주민 자신들에게 전수된다면, 집지을 택지 계획의 좋은 솜씨는 영구히 활용되어야한다. 기존 주민들의 현지 거주권 보장과 부동산 소유권 보장은 일반적으로 가장 중요한 청구사항이다. 처음 시작할 때, 계획의 기본 골격은, 장차 점진적으로 개량 할 수 있도록 구상해야만 한다. 그러므로 집지을 땅의 분할계획 실행을 위해서, 제일 중요한 일은 재치 있는 작업 수행, 측량 작업, 장래 확장을 위한 여유 공간 확보 및 지역권 *地役權* 행사 등에 대응할 수 있는 역량 있는 솜씨이다.

1) 공간 분석

(1) 울타리

건축물 울타리에 의해서 생기는 공간은 결국은 인간관계와 인간 정서에 부응하고야 만다. 인간의 감정을 자극할 수 있는 그 공간의 특징은 크고, 작고, 높고, 낮고, 넓고, 좁은 등의 공간 적성에 따라서 평가된다. 도시의 풍부한 공간은 시민들이 웅대한 감정과 정중한 경외감을 갖게 한다. 그러나 오늘날에는 대규모 주택 단지가 점차 작아지고 있는 것이 사회적 경향이다. 이유는 작은 주택 단지에서는 자신의 영역 경계, 사생활, 방어 감정, 안전 그리고 주민들 사이의 사회적 의사소통의 용이함 등을 좀 더 쉽게 맛볼 수 있기 때문이다.

공간의 이미지는 공간을 둘러 사고 있는 울타리에 의해서 형성된다. 건축물에 의해서 심하게 폐쇄되어 있는 공간은 강한 이

그림 08 : 울타리에 의한 다양한 공간 이미지

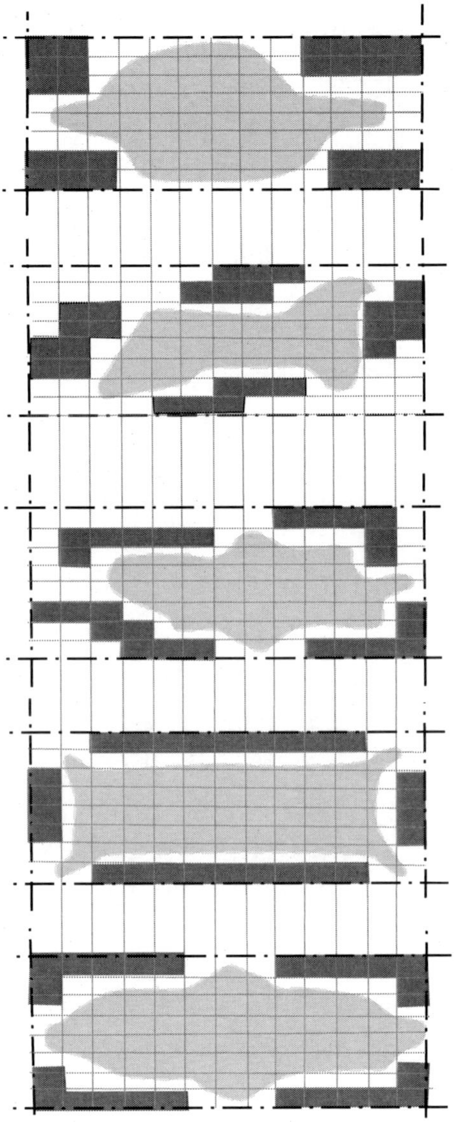

빈약한 건축물 울타리로 인한
공간 이미지 부족

적절한 건축물 울타리로 인한
공간 형성 이미지 빈약

강한 건축물 울타리에 의한
강한 공간 이미지 구성

모서리 열림으로 인한 폐쇄
공간 이미지 약화

모서리 폐쇄로 인한 폐쇄
공간 이미지 강화

주: 주택 부지 전체 면적 - 104 units (13×8)
건축 면적 - 26 주거 단위 (25%)

미지를 얻을 수 있다. 건축물에 의해서 어설프게 닫혀있는 공간은 공간의 이미지를 상실할 수도 있다. 완전히 닫힌 공간을 얻기 위해서는 주택 부지의 모서리를 열어 주는 것보다는 닫아주는 것이 좀 더 효과적이다. 그림 08은 건축물 울타리에 따른 공간의 수준과 주택 부지 전체 면적에 대한 건축 면적의 비율, 즉 건폐율이 25% 임을 보여주고 있다.

(2) 대비

공간은 그들 간에 연속성이 확보되도록 계획되어야한다. 만일 그들 사이에 상호 연속성이 없다면 공간은 황량하고 단순하게 될 것이다. 만일 주택 부지가 도로, 보도 또는 주차장 등에 의해서 오로지 그리고 단순하게 분할되었다면, 공간의 연속성은 사라지게 된다.

중세시대의 도시 공간에서는, 우리는 내향적이고 집중적인 공간 대비 *contraste d ' espace* 개념을 찾아볼 수 있다. 중세 도시 공간의 주목할 만한 특성은, 비좁고 작은 길거리의 교차에 의해 생기는 유효한 공간에 연속성을 부여하고, 넓은 광장으로 이어지는 출구를 만들어 주는 것이다. 중세의 도시 광장은 좁고 숨막히는 듯한 통행로와 연결된다. 사람들이 거기서는 구석에 처박혀 기를 펼 수 없는 기분을 가지기는 하지만, 넓은 광장을 향한 출구에서는 단숨에 넘치는 생기를 느낀다. 이런 느낌은 결과적으로는 공간의 대비와 연속성에서 나오는 것이다. 공간 대비와 연속성을 확신 할 수 있는, 공간 구성의 훌륭한 모델은 아래와 같다;

① 장방형 공간과 선형 공간의 연결
② 거대 공간과 작은 공간의 연결
③ 닫힌 공간과 열린 공간의 연결
④ 건축물과 같은 딱딱한 요소로 경계가 이루어진 공간과 나무와 같은 부드러운 요소, 이들의 혼합 그리고 높고,

낮은 요소 등으로 구획된 공간의 연결

⑤ 정형 공간과 부정형 공간의 연결

2) **주택 부지**의 **분할**

(1) **진입 도로**

대형 주택단지에서의 진입 도로의 역할은, 간선 도로 *voie principale*, 주차장, 그리고 주택 그 자체를 연결하는 것이다. 진입 도로의 사용자들은 거주민, 방문객 또는 주택 대단지에서 서비스 대행업체에 종사하는 직원들이다. 진입 도로 계획에서 고려해야할 요소들은 다음과 같다;

① 주택 단지로 진입하는 차동차 운전자의 전방 시야에 미치는 영향

② 자동차 소음

③ 보행자의 안전

④ 비-포장도로의 기층 *forme*

⑤ 총-강수량에 대한 배수 용량

⑥ 사용자가 거의 없더라도 본래 그 자체의 상태로 존재하도록 내버려두어서는 안 되는 넓은 공간

⑦ 교통 혼잡 없는 원활한 흐름

⑧ 운전자의 시야 내에 들어오는 긴 곡선 도로와 짧은 직각 도로

⑨ 보행자의 안전을 위협할 수 있는 가속을 제어하기 위한 최소 길이의 도로

⑩ 일시 정차를 위한 진입 도로의 비좁은 입구와 협소한 운전자 시야

⑪ 좌회전 또는 우회전 지점에서, 나무 아치 *arc d ´ arbres*, 깜박이 등, 당나귀 등 꼴 *dos d ´ âne* 의 기복 도로면, 노란색 또는 붉은색 페인트칠 도로면 등과 같은 운전자

의 주의를 환기시키기 위해 필요한 변화 시설

(2) **보도**

보도, 즉 인도 *人道, trottoir* 는 보행자의 움직임이 마치 물 흐르듯 하게 계획되어야 한다. 예를 들면, 보행자는 언제나 길모퉁이에서 갑작스레 돌아가는 것을 두려워하며, 목적지까지 직통으로 가기를 바란다. 그러나 보행자의 움직임은, 보행자의 거동 목적, 보행자의 개성 및 보행로의 땅의 기복 등에 따라서 달라지며 그 사례는 다음과 같다;

① 보행자의 거동 목적에 따른 움직임

만일 보행자가 급히 걸어가야 한다면,
그는 목적지까지 직통으로 가기를
바란다.

만일 보행자가 산책을 한다면,
그는 잠깐씩 쉬면서 목적지까지
천천히 나아간다.

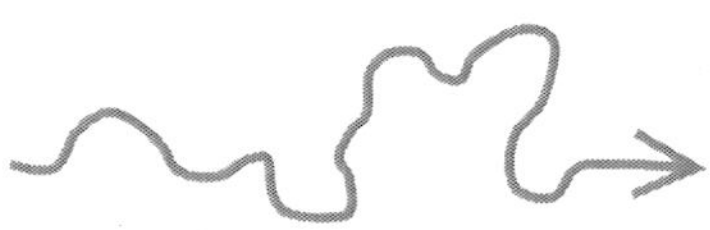

만일 보행자가 장을 보러 간다면,
그는 서둘러 걷거나 멈추기를
반복 할 것이다.

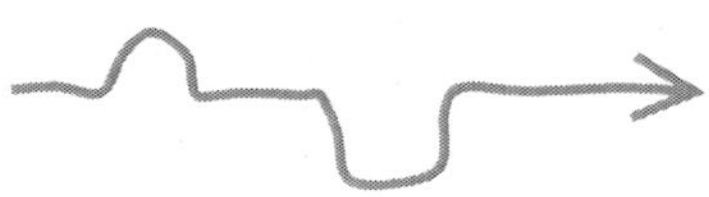

② 보행자 개성에 따른 움직임

어린이들은 호기심을 가지고 뭔가를
찾기 위하여 뱀처럼 구불구불 걷는다.

어른들은 무언가 목적을 가지고
곧바로 걷는다.

노인들은 아무런 목적 없이
천천히 걷는다.

③ 보행로 땅의 기복에 따른 움직임

만일 보도, 즉 보행로에 기복, 즉 고저차가 있다면, 어린이들은 그것을 뛰어 넘어 가고 싶어 한다. 그러나 어른들은 그것을 돌아가려한다. 고저차가 심한 보행로에서, 일반 어른들을 위해서 계단이 필요하다면, 노인, 장애인, 자전거, 유모차 등을 위해서는 종종 경사로 *rampe* 가 필요하다. 경사로의 경사도는 1/10 이하여야한다.

(3) 주차장

대규모 주택단지에서의 주차는, 주거환경의 품질을 결정할 수 있는 중요한 요소이다. 오늘날 대도시의 대규모 아파트 단지에서는 지하 주차장이 보편화되고 있다. 일반적으로 주차장의 품질은 주차 장소와 주차 형태에 따라서 평가된다.

[1] **주차 장소**

개별 단독 주택의 정원, 집 앞의 진입도로 또는 집합주택 *logements collectifs*, 즉 아파트의 공동 장소 등은 주차장 용도에 매우 적합하다. 개인 주차장의 경우 자동차의 진입과 자동차 감시가 용이하다. 진입 도로 주차장의 경우, 보행자의 안전보장에 약간의 문제가 있다. 그리고 사람과 자동차의 흐름을 끊을 위험도 있다.

[2] **주차 형태**

개인 주택의 경우 정원, 즉 옥외에 자동차를 주차할 수 있으며, 집안의 독점적인 차고에 주차할 수도 있다. 진입 도로 주차의 경우, 그림 09 에서 보는바와 같이 자동차를 사선, 직각 또는 일렬로 주차할 수 있다.

그림 09 : 진입도로 주차 형태

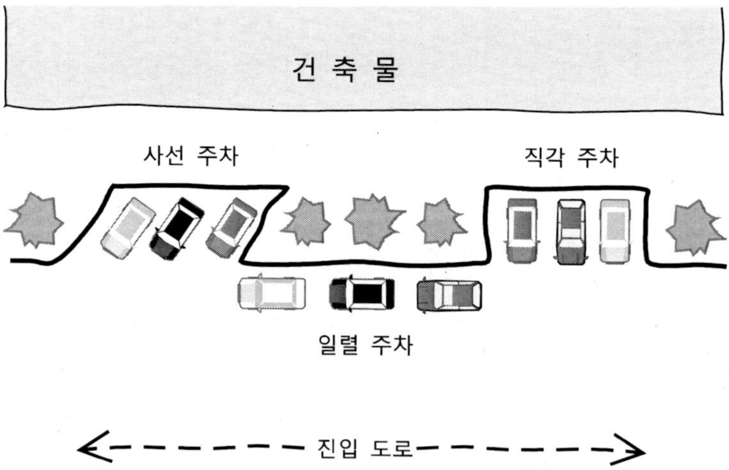

대규모 고층 아파트 단지에는, 그림 10 에서 보는 바와 같이 정형, 비정형, 집중 및 분산 타입 등과 같은 4가지 지상 주차 형태가 있다. 집중 주차 형태에서는 경제적이고 실용적인 효과를 기대 할 수 있다. 분산 주차 형태는 인구 밀도가 낮은 주택 단지에 적합하다. 이 타입에는, 도로의 기복을 야기하는 긴 진입 도로가 필요하다.

그림 10 : 아파트 대단지 지상 주차 형태

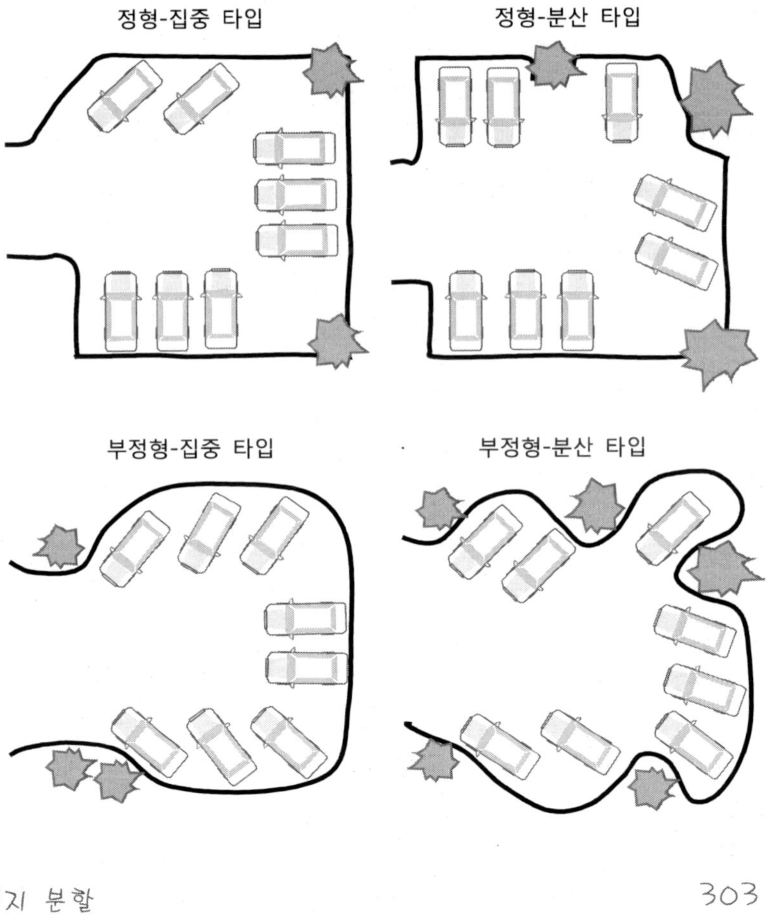

3. 주택 배치

주택 형태, 주민, 주택 배치 및 공공 시설물 등은 인구 밀도와 관련이 있다. 그 밀도는 주택 계획에 유용한 개념이다. 그렇지만 불행하게도 주택 단지의 인구 밀도에 대한 정의는 애매모호하며 여러 가지 조작에 의해 스스로 속아 넘어가기 쉽다.

1) 주거 밀도

주거 밀도 *densité d ' habitat* 에 관한 건축가 또는 도시 계획가들의 보편적이고 합당한 기준은 표 37 에 기술되어 있다. 일반적으로 모든 길, 놀이터 및 공공편의시설 등을 포함한 주거지역에서, 에이커 *4047m²* 당 주택 수가 12채 이상인 주거 밀도에서는 소음이나 사생활 침해 등과 같은 문제들이 펼쳐진다. 그리고 에이커 당 주택 수가 12채 이하인 주거 밀도에서도 역시, 자기 집과 가까운 거리 내에서 클럽 하우스, 탁아소, 세탁장 등과 같은 공공시설 서비스 혜택을 온전히 누리기는 좀 어려운 일이다.

에이커 당 주택 수가 20채인 주거 밀도는 오늘날의 기준으로도, 완벽하게 경제적 손익분기점에 근접하는 것 같다. 에이커 당 주택 수가 20채를 넘어서면서 부터는, 열린 공간, 보도 *步道* 에서 직접 자기 집으로 들어가기, 여유로운 주차, 그리고 자신의 집을 식별할 수 있는 주택 정면의 특성 등의 편의를 공급하는 것이 점점 더 어려워진다.

에이커 당 주택 수 45채의 밀도에서는, 아마도 십중팔구는 다른 사람들의 시선으로부터의 사생활 보호와 인간 척도 *échelle humaine*, 즉 인간을 평가하거나 판단하는 기준에 대한 감정의 대부분을 상실할 것 같다.

에이커 당 80채의 밀도에서는 주차 공간, 조경 공간 및 오락 공간의 부족이 증대하기 시작한다. 에이커 당 100채 이상의 밀도에서는 주택 크기 문제, 즉 최소 주거면적의 충족 여부, 사람과 자동차의 통행 체증 등과 더불어 공간에 대한 압박감이 매우 심각해진다.

표 37 : 주거지역 에이커 당 주거 밀도

주택 형태	주택면적비율/ 에이커	주택수/ 에이커	*주택수/ 에이커
단독 주택	0.2 이하	8 이하	5
쌍둥이 주택	0.3	10~12	7
일렬 주택	0.5	16~20	12
3층 아파트	1.0	40~45	20
6 층 아파트	1.4	65~75	28
13 층 아파트	1.8	85~95	31

출처: Kevin Lynch, *Site Planning*, the MIT press, Cambridge, Ma., 1972
*주택수/에이커; 도시 주거지역의 모든 길 및 공공편의시설을 포함

2) 주택 배치 형태

(1) 주택 배치 요소

주택 배열 *arrangement d' habitat* 은, 같은 주택 단위 *unité de logements* 로 작은 그룹을 만들고, 이를 반복 배치하는 방식으로 이루어진다. 주택 부지 계획에서는, 땅의 분할 및 경관 문제보다는 주택 형태와 사람 및 자동차의 통행에 관한 내용이 우선적으로 논의 되어야한다. 주택의 크기, 진입 도로 및 주차장은 주택 배치를 이해하는데 매우 유용하다. 또한 쾌적한 주택 배치를 위해서는 바람과 소음이 미치는 영향에 대한 연구도 필요하다.

[1] 바람 영향

바람이 많이 부는 지역에서는, 이웃 주택 간에 바람 그늘 *ombre du vent* 이 생기지 않도록 하기 위해서, 바람이 부는 방향을 고려해야만 한다. 바람 그늘 아래서는 바람의 속도가 급속히 감소한다. 이런 현상이 주택 내부의 공기순환을 불규칙하게 만

그림 11 : 바람 그늘과 주택 배치

출처: Kyunghoe Lee, *Architectural Environmental Science*, Mounoundang, Séoul, 1986

평행 주택 배치

h*: 주택 높이

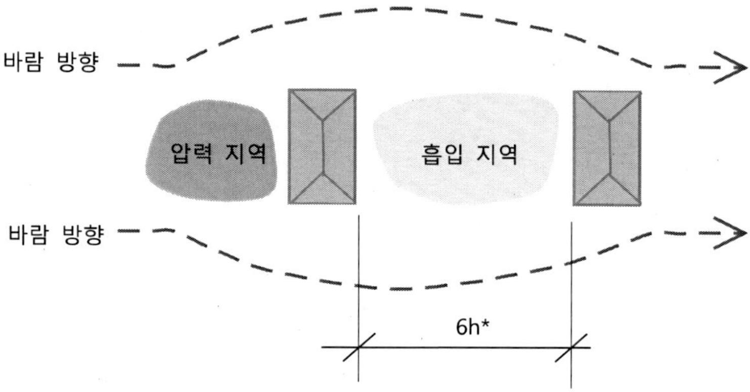

격자형 주택 배치

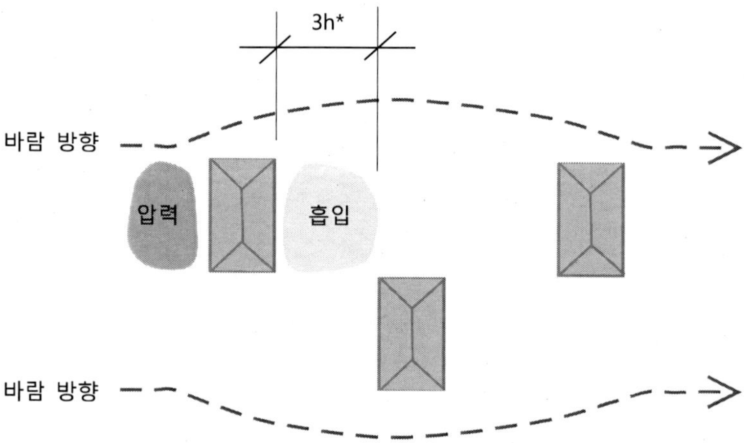

든다. 그러므로 주택은 바람 그늘 밖에 배치되어야만 한다. 주택 배치, 주택 높이 및 주-풍향 *主-風向* 의 관계는 그림 11 에 나타나 있다.

[2] 소음 영향

교통, 공장 그리고 사람들이 만들어 내는 소음 등은 주택 배치에서 피할 수 없는 요소들이다. 방음벽 *mur de bruit* 과 방음숲 *bois insonores* 은 일반적으로 소음 차단에 유효하다. 주택 배치와 소음 원천 사이의 관계는 그림 12 에 그려져 있다. 주택은 원칙적으로, 주택 사이에서 반향음이 일어나지 않도록 배치되어야한다. 소음은 주택 정면보다는 오히려 주택 뒷면에서 발생한다. 다시 말해서 소음의 원천은 주택의 뒷면에 있다. 실제로 주택 정면과 뒷면의 소음 크기 차는 약 30 데시벨 *décibels* 정도이다. 달리 말하면 주택 자체가 30 데시벨 크기의 소음을 흡수하는 셈이다.

(2) 주택 배치 일반 형태

우리들 시대의 주택 배치의 보편적 형태는, 도로-주택정면 *voie-façade* 형, 도로 직각 *angle droit contre voie* 형, 안-뜰 *cour* 형 및 꽃다발 *bouquet* 형 등이다. 주택 배치 형태 그림을 케빈 린치 *Kevin Lynch* 의 "단지 계획 *Site Planning*" 에서 차용해 왔음에 대해 용서를 구한다.

[1] 도로-주택정면 형태

도로-주택정면 형태는 주택 배치 계획의 가장 보편적인 형태이다. 이 형태에서는 주택 배치가 진입 도로와 나란한 경계를 이룬다. 주택 진입과 방향 설정이 아주 편하다. 비록 그 형태가 자주, 시각적으로 단순하기는 하지만, 주택 사이의 통로, 한 줄로 늘어놓은 배열, 주택의 후퇴, 경관 등은 그림 13 에서 보는 바와 같이 진정으로 풍요롭고 다양하다.

그림 12 : 소음 원천과 주택 배치

출처 : Kyunghoe Lee, *Architectural Environmental Science*, Mounoundang, Séoul, 1986

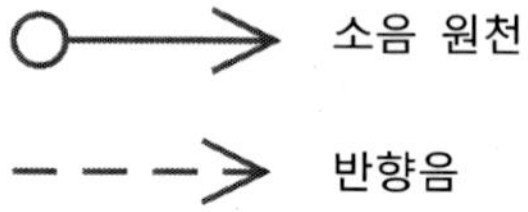

안-뜰 형태의 부적절한 주택 배치; 반향음 발생

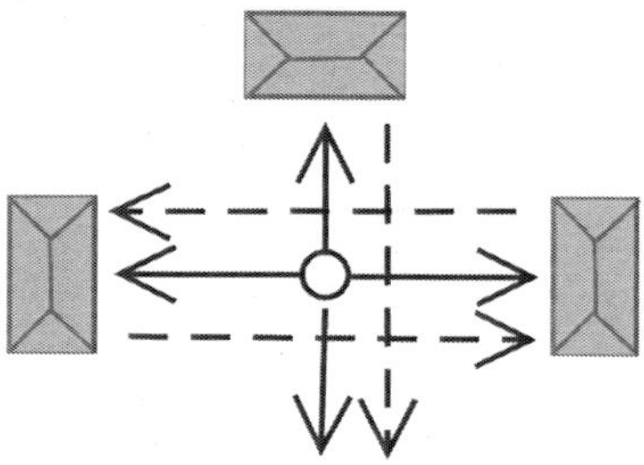

파동 형태의 적절한 주택 배치; 반향음 없음

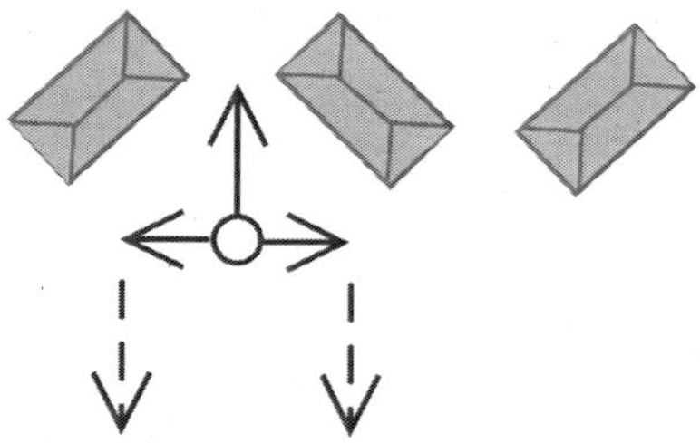

격자 형태의 적절한 주택 배치; 반향음 없음

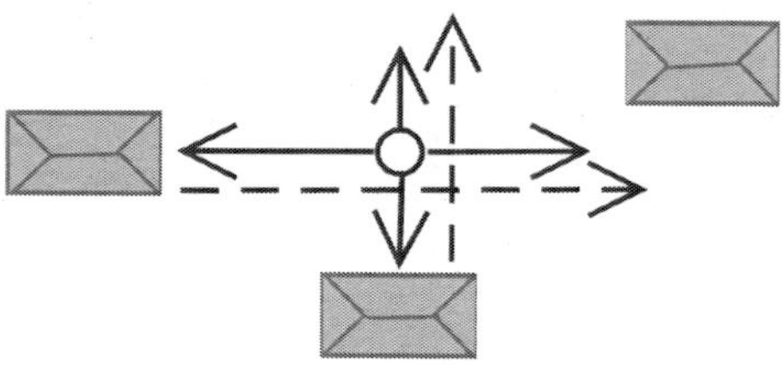

[2] **도로 직각 형태**

도로에 직각 방향으로 주택을 배치하는 형태는 경제적인 이유로 개발된 방법이다. 이 형태의 경우 공공 토목공사 *travaux publics* 비용이 현저하게 절약될 수 있다. 이 형태로 배치된 주택들은 간선 도로로부터의 소음이나 위험으로부터는 거리가 멀다. 그러나 몇몇 주택들은 집으로 접근하기가 좀 멀어 불편하다.

이런 형태의 배치에서는 그림 14 에서 보는 바와 같이 주택을 서로 마주보게 일렬로 배치하거나 다른 주택의 등을 보게 일렬로 배치할 수 있다. 이들 주택들은 선호하는 방향을 마음껏 즐길 수 있다.

[3] **안-뜰 형태**

그림 15 에서 보이는 안-뜰 형태의 주택 배치는 선호도가 좀 더 높다. 이런 형태로 배치된 주택들은 모두가 공동 중정 *patio commun*, 즉 공동 안-뜰로 향한다. 이런 공동 중정은 사회적 및 시각적 이유로 선호된다. 다시 말해서 좋은 이웃관계를 촉진시키기에, 주택 집단으로부터 낯선 사람을 몰아내기에, 그리고 주민들에게 닫힌 공간을 제공하기에 유리하다.

[4] **꽃다발 형태**

끝으로 꽃다발 형태의 주택 배치는 좀 더 흔한 방식이다. 이런 형태의 배치에서 주택들은 한 장소에 무리를 이루어 모이고, 열린 공간으로 둘러싸인다. 이런 식의 주택 배치는 집단적 시각 효과를 갖는다.

주택까지의 접근은 약간 복잡하지만, 이런 형태의 주택 배치는 매우 훌륭한 경관을 보존 할 수 있다. 가장 곤란한 문제는, 토지 관리와 주민들의 사생활 보호를 위한, 각 주택 그룹 사이의 상호 관계인 듯하다. 진입도로는 그림 16 에서 보는 바와 같이, 뱀처럼 구불구불 흐르면서, 꽃다발 형태로 모여 있는 각각의 주택 그룹을 거쳐 간다.

그림 13 : 도로-주택정면 형태

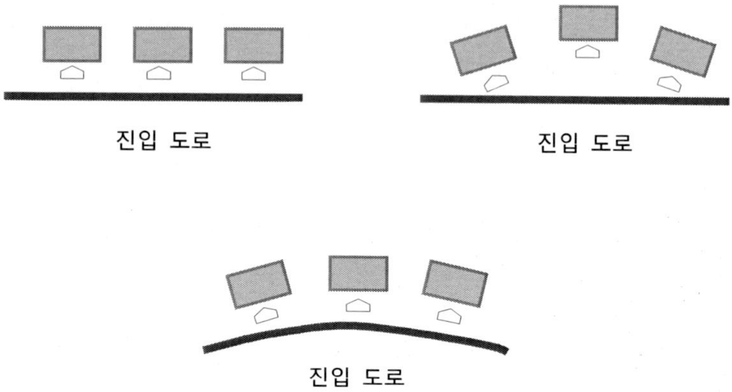

그림 14: 도로 직각 형태

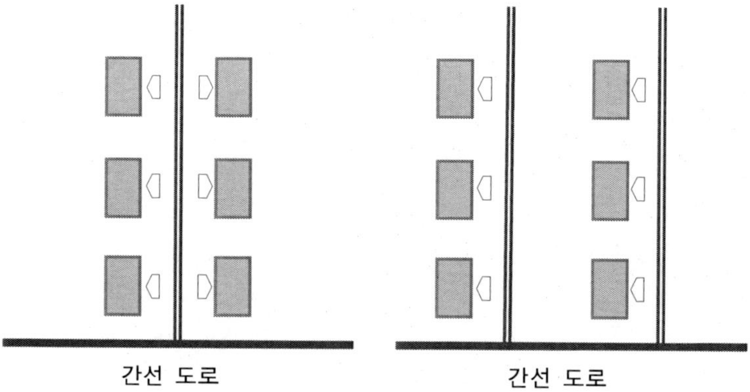

그림 15 : 안-뜰 형태

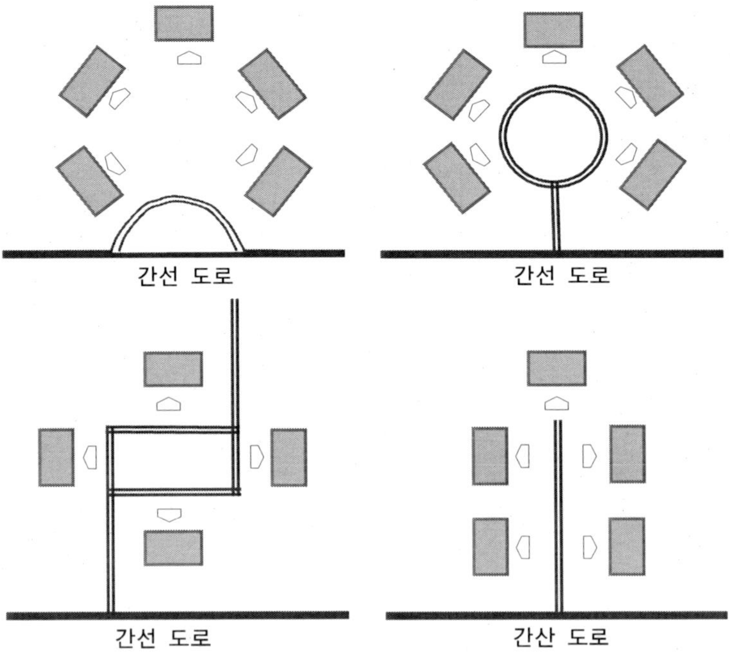

그림 16 : 꽃다발 형태

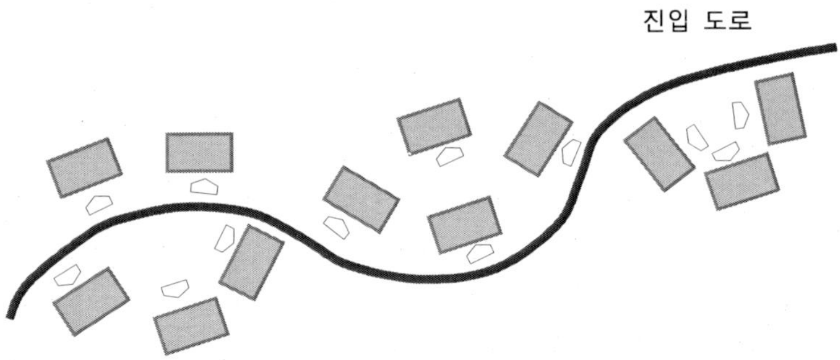

사진 102 : 완리창청 *萬里長城*, 빠따링 창청 전경, 중국 베이징

지구상 최장의 성벽이며, 유네스코 세계유산인 만리장성, 총길이 6350km, 중국 북동부 보하이 만에서 고비사막에 이르는 지역에 산재 되어 있다. 장성은 서기전 770~475년, 춘추시대 이후 동란기인 전국시대부터 여러 지역의 나라들이 각각 북방 흉노의 침입에 대비하여 쌓아 놓은 성벽이다. 서기전 221~206년 통일 중국의 진나라 시황제 시대에 이들 성벽을 모두 연결, 만리장성이라 했다. 장성은 진나라 이후 한, 수, 당, 명나라 때도 건설이 지속되었다. 현존하는 장성의 대부분은 몽고의 재-침입을 두려워한 명나라가 기존의 장성을 확장 강화하면서 축조한 것이다. 아래 사진은 베이징 서북방 약 70km 지점, 해발 888m, 빠따링에 1505년 명나라가 축조한 장성을 보수, 복원한 모습이다. 이 장성의 평균 높이는 7.8m, 하단 폭은 6.5m, 상단 폭은 5.8m 이다. 빠따링 장성의 외벽은 장방형 돌로 축조되었고, 내부 바닥과 벽은 검정색 흙벽돌로 쌓았다. 그러나 다른 곳에 있는 대부분의 장성은 흙을 다져 판상으로 쌓아 올린 토성이다.

제2장

자원개발 및 토속주택 생산 프로그램

도시 극빈자를 위한 자원개발과 주택 생산 프로그램은 본질적으로 정부의 몫이다. 이 프로그램의 실행은, 주택 부족이 심각하다면, 전적으로 행정 업무이다. 물론 정부는 여러 가지 방법을 확보하기 위해서 그 프로그램에 민간 기업을 참여시킬 수도 있다. 하지만 민간 기업의 역할은 하찮을 수밖에 없다. 민간 기업은 이익을 추구하는 영리단체이기 때문이다. 그 프로그램은 결국은 순수하게 공공 주도로 실행된다.

이 프로그램을 위한 자원 개발은 6개 분야, 즉 택지, 노동력, 건축재료, 금융 자원, 건축기술 및 연구 분야에서 개별적으로, 또는 동시에 실행된다.

이 책에서는 저렴한 주택 생산을 위해서 최상의 해법을 찾기 위한 저비용 자원개발에 관해 서술하기로 한다. 주택 부족에 대한 참된 해법은 최상의 품질과 절감된 비용의 주택을 생산하는데 있다. 이런 결론에 도달하기 위해서 그런 주택은 아래와 같은 절차를 필요로 한다;

① 저렴한 임대료의 택지 장기 임차 계약
② 노동력 비용의 저하
③ 저렴한 건축재료
④ 낮은 이자율의 장기 자본
⑤ 새로운 건축 기술과 연구를 통한 건축 기간 단축

제1절
저비용 자원개발

1. 택지

1) 택지 개발

민간 또는 당국 *當局, pouvoirs publics*, 즉 지방자치단체 또는 국가에 귀속된 좀 더 작은 부지가 먼저 택지 개발의 대상이 될 것이다. 부지를 소유하고 있는 사람은 그 누구라도 개발 담당 주무 관청과 우선적으로 협의할 이권 *利權, intérêt* 을 갖는다. 시장은, 개발을 위한 택지를 얻은 개인에게 건설 허가증을 발급할 것이다. 그 허가증은 이웃한 건축물과의 조정 및 도시계획 상의 구획 정리 적용 등을 고려한다. 교통, 생태학, 물, 산업, 휴양 등과 같은 요소들을 고려한 최상의 택지 개발은 종종 국가 또는 국제적 차원에서 이루어진다.

2) 개발 장애-물

택지 개발에 대한 최대 걸림돌, 즉 장애-물은 땅값 상승과 요동치는 노동력 비용, 즉 노동 임금이다. 경제 발전에 따라서 땅값과 노동자들의 임금은 점점 더 상승한다. 도로공사, 철도공사, 항구, 공장, 주택, 공공시설 등을 위한 땅의 수요는 언제나 공급을 초과한다. 그런데 땅은 결코 재생산 할 수가 없을뿐더러 이질성 *異質性, hétérogénéité* 이며 부동성의 재물이다.

3) 밀어 올려진 택지 가격

땅값이 일단 밀려 올라가면 자유방임 메카니즘 *mécanisme*, 즉 자유 시장에서는 땅 값을 떨어트릴 수가 없다. 결국 정부는 땅값 상승을 억제하기 위하여 땅의 거래에 개입한다.

표 38 : 부동산 보유 세율 1985

국가	보유 세율(%)	
	%/P.I.B. (국내 총생산)	%/땅값
미국	3.41	1.73
연합왕국	3.16	1.80
오스트레일리아	1.42	2.54
일본*	1.21	0.14
프랑스	0.85	0.45
구-서독	0.40	0.19
스페인	0.27	0.18
한국*	0.22	0.02

*한국과 일본은 예상 값

4) **한국**의 **땅값**

한국의 대도시에서는, 땅값이 1966년~1968년 사이에 3.3배, 그리고 1987년~1990년 사이에 2.3배 앙등했다. 1978년에는 주택 가격이 단 1년 동안에 100% 상승했다. 당시 땅값 상승으로 서울에서는 도로 공사비의 95%를 땅값 보상비로 땅 소유 개인에게 지불했다. 하지만 한국의 도시 주변 땅값은 지금도 폭등중이며 부동산 보유 세율도 계속 오르고 있다.

하버드 대학교의 피터 분 *Peter Boone* 교수의 자료에 의한 표 38 은, 1980년대 한국의 부동산 투기꾼들이 부동산 투기에 악착같이, 그리고 열중한 이유를 잘 보여주고 있다. 한국에서 땅값 대비 부동산 보유 세율은 너무 낮다. 그래서 단번에 땅값이 많이 뛰어오른 것이다.

5) **국가 발전**의 **장애-물**

땅값과 집값의 폭등, 그리고 엄청나게 고가인 집세 등은 국가

발전의 장애-물이 될 것이다. 그들의 부정적인 영향은 다음과 같다;

① 부동산 투기 격증
② 부 富, *richesses* 의 과도한 불평등
③ 제로-섬 게임 *jeu de zéro-somme*
④ 부동산 소유주의 과잉 소비
⑤ 물가 상승
⑥ 이자율 상승
⑦ 구매력 쇠퇴
⑧ 고용주와 노동자간의 갈등
⑨ 소-기업인들의 의욕 상실
⑩ 경재 후퇴, 즉 불황

6) **택지 개발 결론**

결론적으로 말하자면, 택지 개발은 땅의 국유화내지는 시유화 *市有化* 이후에 시행 되어야 한다. 그래야 택지 개발 이익을 회수 할 수 있기 때문이다. 정부는 상하수도, 도로, 전기 공사 등을 포함한, 완전하게 조성된 택지를 지속적으로 개인 사업자에게 임대하여, 그들은 단지 땅의 용익권 *用益權, usufruit* 만을 누릴 수 있도록 해야 한다. 그리고 정부는 부동산 소유주들에게 높은 세율을 부과해서 부동산 소유가 부담이 될 수 있다는 생각을 갖도록 해야 한다. 그렇게 한다면 부동산 투기는 사라질 것이다.

2. 노동력

1) **현장 직원**

건축공사 현장에서 일하는 직원들은 건축가, 측량기사, 공사감독, 현장소장, 작업반장 및 노동자들이다.

2) 현장 직종

건축공사 현장에서 필요로 하는 한국과 미국의 노동자 직종 *職種, métiers* 은 다음과 같다.

(1) 한국

우리나라 정부가 지정하고 있는, 건설 공사 및 문화재 공사 현장에서 일하고 있는 노동자의 직종은 140여개에 달하지만 건축공사 현장에서 활용빈도가 큰 직종은 다음과 같다;

[1] 건축목공 [2] 형틀목공 [3] 창호목공
[4] 철골공 [5] 철근공 [6] 석공
[7] 비계공 [8] 조적공 [9] 미장공
[10] 방수공 [11] 타일공 [12] 연마공
[13] 콘크리트공 [14] 배관공 [15] 온돌공
[16] 도장공 [17] 도배공 [18] 아스타일공
[19] 기와공 [20] 슬레이트공 [21] 포장공
[22] 조경공 [23] 내선전공 [24] 통신내선공
[25] 목도 [26] 조력공 [27] 보통인부
[28] 중기운전기사 [29] 시공측량사조수
[30] 시험사 조수 [31] 정비공 [32] 유리공
[33] 함석공 [34] 용접공 [35] 리벳공
[36] 루핑공 [37] 닥트공 [38] 양생공
[39] 모래분사공

(2) 미국 건축공사 노동자 직종 및 약어

[1] 숙련공 Skwk *Skilled Workers*
[2] 보통인부 Clab *Common Building Laborers*
[3] 아스베스토스공 Asbe *Asbestos Workers*
[4] 보일러공 Boil *Boilermakers*
[5] 벽돌공 Bric *Bricklayers*

[6] 벽돌공 보조 Brhe *Bricklayer Helpers*
[7] 목공 Carp *Carpenters*
[8] 시멘트칠마감공 Cefi *Cement Finishers*
[9] 전공 Elec *Electricians*
[10] 엘리베이터설치공 Elev *Elelvator Constructors*
[11] 중기운전기사 Eqhv *Equipment Operators, Crane or Shovel*
[12] 중설비조작공 Eqmd *Equipment Opeators, Medium Equipment*
[13] 경설비조작공 Eqlt *Equipment Operators , Light Equipment*
[14] 중기오일공 Eqol *Equipment Operators , Oilers*
[15] 설비주임 Eqmm *Equipment Operators, Master Mechanics*
[16] 유리공 Glaz *Glaziers*
[17] 라스공 Lath *Lathers*
[18] 대리석공 Marb *Marble Setters*
[19] 기계수리공 Mill *Millwrights*
[20] 모자이크 및 테라조공 Mstz *Mosaic & Terrazzo Workers*
[21] 보통도장공 Pord *Painters, Ordinary*
[22] 철골도장공 Psst *Painters, Structural Steel*
[23] 도배공 Pape *Paper Hangers*
[24] 파일공 Pile *Pile Drivers*
[25] 미장공 Plas *Plasterers*
[26] 미장공 보조 Plah *Plasterer Helpers*
[27] 배관공 Plum *Plumbers*
[28] 철근공 Rodm *Reinforcing Rodmen*
[29] 복합지붕공 Rofc *Roofers , Composition*
[30] 타일 및 슬레이트 지붕공 Rots *Roofers , Tile & Slate*
[31] 복합지붕공 보조 Rohe *Roofer Helpers, Composition*
[32] 철판공 Shee *Sheet Metal Workers*
[33] 스프링클러설치공 Spri *Sprinkler Installers*
[34] 스팀배관공 Stpi *Steamfitters or Pipefitters*
[35] 석재조적공 Ston *Stone Masons*

[36] 철골공 Sswk *Structural Steel Workers*
[37] 철골용접공 Sswl *Structural Steel Welders*
[38] 바닥타일공 Tilf *Tile Layers, Floor*
[39] 타일공 보조 Tilh *Tile Layers, Helpers*
[40] 경량트럭운전기사 Trlt *Truck Drivers, Light*
[41] 중량트럭운전기사 Trhv *Truck Dirvers, Heavy*

3) **현장 노동자**

일반적으로 노동자가 부족한 상황에서는, 자동화, 기계화, 행정의 합리화 등과 같은 현실의 상황에 거스르는 조치를 취한다. 그러나 그런 상황은 건설 산업에서는 완전히 다르다. 건설현장의 노동자들은 나쁜 기상 조건, 즉 너무 춥거나 덥거나 비가 오는 경우에는 일을 할 수가 없다. 한여름이나 한 겨울과 같이 일하기 나쁜 계절 동안에는 건설 노동자들의 경제활동은 약화되며 일부 노동자들은 계절 실업자가 된다. 스웨덴에서는 겨울철엔 난방이 되는 플라스틱 텐트 속에서 일을 한다. 그리고 사우디아라비아에서는 한여름 대낮에는 2~3시간씩 낮잠을 잔다.

4) **만성적 실업** 또는 **불완전 고용**

인구 초-과잉의 저-개발 국가 *pays sous-développés* 에서는, 언제나 만성적 실업 또는 불완전 고용을 겪는다. 그러므로 생산은 언제나 부족한 것으로 평가된다. 불완전 고용 상태에서는 기계가동률이 떨어지고, 노동 시간은 감소된다. 여성과 외국인이 우선적으로 일자리를 잃는다. 은퇴 연령이 앞당겨지고, 대규모 공사를 추진한다.

계절 실업과 노동자 부족에 대비한 준비를 하기 위해서는 노동자들에게 여러 가지 직종에서 일할 수 있는 기능을 습득하도록 해야 한다. 예를 들면, 조적공에게 미장공의 일을 배우게 하면 그 미장공은 다-직종 특수 일꾼 *manoeuvre spécialisé de pluridisciplinarité* 이 된다. 실제로 건설 현장에서는 2개 이상의 직종 기능을 가진 특수 노동자를 필요로 하는 경우가 많다. 또한 실업자들에게 직업훈련을 시키거나, 무언가를 만들어내게 하거나 아니면 토착재료들을 짜 맞추는 일 등을 가르치면, 그들이 일을 배우는 동안은 실업상태에서 벗어나게 됨은 물론이고 나중에 현장에서 일손이 부족할 때 그들을 활용할 수도 있다. 그리고 현장에서 은퇴한 간부 직원들, 즉 건축가나 측량 기사 그리고 전 세계로부터의 자원봉사자 등을 동원할 수도 있다.

3. 건축재료 및 설비

1) **2가지 범주**의 **건축재료**

세계에서 가장 가난한 나라에서 조차도, 쉽게 찾을 수 있는 건축 재료는 흙벽돌용 점토와 주택 골조용 목재이다. 건축물을 건축할 때 사용하는 재료에는 2가지 범주가 있다. 하나는 점토, 시멘트, 석회, 석고, 철 등의 무기질 재료이고, 다른 하나는 목재, 역청 등과 같은 유기질 재료이다.

가공하지 않은, 대부분의 원재료는 세계도처에 널려 있다. 그러나 가공된 몇몇 재료의 가격은, 통용되지 않는 생산기술, 낮은 생산성, 그리고 넘치는 수요 등으로 점점 더 올라가고 있다.

2) **농산-물 잔류물**

이상에서 말한 원재료들 중에서 농산-물 잔류물은 전통적인 집을 짓기 위한, 가장 중요한 재료이다. 농촌에서 그런 재료의 생산은, 농촌 사람들에게 곡물을 더 많이 생산토록 용기를 준다. 왜냐하면 농촌 사람들은 그 곡물을 판매할 수 있으며, 또한 그 잔류물을 건축 재료로 판매할 수 있기 때문이다. 마침내 그들은 많은 수익을 얻게 된다. 게다가 수공업용의 모든 수동 도구는 값이 싸고 관리 비용 또한 저렴하다. 농산-물 잔류물을 바탕으로 하는 농촌 산업은 손쉽게 토착민의 일자리를 창출하고 토착 농민들이 도시 중심으로 이동하는 것을 억제할 수도 있다.

3) 토착 건축재료 개발

토착 건축재료의 개발에는 돈이 거의 들지 않는다. 그 사례로 아시아의 여러 국가와 대서양 연안 국가가 선정한 토착 건축재료 개발을 들 수 있다. 1987년 1월 20일에서 26일까지 태국 방콕에서 "저-소득자의 주택을 위한 건축재료 *Building materials for low-income housing*"에 관한 심포지엄이 있었다. 그 심포지엄을 개최한 국제기구는 다음과 같다;

ESCAP United nations Economic and Social Commission for Asia and the Pacific,

RILEM International Union of Testing and Research Laboratories for Materials and Structures

CIB International Council for Building Research studies and Documentation.

4) 저렴한 재료의 개발

그처럼, 수많은 탐구자들이 저렴한 토작 건축재료의 개발을 위해 애쓰고 있으며, 개발이 완료된 일부 사례는 다음과 같다;

① 짐승의 똥, 농산-물 잔류물, 역청, 석회 또는 시멘트를 넣고 다진 점토: 흙-벽돌, 흙-블록, 자연석고 타일 등

② 종려나무 껍질, 사이잘 *sisal*, 라피아 *raffia* 잎, 대나무, 황마 *jute* 와 같은 식물성 섬유와 시멘트 또는 점토의 혼합물: 경량 콘크리트, 벽돌, 블록, 경량 판재, 타일, 포석 *pavé*, 딱딱한 판지 *carton-pierre* 등

③ 사탕수수에서 사탕을 짜고 남은 대 *bagasse*, 볏짚, 땅콩 깍지, 옥수수 줄기, 기장 *millet* 줄기, 야자열매 깍지 등의 농산-물 잔류물과 수지 *résine* 의 혼합물: 지붕 판재, 천장 판재, 벽 피복 판재 등

④ 폐석 *gangue*, 즉 석탄산업 폐기물과 시멘트 또는 콘크리트

혼합물: 석탄 폐석 시멘트 *ciment de gangue*, 석탄 폐석 경량 콘크리트, 벽돌, 블록, 지붕 판재, 바닥 판재 등

⑤ 오수 처리 슬러지 *sludge*, 즉 건조시킨 침전물 *fange sèche* 과 그 재 *cendre* : 벽돌, 블록, 채움재 *remplage* 등

5) 폐자재 재활용

가난한 나라에서, 벽지 *papier de tenture*, 페인트, 석유제품, 최신 재료 등의 품귀는 엄청난 문제이다. 왜냐하면 그들은 외국돈이 없어서 그런 재료들을 수입할 수가 없기 때문이다. 그래서 그들은 건축을 위해서 폐자재를 재활용한다.

6) 에너지 절약형 설비

화석에너지 절약을 위해서 주택의 냉난방 설비에 태양열, 바람, 그리고 지열 등의 에너지 사용이 권장된다.

4. 금융 자원

1) **원시인**의 **오두막-집**과 **가난한 사람들**의 **오두막-집**

실제로 원시 부족이 오두막-집을 지을 땐 땅, 사람 그리고 자급자족으로 얻을 수 있는 재료만 있으면 충분했다. 돈은 조금도 필요하지 않았다. 그러니 당시엔 누구나 집을 가질 수 있었다. 그러나 오늘날에는, 저개발 국가의 수많은 가난한 사람들이 여전히, 불법으로 지은, 마치 원시인의 나뭇가지로 엮어 만든 작은 오두막-집과 같은 집에 살고 있다. 틀림없이, 그들은 불법 거주자이며, 비위생적인 불법 거주 구역을 정비하려면 많은 돈이 들어간다. 그러나 만일 정부가, 택지로 완전히 조성된 땅을 싼 값으로 가난한 사람들에게 임대해 주고, 가난한 사람들 스스로가 이웃 주민의 품앗이 노동력, 토착 재료 및 전통적인 집짓기 기술을 활용한다면, 가난한 사람들은 큰돈 안들이고 쓸 만한 자신의 집을 가질 수 있다.

2) **국제기관**의 **돈**

만일 정부가 쓸 만한 집을 공급하기 위해서 다소의 돈이 필요하다면, 정부는 국내 시장이나 국제기관, 즉 세계은행 *Banque mondiale* 또는 국제연합 *O.N.U.* 등으로부터 쓸 수 있는 자금을 끌어 모을 수 있다. 만일 정부가 필요한 돈을 빌렸다면, 정부는 최우선적으로 주택 투자에 관한 투명한 정책을 수립해야 한다.

그러나 불행하게도 진영 *bloc* 에 의한 세계 경제의 통합으로 인하여 돈의 차용은 점점 더 어려워지고 있다. 결과적으로 차용할 수 있는 돈이 부족하게 되면, 물가와 이자율은 불안정하게 된다. 결국 물가 폭등과 혹독한 임대료로 고통을 당하는 계층은 가난한 사람들이다. 그러면 정부는 어쩔 도리 없이, 융자 *prêt*, 보조금 *subvention*, 세금 감면, 이자 할인, 임대료 면제 등의 조치로 악화된 금융환경을 바로잡아야한다. 실제로는 보조금과 융자의 구별이 종종 어려울 때도 있다. 왜냐하면 이자가 싼 융자는 일종의 보조금이기 때문이다. 보조금은 젊은이 가정, 식구가 많은 가정, 장애인 가정, 수입이 거의 없는 제대 군인 가정 등의 빈민 범주에 속하는 사람들에게 주어지는 특혜이다.

5. 건축 기술 및 연구

1) **고품질 저가 주택**

고품질 저가 주택을 개발하기 위해서는 무엇을 해야 하는가? 임대료가 싼 택지를 개발하고 아주 저렴한 재료, 임금이 낮은 노동자, 적합한 건축 기술에 통용되는 가용 자본 그리고 매우 신중한 연구 결과 등을 개발해야 한다.

2) **건설산업 직업**

사실 건설 산업 분야의 직업은, 일의 불규칙성, 악천후에 노출, 공사 현장 일의 고됨 그리고 그런 여건과 함께하는 떠돌이 생활 등으로 점점 더 인기가 없어지고 있다. 그러니 공사 현장에서 노동자들을 지키려면 우선적으로 현장에서 그들의 활동이 추위, 비, 너무 뜨거운 햇볕 등으로부터 해방되어야만 한다. 그리고 현장에서 비용이 많이 드는 특수 노동자의 일을 무인 기계의 일로 대체해야한다. 왜냐하면 현재의 기술 수준에서 가장 중요한 일과 그 다음으로 중요한 일을 담당할 특수 노동자를 구하기가 점점 더 어려워지고 있기 때문이다. 그러니 자동화된 기계와 로봇을 더욱 많이 사용하여 건설과정을 단순화해야한다.

콘크리트 형틀 목공과 비계공과 같이 너무 많은 일손을 필요로 하는 까다로운 직종은 근본적으로 개혁되어야한다. 그들은 주택의 조립화 및 공업화와 같은 새롭고 혁신적인 공법으로 개혁되어야한다. 그 밖에도 건축자재와 설비를 나르기 위해서 헬리콥터나 타워크레인 등을 활용, 공사기간을 단축해야한다.

3) 건설회사 생산성

생산성 관점에서 볼 때, 그것에 몰입되어, 건설회사 직원을 건축공업기술이 변했다고 해서 거침없이 쫓아내는 것은 확실히 위험을 초래할 수도 있다. 또한 잘 조직된 공사현장과 공사의 합리화는 시간의 낭비를 피할 수 있게 해준다. 만일 우리가 오로지, 한 장소에 똑같은 주택을 많이 건축한다면, 각 직종의 노동자 팀은 각각의 주택에서 같은 일만을 되풀이할 것이다. 그러면, 까다로운 일의 전문화로 인해, 즉 같은 일의 반복으로 인한 습숙효과 *習熟效果* 로 인해 높은 공사 품질을 기대할 수 있고 공기도 단축할 수 있다.

바닥이나 벽에 박아서 고정 시킨 목재나 철재의 끝 부분 다듬기 공사, 이어 맞추기 공사, 마무리 공사 등과 같은 민감하고 섬세한 공사는 많은 시간과 많은 날들을 필요로 한다. 달리 말하자면 그런 비생산적인 일을 피해야하며, 설비나 기계의 정확한 활용으로 직종간의 혼잡이나 방해를 피해야만 한다.

4) 조립화 및 공업화

주택 공사의 조립화와 공업화는 현저하게 공기를 단축할 수 있다. 오늘날 주택 공사의 조립화는 충분히 일반화되었다. 조립 공장에서 주택을 통째로, 즉 한 덩어리로 조립하는 것을 생각할 수는 없겠지만, 대형 구성 부재의 조립을 검토할 수는 있게 되었다. 그러나 그렇더라도 대형 구성 부재를 공사 현장에서 조립하기 위해서 조립 공장을 공사 중인 주택 가까이로 옮기는 것이 더 가치가 있는 것인지에 대한 의문이 남는다. 조립 공장을 현장 가까이로 옮기면 조립자재 운송비용은 절감 할 수 있지만, 현장가까이로 옮긴 공장은 공사가 끝나면 철거해야하기 때문이다. 또한 대형 부재 조립방식의 주택 건축이 가장 유리한 것인지, 그리고 주택에 특화된 새로운 건축기술을 연구하는 것이 더 가치가 있는 것은 아닌지에 대해서도 자문해 볼 필요가 있다.

(1) 구-소비에트 연방

1953년부터 구-소비에트 연방에서는, 철근 콘크리트 또는 목재 부재를 조립하는 수십 개의 공장이 준공식을 가졌다. 주택 부재 조립의 기계화는 즉각적으로 박차가 가해졌다. 이제 그들이 주택의 콘크리트 벽판을 어떻게 생산, 조립하는 지를 보기로 하자.

한 대의 열차-플랫폼 *wagon-plateforme* 이 면적 25m² 의 화덕판 *plaque de four* 한 개를 싣고 온다. 먼저 그 화덕판을 청소하고, 이어서 콘크리트가 들러붙지 못하게 박리제를 바른다. 그다음 창틀 *bloc de fenêtre* 을 설치 할 수 있는 첫 번째 기계 앞을 통과한다. 마지막으로 철근 뼈대를 설치하는 두 번째 기계 앞을 통과한다. 그 다음 화덕 판은 진동하는 첫 번째 테이블 앞에 도달한다. 트레미 *trèmie*, 즉 깔대기 모양의 투입구가 경량 콘크리트를 흘려보내면서 진동을 가해 굳혀서, 콘크리트 벽판의 안쪽면을 만든다. 그다음 그 화덕 판이 진동하는 두 번째 테이블 앞을 통과하면서 콘크리트를 받아 벽판의 중간층을 만든다. 끝으로 외부에 노출되는 마감재 층, 즉 벽판 외부면 *parement* 을 받아 온전한 벽판을 형성한다. 벽판 외부면은 매끈매끈하게 닦거나 장식을 한다. 그다음 판재 형상의 콘크리트를 증기 양생기로 보내 단단하게 굳힌다. 이어서, 경우에 따라서는 모래 분사기로 모래를 분사하여 벽판 외면의 질감을 자연석 표면의 그것처럼 만들기도 한다.

어떤 사람들은, 철근콘크리트 부재 공장에서 생산한 너무 작은 조각들을 한꺼번에 조립하여 주택을 건축한다고 비난하기도 한다. 이런 조립식 건축 방식은 수많은 접합부를 만들어 많은 문제를 일으킨다. 또한 대형 판재는 부피와 중량이 너무 커 운송이 쉽지 않을뿐더러 운송비 증가 문제를 야기한다.

1954년에는 이하에서 서술하는 기술 방식에 따라서 최초의 주택 집단, 즉 주거단지가 건설 되었다. 단 한 개의 버팀대를 사용하여, 공장에서 조립된 철재 뼈대 *ossature en feraille* 를 세웠다. 철재 뼈대 세우기는 불과 몇 일만에 끝났다. 이어서 공장 생산 콘크리트 바닥판을 내려놓고 역시 공장에서 만든 콘크리트 벽판을 세우기만하면 되었다. 정해진 주택 높이까지 단번에 도달한 주택에는 즉시 지붕을 덮을 수 있다. 그때부터 노동자들은 안전지대에서 작업 할 수 있다. 이런 식의 건축 방법으로 경제적인 주택을 생산하는 것은 눈길을 끌만한 일이다.

1963년에 그들은 새로운 기계장치를 고안해냈다. 그 기계장치는 움직이는 계단식 경사로 *rampes d' escalier mobile* 와 같은 것이었다. 그 기계장치는 길이가 120m 나되었으며, 필요한 부재들을 작업 장소까지 날랐다. 공장 작업은 그 경사로를 따라서 이루어 졌다. 그렇게 해서 길이 40m, 폭 3m의 콘크리트 부재가 생산 되었다. 그 부재들은 주택의 벽, 천장, 지붕의 재료로 사용된다. 가끔은 그 부재에 최대 4개의 창을 설치하기 위한 구멍을 뚫었다.

(2) 대영제국

대영제국 *Grande-Bretagne* 에서는, 조립식 공법은 건축 공사의 단지 일부에만 적용되었다. 왜냐하면 대영제국에서는 표준단위의 조절에 의한 경량부재, 신속 조립 등을 선호했기 때문이다.

(3) 스웨덴과 프랑스

프랑스와 스웨덴의 속성 주택건축 해법도, 구-소비에트연방과 마찬가지로 대형 부재 조립에 의지하는 것이었다. 대형 부재는 공장에서 현장으로 옮길 수 있을 정도의 온전한 한 개의 판재였다. 하지만 프랑스의 건축 방향은 건축물에 대한 총괄적 분석에서 출발하는 해법이었다. 그 새로운 해법이란 건축공사에 혁신적인 방법을 적용토록 허락하는 것이었다. 다시 말해서 건축물이 단번에 건축물 최고 높이에 도달하게 하는 것이다. 그러나 그런 해법 또한 구-소비에트연방에서 시행한 공법과 같은 것이었다.

스웨덴에서 그 시기에 경험한 것은, 다른 산업에서 유래한 하나의 제조방법이었다. 그러나 그 방법은 전형적으로 건축물 공사에 적용되는 고유한 기술이었다. 그 기술은 기어오르는 거푸집 *moule rampant* 이었다. 그 거푸집은, 콘크리트를 짓는 설치 기구 *poste de bétonnage* 가 벽체를 만들어내는 대로 그 벽을 따라 기어오른다. 이제 건축물은 단지 한 덩어리, 즉 한 덩이의 콘크리트 주물일 뿐이다. 그 주물 속에는 창, 수도 및 가스 등의 배관, 쓰레기 처리관 *vide-ordures*, 전선 등이 박힌다. 그런 특징이 있어, 실제로 매우 중요한 콘크리트임에도 불구하고, 콘크리트는 아마 틀림없이 버림받게 될 것이다. 왜냐하면 콘크리트는 운반하기가 너무 무겁고, 필요한 원료들을 함께 결 합시키기 위해서는 시멘트 사용이 필요하기 때문이다. 시멘트는 콘크리트 제조 총원가의 약 10분의 1정도를 차지한다. 그리고 콘크리트는 추운 날씨에서는 실용성 떨어진다.

건축물의 공업화는 확실히 건축 비용은 떨어뜨리면서도 품질은 같거나 더 높게 한다. 그리고 공업화는 건축물의 공업생산으로, 시장에 건축물을 대량으로 공급할 수 있다. 그런 결과는,

상당한 경제적 효과가 실현된 프랑스의 H.L.M. 공업화 건축 산업 분야에서 나타났다.

(4) 캐나다

캐나다에서는 콘크리트 부재 접합부에 가소성 물질 *plastique* 을 사용하기 시작했다. 그 경우엔, 콘크리트 부품제작에 나무 섬유 물질 또는 폴리우레탄 핵 물질이 많이 사용되었고, 그 외에 알루미늄 또는 생목 *生木, bois brut* 이 호의적으로 대등하게 쓰였다. 이런 공업적 기술은 건축을 좀 더 빨리하는 일을 가능케 했고, 좋은 품질로 최고의 값이 가능하도록 했다.

5) 주택 연구

주택 연구 분야는 오직 주택 건축 기술에만 한정되지는 않는다. 주택 연구는 주민들의 안락 정도 *程度, degré* 를 고려해야만 하며, 그것을 점점 더 많이 생각해야만 한다. 사람들이 더 많이 고려하고 문제를 제기해야만 할 주택 주방의 연구 사례들은 다음과 같다;

-주방 형태
-주방 기구 선정 및 설치:
  주부들이 주방에서 피로를 최소한도로 느끼고, 가능하면 가장 신속하게 일 할 수 있는 주방 기구 선정 및 설치
-주방 건축 재료:
  주방 유지관리의 편의성 및 미적 품질을 고려한 선정

그 밖에 주택 연구는, 주택의 다른 방들에 관해서도 추진되어야한다. 주택 연구는 여전히 다양한 가정용 기구 *appareillages ménagers* 및 그들의 표준화에 주목하고 있다. 많은 나라에서는 발전된 공업기술에 의한 생산 방식에 따른, 좀 더 저렴한 가격과, 우발적으로 일어날 수도 있는 불확정적인 수리를 보다 손쉽

게 할 수 있는 방식을 지향하면서, 자발적으로 주택 재료와 가정용 기구의 수를 줄이고 있다.

다른 한편에서는, 주택 연구의 영역을 주택의 사회적 개념, 그리고 도시 *ville* 및 도시 지구 *quartier* 의 사회적 개념으로 확장하고 있다. 하지만 사실, 오늘날 우리들의 문명은, 주택 조립 기술을 자동차, 전자 설비 및 우리들이 사용하는 모든 제품 *ensemble des produits* 등의 조립기술 수준으로 끌어 올릴 때가 되어야만 비로소, 주거나 주택 문제 해결의 비결 *秘結, clef* 을 찾을 수 있을 것이다.

그 비결을 찾는다면, 오늘날 넓고 안락한 방 3개짜리 주택의 가격이 현재의 4분의 1정도가 될 것이라고 말하는 사람들이 더 이상 경제학자들만은 아닐 것이다. 그렇게 말할 수 있는 사람들은, 건축가 및 관료에게 협조하는 경제학자, 사회학자, 심리학자 등의 도움을 받는 기술자들이다. 주택관련 연구와 공학기술은, 뒷다리를 잡는 3가지 브레이크로 인해, 그들의 역량만큼 빨리 발전하지 못하고 있다. 특히 관료들의 쓸데없는 서류더미들은 영원히 자취를 감추어야만 할 것들이다. 그 브레이크는 다음과 같다;

-주택 건축에 관한 규정의 터무니없는 복잡성
-규정과 지방의 다른 처분 사이의 부조화
-금지, 규제

제2절
토속주택 생산 프로그램

토속주택 생산 계획의 수립은, 경험이 풍부한 건축가의 도움과 더불어 전문기술자들이 참여하는 프로젝트의 타당성을 검토하는 일로 시작된다. 생산계획, 즉 생산 프로그램은 일반적으로 다음과 같은 3단계로 행해진다.

1. 타당성 검토

프로젝트의 타당성을 검증하기 위해서는 택지, 주택 총수, 주택 형태, 저렴한 가격의 재료, 손-기술 *techniques manuelles* 및 건축허가 등에 관해 관심을 가지고 토론해야한다.

1) **택지 조성**

택지 소성 계획을 위해서 우선적으로 검토되어야할 사항은 택지 크기, 택지 기복 *起伏. accidents*, 인접 길-거리 *rue*, 및 상수도관, 가스관, 전선관, 케이블 및 배수공사, 그리고 또 주택관련 행정 규정 등이다. 이상은 측량기사 *arpenteur géomètre* 와 토목기사 *génie civil* 에 관련된 일이다.

땅의 시료 *échantillons* 를 채취하여 흙의 본질, 즉 토질 시험을 하는 일과 불확정적 구속 *sujetions*, 즉 경사 암석층 *bancs inclinés*, 피압 이탄층 *bancs de tourbe compressible* 그리고 매립된 옛날 채석장 *anciennes carrières remblayées* 등에 대하여 조사하는 일은 필수적이다.

2) **주택 소요 수량**

주택의 소요 수량을 파악하기 위해서 조사되어야할 일은, 방의 수에 따르는 주택 총수 *總數* 분배, 주택 높이, 방 크기, 방과 방사이의 관계, 출입 통행로 등이다.

3) 주택 타입

예정된 부지 설정은, 완전히 합당한 방법으로 도시계획 일반 법규의 상세 규칙을 충족 시켜야한다. 다시 말해서 활용 가능한 융자 방법, 즉 규정상 부과되는 최고 가격을 고려해서 주택 타입을 선택해야하며 그 실례는 다음과 같다;

① 도심에서 좀 멀고 땅값이 싼, 정원이 딸린 개별 단독 주택 *maisons individuelles indépendantes*
② 교외 근처의 쌍둥이 주택 및 일렬 주택 *maisons jumelées et rangées de maison*
③ 엘리베이터가 없는 일반 집합주택 *logements collectifs ordinaires*
④ 도심의 고층 아파트 *immeuble-tour*

4) 건축재료 및 건축 기술

건축 공사 현장에서 저렴한 건축재료 및 숙련된 손기술 *techniques manuelles* 을 택할 수 있는 것은 오직 현지 건축 자원과 원가 *prix de revient* 에 대한 매우 세밀한 조사의 결과일 수도 있다. 하지만 이 경우, 겉보기에만 값이 싼, 어떤 재료와 기술은 많은 유지관리 비용이 들어갈 수도 있다는 사실을 간과해서는 안 된다. 그런 관리비용은 훨씬 덜 경제적이기 때문이다.

5) 건축허가(증)

주택을 건축하려는 사람은 그 누구라도 우선 건축허가(증) *permis de construire*, 다시 말해서 행정 관청의 허가가 필요하다. 그 허가증은, 그 프로젝트가 적용 가능한 규정에 적합한지를 검증한 다음에 발급된다. 그 허가증은 택지와 국가 또는 지방자치 단체의 부동산 정책을 제어하는 도시계획법 *droit d' urbanisme* 의 한부분이다. 도시계획법은 건축법 *droit de construction* 이나 환경법 *droit d' environnement* 과는 구별된다. 요컨대, 건축허가

(증)은 일종의 법률상 및 행정상의 메카니즘이다. 토지의 선점으로부터, 그리고 여러 가지 조항에 따르는, 규정과 실행의 복잡한 메카니즘은 도시 개발과 정비를 행정의 틀에 끼워 넣는다.

건축허가(증)이 정당하게 인정되면서 여러 가지 특성이, 허가증 적용 마당 *champ*, 기본 규정, 교부 절차, 실행, 그리고 끝으로 여러 가지 계쟁 係爭, contentieux 등에서 나타난다. 그러나 사람들은 그런 체제 ***體制***, *institution* 가, 사회에 미치는 역할을 알지 못한다. 그러니 정책의 특성도 모르는 것은 당연하다.

6) 건축가 보수

건축가의 보수 계산은 건축물 가격 평가액을 기본으로 한다. 잘 알고 있는 바와 같이, 건축가에게 계약서에 적시한 일 이외의 일을 추가로 부담케 해서는 안 된다. 그리고 계약서 또는 문서로 작성된 협정서를 준비해야만 한다.

2. 설계도서 준비

프로젝트 검증 단계가 지나면 관련 문서, 즉 설계 도서를 준비해야한다. 건축 관련 행정 설계 도서에는 시방서, 설계도, 구조 및 설비 계산서 *cahier des calcules*, 견적서, 입찰 안내서 *cahier des charges* 등이 있다. 설계도에는 계획 설계도 *esquisse*, 기본 설계도, 공사계약 설계도, 준공 설계도 및 상세 설계도가 있다.

계획 설계도는 설계 초기 단계에서 설계의 기본 구상을 나타내는 설계도이다. 계획 설계도는 설계 구상, 유기적 조직, 동선 ***動線*** 등의 속성 *tempéraments* 을 목탄 등으로 재빠르게 마구 갈겨 그려 작성한다. 계획 설계도는 건축주의 의뢰 조건, 또는 건축 설계경기에서의 요구 사항에 합당한 내용을 프리핸드 스케치로 작성한 것이며, 그 종류에는 투시도, 입면도, 평면도, 동선도, 면적도표 등이 있다. 건축가는 계획 설계도의 작성, 승인에 앞서 프로젝트에 관련되는 기본적 의구 사항을 명확히 파악해야한다.

프로젝트 관련, 매우 일반적인 의구 ***疑懼*** 사항일지라도, 그것은 건축가 모두에게 유용하다. 의구 사항을 완전히 이해한 건축가는 작업 시간을 벌 수 있다. 합리적으로 작업하기를 원하는 모든 건축가들이 추구해야할 기본 사항은 다음과 같다.

1) 질문서 *質問書, questionnaire*

(1) 건축주 정보

① 건축주의 재정 상태는 ?
② 건축주의, 예술적 또는 건축적 특별 욕구는 ?
③ 건축주가 쉽게 이해 할 수 있는 방식으로 작성한 설계 도면을 준비할 필요성은 ?
④ 건축물에 대한 사전 충고 사항은 ?
⑤ 전임 *前任* 건축가가 건축주의 요구 사항을 받아들이지 않았던 이유는 ?

(2) 건축 설계도 작성

① 주택 관련 지방 관청 또는 국가의 규정은 ?
② 주택 외부 미관 *美觀, bel aspect extérieur* 에 관한 지방 관청의 규정은 ?
③ 우리 프로젝트의 외관과 관련된, 기존 이웃 주택의 형태, 재료, 높이, 건축선, 정면 등의 외관은 ?
④ 주변 환경, 즉 경관, 수목, 기후, 주택 방향, 바람 방향 등의 외관은 ?
⑤ 길거리 *rues* 와 미래의 식목 조림은 ?
⑥ 후일 *後日* 의 확장은 ?
⑦ 주택 외형에 대해 특별히 경의를 갖아야만 하는 이유는 ?
⑧ 토지대장에 대한 변호사 따위와의 상의는 ?

(3) 행정 서류 작성

① 구조 및 설비 계산서에 관한 규정은 ?
② 건축 허가 *approbation* 는 어디에 문의 ?

③ 설계도 및 서류는 몇 부나 필요 ?;
양식은 ?, 종이 크기는 ?, 사본 *copies* 은 ?,
청사진 *bleu* 은 ?, 적사진 *rouge*, 즉 세피아 *sepia* 는 ?,
투사지 *toile à calque*, 즉 트레이싱 페이퍼 *tracing paper* 는 ?

④ 정해진 장소의 지질조사 결과는 ?

⑤ 지내력 등급은 ?

⑥ 지하수의 흐름과 깊이의 확인은 ?, 홍수 시 표준 수량은 ?

⑦ 지하 깊이는 ?

⑧ 기초 형태는 ?

⑨ 건축 과정의 모든 상세는 ?;
지하실 포장과 하중의 본질은 ?
벽면 피복 재료는 ?, 보호용 페인트 또는 유약은 ?
지하수 방수는 ?, 1층 바닥은 ?, 지붕은 ?
빗물받이 홈통은 ?, 세면대 배수관은 ?
방수 및 방음 재료는 ?, 방진 및 방열 재료는 ?
계단은 ?, 창은 ?, 문은 ?, 난방은 ?
온수기는 ?, 환기는 ?, 냉방은 ?, 조명은 ?
전화기는 ?, 초인종은 ?, 엘리베이터는 ?
쓰레기 투입구는 ? 등등

2) **건축가**와 **설계도면**

(1) **건축가**의 **일**

이상과 같은 질문서를 모두 검토한 다음에, 건축가는 신속하고 재빠르게 마구 갈겨서 계획 설계도 *esquisse* 를 작성한다. 그 계획 설계도는 닦음질을 통해서 점점 더 명백해지고, 읽을 만해진다. 드러나 계획 설계도의 첫 번째 구상도는 대체로 순식간에 자취를 감춘다. 다시 말해서 그것은 서투른 희생물인 셈이다. 그러나 대부분의 경우 그 계획 설계도가, 작업 중인 여타 프로젝트의 희생물들과 비교하기 위해서 스스로의 밑그림

cartons 으로부터 탈출하는 것이 중요한 것이다. 주어진 가능성에 대해 수없이 시도해 보는 것은 심오한 해법을 찾아내기 위한 필연적 작업이다. 첫 번째 계획 설계도가 단번에, 문제 해결을 위한 유일한 해법을 허용하는 일은 결코 없다. 설계에 관한 신속한 결정은 수많은 연구를 통해서만 내릴 수 있다. 프로젝트의 이미지는 건축가의 영혼 속에서 명료하게 형성된다. 그런 다음에, 첫 번째 기본 설계도 *avant-projet* 창작을 위한 건축가의 고뇌가 시작된다. 맨 먼저 건축물의 구체적인 자료와 그 배경 *arrière-plan*, 즉 형이상학적 고찰 사이의 심오한 관계를 파악하는 것이 중요하다.

전체 배치도 *plan de masse* 작업에 들어가기 전에는, 무엇보다 먼저 최종 주택 부지의 위치를 명확하게 밝혀둘 필요가 있다. 기본 설계도를 완성한 후, 프로젝트를 종료하기 전에 3~14일의 휴식을 권고한다. 이런 휴식기간 동안에 설계상의 오류를 백일하에 드러나게 해주며, 또한 때때로 그런 오류에 대처할 생각을 갖도록 해준다. 무엇보다도 작업 협업 자, 즉 설계업무 동료들 간이나 건축주와의 대화를 통하여 오류를 수정할 수 있도록 해준다. 이런 대화를 통하여 프로젝트 전체에 대한 건축가의 개념이 점점 더 명료하게 밝혀진다. 경험과 경륜이 더해가면서 프로젝트 개념의 명료성은 점점 더 증가한다.

거장의 솜씨를 가진 건축가들은 많은 경우에, 정확한 상세와 수치를 모두 갖춘, 자신의 결정적인 작품을 설계한다. 건축가들이 자신의 작품에 적용하는 수치란, "들어 올린 손 *main levée*"의 치수, 즉 건축가 "르 꼬르뷔지에의 표준치수 *Modulor de Le Corbusier*"를 말한다. 그리해서 정교하고 명확한 작품이 태어난다. 하지만 거기에는 젊음의 약동성과 영감이 결여될 수도 있다. 그때부터, 건축가의 정신에서 나오는 표현은 축척, 즉 설계 요소의 크기를 숫자로 표시한 설계도면으로 구체화된다. 설계도면의 축척은 완전히 정당성이 입증된 필요가 있는 경우를 제외하면, 설계도면에 따라서 다음과 같이 제한된다.

(2) 설계도면 척도

건축 설계도면의 척도는 배척 *倍尺*, 실척 *實尺*, 축척 *縮尺* 등으로 분류된다. 설계도면을 작성할 때는 주로 축척이 쓰이며, 실척과 배척은 상세도를 그릴 때 사용된다. 배척은 실물을 일정한 비율로 확대하여 그릴 때 쓰이는 척도이고, 실척은 실물과 같은 크기로 그릴 때 쓰이는 척도이며, 축척은 실물을 일정한 비율로 축소해서 그릴 때 쓰이는 척도이다. 실척을 현척 *現尺* 이라고도 하며 그 비율은 1:1 이다. 배척의 비율은 2배, 5배, 10배 등이다. 지난날에는 설계도면을 작성할 때, 먼저 트레이싱 페이퍼에 그린 다음, 청사진 또는 세피아 등으로 구워 냈다. 하지만 건축설계 전시용이나 건축설계경기용의 기본계획 도면은 켄트지 *kent 紙* 에 채색 *colour inking* 하여 작성했다. 오늘날의 설계도면 작성은 거의 모두가 캐드 *CAD* 를 활용, 컬러 프린트로 출력한다. 설계도면의 축척은 특별히 규정하는 경우를 제외하면 일반적으로 다음과 같다;

① 주변 현황도 및 전체 배치도
　1/1500, 1/1000, 1/500, 1/200

② 실시 설계도; 평면도 및 입면도
　1/100, 1/50

③ 단면도 및 일반 상세도
　1/20, 1/10, 1/5

(3) 도면 규격

이상에서 서술한 설계도면은 그 크기를 규격화된 설계 용지의 판형 *版型, format* 에 맞추어야 한다. 물론 건축가들은 규격화된 종이의 판형을 정확하게 알고 있어야 한다. 현재 통용되는 설계용지 판형에는 "A" 시리즈와 "B" 시리즈가 있으며 후자는 B_0~B_7, 전자는 A_0~A_7 등으로 세분된다. "A" 시리즈 설계용지의 일반 호칭은 전지 A_0 , 반절지 A_1 , 사절지 A_2 , 팔절지 A_3 ,

십육절지 A_4 등이다. 건축가들이 설계할 때 가장 보편적으로 활용하고 있는 종이 판형은 "A" 시리즈이다. 이 시리즈는 국제 설계도면의 판형으로서의 위세를 떨치고 있다. 모든 설계 용지 판형의 기본비는 가로 : 세로의 비가 $\sqrt{2}$: 1 이다. "A" 시리즈 전지 *全紙*, A_0 한 장의 크기는 1189×841mm, A_7 은 105×74mm 이고, "B" 시리즈 전지 B_0 는 1456×1030mm, B_7 은 128×91mm 이다. 모든 설계용지는 한 장의 전지를 연속적으로 양분 *兩分* 하여 미분된 판형으로 만들어 진다. 다시 말하면 한 장의 같은 전지에서 파생되어 미분된 설계용지 판형은 그림 17 에서 보는 바와 같다. 면적이 $1m^2$ 를 넘는 설계도면은 다루기가 힘든 사실을 고려할 때. 설계용지는 2개의 최대 판형, 즉 1189×841mm 크기의 가로형과 891×1260mm 크기의 세로형으로 한정 할 것을 권고한다. 그렇지만 트레이싱 페이퍼 판형의 경우, 필요에 따라서, 특히 출력할 때 가장자리 *bordure extérieur*, 즉 테두리를 포함할 경우 좀 더 커질 수도 있다.

3. 현장 시공 계획

건설 사업자는 설계 도면에 따라서 공사를 개시, 즉 착공한다. 공사 시행 전에, 공사 계약 금액, 즉 공사 예산의 한도 내에서 공사를 끝낼 수 있도록 시공 계획을 짜야한다. 공사 예산에는 공사 원가, 일반 관리비, 이윤, 부가가치세 등이 포함된다. 여기서 공사 원가는 자재비, 노무비, 건설 기계비, 경비 등이다. 현장 시공 계획은 수많은 변수에 따라서 달라질 수 있다. 시공 계획에 영향을 끼칠 수 있는 주요 변수는 다음과 같다.

1) 공사 품질

시공 계획의 핵심 요소인 공사 예산과 품질에 많은 영향을 끼칠 수 있는 주요 변수는 자재 품질, 숙련 노동자 그리고 생산성이다. 마찬가지로 공사 현장 지역의 공사 시방서 *spécifications de construction* 역시 시공 계획에 영향을 주기 쉽다.

그림 17 : "A" 시리즈 설계용지 판형 및 치수

판형 및 치수(가로×세로);

A0 : 1189×841mm

A1 : 841×594mm   A2 : 594×420mm

A3 : 420×297mm   A4 : 297×210mm

A5 : 210×148mm   A6 : 148×105mm

A7 : 105×74mm

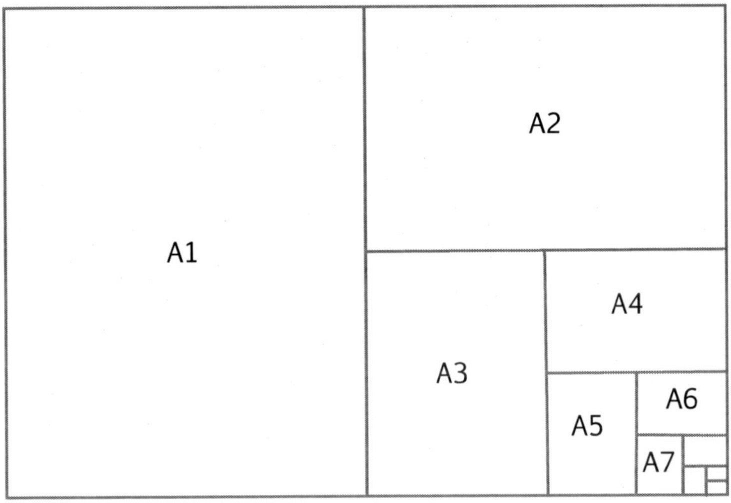

2) **연장 근로 시간**

건축공사 현장에서 아주 중요한 경우가 아니라면 연장 근로는 고려하지 않는 것이 더 좋다. 만일 불가피하게 표준 근로 시간 이상의 근로 수당 지급, 즉 임금 할증 비용 *premium cost* 이 예상된다면, 노무비 예산에 맞춰서 조정해야하는 것을 깜박 잊지 않도록 해야 한다.

프로젝트 준공 예정일을 앞당기는 방법은, 작업 공정표 상에서 공기 단축 효과가 없는 공종을 제거 하거나, 노동자 작업 활동 기간을 감축하는 것이다. 이런 방식은 아마도 노동자 작업팀의 크기를 키우거나, 원래 작업팀의 근로시간을 늘려야 완수 될 수 있는 방식일 것이다. 노동자 작업 활동 기간 감축을 위한, 연장 근로 시간 비용을 결정하기 위해서는 미국의 사례를 참조하는 것이 유리하다.

미국에서 건설 노동자들이 최적 생산성을 유지할 수 있는, 주당 노동 시간은 평균 40시간인 것으로 조사되었다. 건설현장에서 처음 연장 근로에 들어갈 때는, 첫 주 동안의 생산성은 표준 근로 생산성보다 약간 높게 나타난다. 연장 근로 동기가 부여되어 정신적으로 긴장됨과 동시에 아직은 노동자들의 체력이 여유가 있기 때문이다, 그러나 그 이후로는 지속되는 연장 근로의 피로감으로, 생산성이 계속 떨어져 약 8주 후에는 주당 50~60시간 동안의 노동 생산량은 주당 40시간의 표준 노동 생산량 수준까지 떨어진다. 따라서 지속적으로 연장 근로를 실시하는 경우에는 생산성 하락과 임금 할증 비용을 검토해야한다.

표 39 는, 연장 근로 효율 및 일주일당 5일, 6일 및 7일의 근로 일수에, 하루에 8시간에서 12시간까지 작업하는 경우를 기준으로 한, 임금 할증률을 나타내는 표이다. 일반적으로 연장 근로 임금은 표준 근로의 그것보다 150~200% 할증된다. 150%의 할증률을 적용할 때와 200%의 할증률을 적용 할 때의 차이도 고려해야만 한다. 임금 할증률 란의 백분율은 근로 일수 및 근로 시간의 증가에 비례해서 상승한다.

3) 생산성

노동자의 생산성 *productivité* 과 작업량 *rendement* 은, 작업에 적합한 기후에, 해가 떠 있는 동안의 하루 8시간 작업을 기본으로 산정된 것이다. 그리고 또한, 표준 근로 시간을 초과한 연장 작업의 생산성과 불리한 기후 조건에서 시행된 작업의 그것은 감소될 수도 있음을 시공 계획에 반영해야 한다.

표 39 : 연장 근로 효율 및 임금 할증률 미국

근로일수 /주	근로시간 /일	연장근로 효율/주 (%)				임금 할증률 (%)	
		첫째 주	둘째 주	셋째 주	넷째 주	@1.5	@2.0
5	8	100	100	100	100	100.0	100.0
	9	100	100	95	90	105.6	111.1
	10	100	95	90	85	110.0	120.0
	11	95	90	75	65	113.6	127.3
	12	90	85	70	60	116.7	133.3
6	8	100	100	95	90	108.3	116.7
	9	100	95	90	85	113.0	125.9
	10	95	90	85	80	116.7	133.3
	11	95	85	70	65	119.7	139.4
	12	90	80	65	60	122.2	133,4
7	8	100	95	85	75	114.3	128.6
	9	95	90	80	70	118.3	136.5
	10	90	85	75	65	121.4	142.9
	11	85	80	65	60	124.0	148.1
	12	85	75	60	55	126.2	152.4

출처: "*Means Building Construction Cost Date, 1994* ", R.S. Means Co., Inc., Kingston MA., 1993

4) 프로젝트 규모

프로젝트의 크기, 넓은 공사 범위 *travaux étendus* 그리고 프로젝트 타입 등은 공사 원가에 상당한 영향을 미친다. 대형 프로젝트의 공사 원가는 규모의 경제 *économie de taille* 를 통해서 줄일 수 있다. 소규모 프로젝트의 공사 단가 *coût unitaire* 가 더 높은 것은 빈번한 일이다. 그러므로 규모가 큰 프로젝트의 공사 원가나 복잡한 타입 프로젝트의 공사 원가는 효율적으로 조절되어야한다. 이 또한 시공 계획에 반영해야할 변수이다.

5) 공사현장 위치

도시의 복잡한 지역에서는, 교통 혼잡 및 공사현장 내의 야적장 제약 등으로 공사 원가가 상승할 수 있다. 반면에 대도시로

부터 멀리 떨어진 교외의 공사 현장에서는, 화물트럭의 운임이 증가하여 자재 가격이 좀 오를 수 있다. 그렇지만 노동자들의 임금이 싸고, 자재 야적장의 토지 임대료가 저렴하여 공사 원가 절약 효과를 누릴 수 있다.

6) 추가 공사

별도 공사 또는 공사 범위에서 빠진 공사 등과 같이 공사비가 추가되는 추가공사는 지불명령 *commandement* 변경을 통해서 공사를 수행할 수 있다. 미국에서 1993년도에, 추가공사에 대한 특별 임금은, 노동자 직종 및 도시에 따라서, 정식 임금의 148.2%~198,7% 이다.

7) 시공 계획의 기타 변수

이상에서 서술한 현장 시공 계획에 영향을 끼칠 수 있는 변수 이외에 관심을 가지고 고려해야할 변수는 다음과 같다;

① 계절 요인
② 건설 사업자의 관리 능력
③ 기상 조건
④ 지역 노동조합의 제한 사항
⑤ 요구되는 건축 법규
⑥ 여분 에너지, 특수 노동자 및 건축 자재 등의 처분권
⑦ 건축주의 특별 요구 또는 제한
⑧ 안전관리 요구
⑨ 환경관련 고려 사항

8) 예측 불가 변수

건축 공사 현장에서는, 공사 관련 모든 일 *affaires* 은 모든 내역 *articles* 의 가격에 영향을 준다. 예측이 어려운 공사 자재의 대체나 공법 변경은 빈번하게 발생한다. 아마도 이런 변수들은

추정하기가 매우 어려울 것이고, 특히 어떤 나라의 특수 공사의 경우엔 당연히 예측 불가이다. 이런 변수들이 작동되면 공사비에 상당한 변화가 생긴다. 그러나 피할 방법이 없는 공사비 증감이 발생하면 법적 조치를 취할 수밖에 없다. 그 대상은 주로 건설사업자의 직접비이다. 한편 설계 변경이 있는 경우 건축가의 보수도 그 대상이 된다.

건설 사업자의 실질적 예산은 이익, 직접비 및 간접비 등으로 구성된다. 그리고 건축주의 그것은 거기에 건축가 보수, 땅값 등이 추가된다. 건설 사업자의 직접비, 즉 공사원가는 자재비, 노무비, 건설 기계비, 경비 등이다. 간접비 역시 공사비 증감에 영향을 끼칠 수 있다. 1994년 미국, 건설사업자 자료에 의하면 간접비는 노무비의 59.7% 이고, 노무비와 자재비 합계의 32.2% 이다. 변수가 많은 간접비 항목은 다음과 같다;

① 현장 공사 감독비
② 본사 및 현장 사무소 관리비
③ 경량 공구 및 설비
④ 노동자의 손해 배상과 사용자의 민사 *民事* 책임
⑤ 가설 창고
⑥ 이행 및 지불 보증금
⑦ 매각 및 실업수당 세금
⑧ 사회보장 및 의료 보험
⑨ 기타 각종 보험

9) 공정표

공정표는 현장 시공 계획의 성패를 좌우할 수 있는 중요한 변수이다. 공정표는 공정관리 기간에 따라서는 단기공정표와 장기공정표로 분류하고, 공정 표시 방법에 따라서는 막대그라프 공정표 *Bar Graph Schedules*, 망상 공정표 *Network Schedules*, 열기 공정표 *Written Schedules 또는 Text Listing* 등으로 분류한다. 망상 공정표에는 CPM *Critical pass Method* 공정표, PND *Precedence Network Diagram* 또는 PS *Precedence Schedue* 그리고 PERT *Program Evaluation and Review Technique* 방식 공정표가 있다. 한편 같은 형태의 작업이 연속적으로 반복되는 공사의 경우에는 LSM 차트 *Linear Scheduling Method Chart* 또는 LOB 차트 *Line of Balance Chart* 를 사용한다. 또한 공사시기에 따른 공정표에는 연별, 분기별, 월별, 주간별 공정표 등이 있고, 공사 범위에 따른 공정표에는 공종별, 공사 구간별 공정표가 있다.

오늘날 건축공사 현장에서 흔히 사용하는 공정표는 막대그라프 공정표와 CPM 공정표이다. 공정표 작성에는 건설 사업자의 직접비 분석 자료가 필요하다. 그것은 공사량 *quantité d ' ouvrages* 과 단위 작업팀에 대한 분석 자료이다. 그 자료를 활용하여, 자재, 노동자, 중량 건설기계의 동원 계획을 세우고, 그들을 종합하여 공정표 *schéma de progression des travaux* 를 작성할 수 있다. 참고로 표 40, 41, 그리고 42 와 같은 공종별 공사량 및 자재 리스트, 그리고 직종별 노동자 리스트 양식 견본 *modèles de formules* 을 소개한다.

10) 작업 및 작업 팀 분석

공사 현장에서 노동자들이 하루에 할 수 있는 일의 량, 즉 일일 공사량은 공사 조건, 노동자의 개인 능력, 즉 노동자의 숙련도, 그리고 현장 소장의 관리 능력 및 공사 감독의 숙련된 솜씨 등에 따라서 조금씩 변한다. 다시 말해서 노동자들의 생산성에 영향을 끼치는 이런 중요한 변수들을 나라마다 차이가 난다. 그럼에도 불구하고 한국과 미국의 건축 공사 품셈표를 종합, 분석한 자료를 저개발 국가의 토속주택 생산 프로그램에 활용하고자한다. 저개발 국가에는 정확한 통계자료가 부족하기 때문이다. 한국의 품셈표는 단위 공사량을 기준으로 한 자료이고 미국의 그것은 작업팀의 일일 공사량을 기준으로 한 것이다. 미국의 공사 자료는, 1993년 7월1일 현재 30개 주요 대도시 건축 공사 현장의 평균값이다. 이들 값은, 작업에 적합한 기후에, 해가 떠 있는 동안의 하루 8시간 작업의 공사량을 기본으로 한 것이다. 저개발 국가에서 토속주택 생산 프로그램에 참고할 수 있는 공사 자료, 즉 건축공사 현장의 공종 및 공사량 사례는 표 43, 그리고 작업팀 *équipes d' ouvrages* 의 일일 공사량 *rendements journaliers* 과 그 직종 사례는 표 44 와 같다.

표 40 : 공사량 리스트

코드	공사 종류	단위	공사량	비고
q-001-001	굴착 공사; 기초 터파기, 동결선 이하	m^3	xxx	
---	---	--	---	
q-002-001	거푸집 공사; 철근콘크리 기초	m^2	xxx	
---	---	--	---	
q-003-001	외벽 공사; 콘크리트 블록	m^2	xxx	
---	--	--	---	

표 41 : 자재 리스트

코드	자재 명세	단위	공정에 따른 자재 공급량				
			계	*1-단계	2-단계	3-단계	---
m-001	통-벽돌; 상용 모델, 카테고리 A, 두께 40mm, 폭 105mm, 길이 220mm	장	xxx	xx	xx	xx	--
---	---	--	--	--	--	--	--

*1-단계: 공정 1-단계

표 42 : 노동자 리스트

코드	직종	단위	공정에 따른 인력 동원				
			계	*1-단계	2 -단계	3 -단계	---
o-001	보통인부	*p-h	xxx	xx	xx	xx	--
o-002	목공	p-h	xxx	xx	xx	xx	--
o-003	조적공	p-h	xxx	xx	xx	xx	--
--	--	--	--	--	--	--	--

*p-h: 인-시, 즉 시간당 노동자 수
*1-단계: 공정 1-단계

표 43 : 공종 및 공사량

공사-코드: 01

공사-코드	공사 종류	공사량	단위	팀-코드
01-00	**지표면 정지 공사**			
	대지 정비; 장애물 제거 및 흉고 직경 150mm의 수목 뿌리 뽑기			
01-01	-나무 베기 및 지저-깨비 처리	xx	m^2	S-1
01-02	-나무 그루터기 뽑기 및 운반	xx	m^2	S-2
01-03	- 덤불숲 베기 및 처리, 나무 베기용 수동 톱 사용	xx	m^2	S-3
	택지 정비;			
01-04	-지표면 배수용 긴 구덩이 파기, 폭 600mm, 깊이 900mm, 굴착기 사용	xx	m^3	S-4

공사-코드: 02

공사-코드	공사 종류	공사량	단위	팀-코드
02-00	**기초 공사**			
	기초 터파기, 깊이 1200mm, 인력 파기;			
02-01	-비점성 토질	xx	m^3	F-1
02-02	-점성 토질	xx	m^3	F-2
	콘크리트 치기 및 진동 작업;			
02-03	-철근 콘크리트 기초	xx	m^3	F-3
02-04	-1층 철근콘크리트 바닥판, 두께 120mm	xx	m^3	F-4

공사-코드: 03

공사-코드	공사 종류	공사량	단위	팀-코드
03-00	**골조 공사**			
	목재 골조;			
03-01	-작은 들보, 50mm×150mm	xx	cm^3	O-1
03-02	-기둥, 100mm×100mm	xx	cm^3	O-2
03-03	-경사 지붕+ 마룻대, 50mm×150mm	xx	cm^3	O-3

공사-코드: 04

공사-코드	공사 종류	공사량	단위	팀-코드
04-00	**외벽 공사**			
	외벽 마감;			
04-01	-목재 판재, 25mm×15mm	xx	m^2	M-1
04-02	-합판, 두께 16mm	xx	m^2	M-2

공사-코드: 05

공사-코드	공사 종류	공사량	단위	팀-코드
05-00	**지붕 공사**			
05-01	갈대 또는 볏짚 지붕; -볏짚 올리기, 목재 골조 지붕 위 ---	xx	m^2	T-1

공사-코드: 06

공사-코드	공사 종류	공사량	단위	팀-코드
06-00	**경량 칸막이 공사**			
	목재 골조 위에 목재 판재 칸막이;			
06-01	-나무 섬유 판재, 두께 16mm	xx	m^2	C-1
	벽 및 천장 페인트, 2회 칠;			
06-02	-롤러 칠	xx	m^2	C-2
06-03	-붓 칠	xx	m^2	C-3

공사-코드: 07

공사-코드	공사 종류	공사량	단위	팀-코드
07-00	**주방 공사**			
07-01	-주방 찬장, 주방 조리 테이블 밑, 폭 60cm ---	xx	m	G-1

공사-코드: 08

공사-코드	공사 종류	공사량	단위	팀-코드
08-00	**욕실 및 W.-C. 공사**			
	욕실 기구 및 액세서리 설치;			
08-01	-욕조, 중가, 1220×1220×400mm	xx	개	B-1
08-02	-세면기, 벽 부착식, 핑거볼 형, 500×400mm	xx	개	B-2
08-03	-W.-C. 터키식, 바닥 부착형, 570×600×335mm	xx	개	B-3
08-04	-급수관, 플라스틱, 직경 25mm ---	xx	m	B-4

공사-코드: 09

공사-코드	공사 종류	공사량	단위	팀-코드
09-00	**조명 공사**			
	전기 기구 및 액세서리 설치;			
09-01	-전선관, 플라스틱, 직경 25mm	xx	m	E-1
09-02	-형광등, 천장 설치, 40watt, 쌍관 300×1200mm	xx	개	E-2
09-03	-백열전구, 표준형 75watt	xx	개	E-3

표 44: 작업팀의 일일 공사량

팀-코드: S

팀-코드	공사량/일	작업팀	
		직종 및 건설기계	작업시간
S-1	$2800m^2$	1-작업 팀장 4-보통 인부 1-중기 운전기사 1-나무 절단기계 1-로더, $1.8m^3$ 2-통나무 절단 톱	8 32 8 - - -
S-2	$4000m^2$	1-중기 운전기사 2-트럭 운전기사 1-굴착기, $1m^3$ 2-화물 트럭, 16t	8 16 - -
S-3	$1000m^2$	1-보통 인부 1-수동 톱	8 -
S-4	$98m^2$	1-중기 운전기사 1-보통 인부 1-굴착기, $1m^3$	8 8 -

팀-코드: F

팀-코드	공사량/일	작업팀	
		직종 및 건설기계	작업시간
F-1	$5.26m^3$	1-보통 인부 1-공구	8 -
F-2	$2.63m^3$	1-보통 인부 1-공구	8 -
F-3	$6.90m^3$	1-작업 팀장 4-콘크리트공 1-콘크리트 미장공 2-진동판 다짐기계	8 32 8 -
F-4	$4.80m^3$	1-작업 팀장 4-콘크리트공 2-콘크리트 미장공 1-진동기 운전기사 2-콘크리트 피니셔	8 32 16 - -

팀-코드: M

<table>
<tr><th rowspan="2">팀-코드</th><th rowspan="2">공사량/일</th><th colspan="2">작업팀</th></tr>
<tr><th>직종 및 건설기계</th><th>작업시간</th></tr>
<tr><td>M-1</td><td>32m²</td><td>1-건축목공
1-조력공
1-공구</td><td>8
8
-</td></tr>
<tr><td>M-2</td><td>52m²</td><td>1-건축목공
1-조력공
1-공구</td><td>8
8
-</td></tr>
</table>

팀-코드: T

<table>
<tr><th rowspan="2">팀-코드</th><th rowspan="2">공사량/일</th><th colspan="2">작업팀</th></tr>
<tr><th>직종 및 건설기계</th><th>작업시간</th></tr>
<tr><td>T-1</td><td>117m²</td><td>1-작업 팀장
2-루핑공
2-조력공
1-공구</td><td>8
16
16
-</td></tr>
</table>

팀-코드: C

<table>
<tr><th rowspan="2">팀-코드</th><th rowspan="2">공사량/일</th><th colspan="2">작업팀</th></tr>
<tr><th>직종 및 건설기계</th><th>작업시간</th></tr>
<tr><td>C-1</td><td>47m²</td><td>1-건축목공
1-조력공
1-공구</td><td>8
8
-</td></tr>
<tr><td>C-2</td><td>108m²</td><td>1-도장공
1-조력공
1-공구</td><td>8
8
-</td></tr>
<tr><td>C-3</td><td>62m²</td><td>1-도장공
1-조력공
1-공구</td><td>8
8
-</td></tr>
</table>

팀-코드: G

팀-코드	공사량/일	작업팀	
		직종 및 건설기계	작업시간
G-1	7.52m	1-건축목공 1-조력공 1-공구	8 8 -

팀-코드: B

팀-코드	공사량/일	작업팀	
		직종 및 건설기계	작업시간
B-1	2 개	1-배관공 1-조력공 1-공구	8 8 -
B-2	4 개	1-배관공 1-조력공 1-공구	8 8 -
B-3	4 개	1-배관공 1-조력공 1-공구	8 8 -
B-4	33m	1-배관공 1-조력공 1-공구	8 8 -

팀-코드: E

팀-코드	공사량/일	작업팀	
		직종 및 건설기계	작업시간
E-1	83m	1-내선전공 1-조력공 1-공구	8 8 -
E-2	16 개	1-내선전공 1-조력공 1-공구	8 8 -
E-3	32 개	1-내선전공 1-조력공 1-공구	8 8 -

경험적 지식을 바탕으로 작성한 통계자료의 분석 및 종합을 통하여, 토속주택의 건축 모듈, 최소 주거 면적, 주택 크기 및 인기 있는 주택 타입에 따른 주택 수요 등을 결정할 수 있다.

토속주택의 기본 모듈은 K=10×16, 즉 1:1.6 이며, 이 모듈은 황금 수 *nombre d'Or* 와 국제 표준화 기구 *ISO* 규범의 기본 급수 *séries des nombres normaux* 를 바탕으로 했다.

주택의 크기에 따른 배분은 여성의 생애주기 *cycle de vie pour la femme* 에 따라 결정되었다. 토속주택의 최소 주거 면적과 인기 있는 주택 타입은 사회 공영주택 *logements sociaux* 에 관한 기존의 통계와 여론조사 자료를 바탕으로 추론되었다.

토속주택을 저렴한 가격으로 생산하기 위해서는, 비용이 거의 안 드는 자원의 개발과 효율적인 생산관리 자료가 필요하다.

맺음말

토속주택 생산 프로그램에 대한 몇몇 기준 *quelques critères* 은 이 책의 제1부와 제2부 결론에 발췌되었다. 저개발국가의 도시 극빈자들을 위한 주택 분야에, 공권력의 부분적 개입은 회피할 방법이 없다. 주택 크기에 의한 배분은 표 12 에 소개되었다. 토속주택의 기본 모듈은 K=10cm×16cm, 즉 1:1.6 이다. 여성의 생애주기에 따른 주택 타입은 표 11 에 표시되었다.

미국에서의 조사 *enquête* 에 의하면, 모든 연령층에서 인기가 있는 주택 형태는 안뜰 *patio* 이 있는 개별 단독주택, 2~3 세대용 테라스 주택, 그리고 안뜰이 있는 집합 주택, 즉 아파트이다. 타입 별 주택의 크기는, 이 책 제2부, 1장, 2절에 서술된 기본 모듈과 주거 단위를 바탕으로 결정되었다. 주택 배치, 진입 도로, 보도, 주차장, 그리고 주거 밀도에 관해서는 이 책 제2부, 1장, 3절을 참조할 수 있다. 저렴하게 주택을 생산하기 위해서는, 비버 운동 *mouvement des castors*, 즉 건설업자의 손을 빌지 않고 공동으로 집을 짓는 주택 공동 건축운동의 일환으로, 토착 건축 재료, 토착 주민의 상부상조 노동력 , 그리고 수공업적 전통 건축 기술을 활용하면 된다. 이상과 같은 결론을 바탕으로 시행한 모의실험 *simulation* 을 통해서, 베트남 칸-토 *Can-Tho* 시 교외의 주민들을 위한 토속주택 생산 계획을 실현 할 수 있었다. 2000 년 당시 그 지역의 인구 밀도는 km^2 당 757명 이었다. 실현 프로젝트의 요약은 다음과 같다;

1. 프로젝트 단지 면적
   주거지역 내 5.5에이커 *acres*, 약 $22{,}259m^2$

2. 주민 수
   남성 364명, 여성 393명
   계 757명

3. 주택 배분

타입 T0: 43채, 타입 T1: 70채

타입 T2: 70채, 타입 T3: 66채

계 249채

4. 주택 면적

타입 T0: 1000K(16m²)×43=688m²

타입 T1: 1875K(30m²)×70=2100m²

타입 T2: 2875K(46m²)×70=3220m²

타입 T3: 3750K(60m²)×66=3960m²

계 9968m²

5. 침실 수

타입 T0: 1×43=43개, 타입 T1: 1×70=70개

타입 T2: 2×70=140개, 타입 T3: 3×66=198개

계 451개

6. 주택 밀도

45채/에이커 acre(4047m²)

7. 주거 밀도

757명/5.5에이커, 즉 138명/에이커

8. 침실 밀도

451개/5.5에이커, 즉 82개/에이커

9. 거주 지수

757명/249채, 즉 3.04명/주택

10. 주민 수/침실

757명/451개, 즉 1.68명/침실

11. 주거 면적/주민
9968m²/757명, 즉 13.17m²/주민

12. 주택 타입 경제적 등급 classe économoque
-2~3 세대용, 2층-테라스 주택
-안뜰이 있는 3층-집합 주택, 즉 아파트

13. 주택 재료
-철근콘크리트: 기초 및 골조,
-대나무 및 점토: 외벽, 가변 칸막이 내벽 및 지붕

14. 지하 주차장
-주차 대수: 1개/주택
-총 274개 주차 대수 중 10%; 방문객, 노령주민, 장애우

사진 103 : 파수꾼 초소, 페루 꾸스꼬

마추삑추 유적의 파수꾼 초소, 잉카 시대 토착주택, 급경사 지붕,
위쪽 사진; 초소 정면 및 측면, 아래쪽 사진; 초소에서 내려다본 유적 전경,
유적 전체 감시 가능.

사진 목록
Liste des photographies

표 목록
Liste des tableaux

그림 목록
Liste des figures

참고문헌
Bibliographie

ALPHANDERY, Claude, *Pour une politique du logement*, Seuil, Paris, 1965

ASCHER, François et al., *Habitat et Villes: L´avenir en jeu*, L´Harmattan, Paris, 1992

BARDET, Gaston, *L´urbanisme*, PUF, Paris, 1988

BERNARD, Yvonne, *La France au logis*, Mardaga, 1992

BERTRAND, Maurice, *L´ONU*, La Découverte, Paris, 1994

BONVALET, Catherine et al., *Le logement, une affaire de famille*, L´Harmattan, Paris, 1993

BOUBLI, Bernard, *Le logement*, PUF, Paris, 1985

BRETAUDEAU, Henri, *La Banque mondiale*, PUF, Paris, 1986

CAZES, Georges, *L´aménagement touristique*, PUF, Paris, 1990

CHALINE, Claude, *Les villes nouvelles dans le monde*, PUF, Paris, 1985

CHARRE, Alain, *Art et Urbanisme*, PUF, Paris, 1983

CLAVAL, Paul, *La nouvelle géographie*, PUF, Paris, 1982

COUZY, Alain et al., *La topographie*, PUF, Paris, 1990

DULONG, Renard, *La réputation des cité HLM*, L´Harmattan, Paris, 1992

DUMONT, Marie-Jeanne, *Le logement social à Paris, 1859~1930*, Mardaga, Liège, 1991

GEINDRE, Françoi, *Le logement, une priorité pour le XIe plan, Rapport au Premier ministre*, La Documentation Française, Paris, 1993

GHEKIERE, Laurent, *Douze 92: pour quel logement social ?*, Rapport au congés des directeurs de SA d´HLM, Bruxelles, 1990

GHEKIERE, Laurent, *Les politiques du logement dans l´Europe de demain*, La Documentation Française, Paris, 1992

GHEKIERE, Laurent, *Marché et politiques du logement dans la CEE*, La Documentation Française, Paris, 1971

GHERTMAN, Michel, *Le management stratégique de l´entreprise*, PUF, Paris, 1989

GRIMAL, Pierre, *Les villes romaines*, PUF, Paris, 1990

GUIGNAND, André et al., *Villages vacances familles*, PUF, Paris, 1989

HAROUEL, Jean-Louis, *Histoire de l´urbanisme*, PUF, Paris 1985

HAVEL, Jean-Eugène, *Habitat et logement*, PUF, Paris, 1985

HOUDEVILLE, L. et al., *Pour une civilisation de l´habitat*, Economie et Humanisme, Paris, 1969

KALEF, Elsbeth, *Pauvre et mal logé, les enjeux sociaux de l´habitat*, L´Harmattan, Paris, 1990

KALOPISSIS, Theodore, *Le livre des maisons du monde*, Gallimard, 1992

LABETOULLE, Daniel, *Le permis de construire*, PUF, Paris, 1982

LACOSTE, Yves, *Les pays sous-développés*, PUF, Paris, 1989

LEFEBVRE, Bruno et al., *Politique du logement, 50 ans pour un échec*, L´Harmattan, Paris, 1991

MERLIN, Pierre, *La famille éclate, le logement s´adapte,* Syros-Alternatives, Paris, 1990

MESMIN, Georges, *Urbanisme et logement*, PUF, Paris, 1992

MIQUEL, Pierre, *La troisième république*, Fayard, France, 1989

MONNIER, Gérard, *Histoire de l´architecture*, PUF Paris, 1994

MONOD, Jérôme et al., *L´aménagement du territoire*, PUF, Paris, 1991

NEUFERT, Ernst, *Les éléments des projets de construction, 6e édition*, Dunod. Paris, 1983

PEYTHIEU, Jean, *Le financement de la construction de logements*, Sirey, Paris, 1991

SAINT-ALARY, Roger, *Le droit de la construction*, PUF, Paris, 1981

SALIGNON, Bernard, *Qu´est-ce qu´habiter ?*, Z´éditions, Nice, 1990

THIETART, Raymond-Alain, *Le management*, PUF, Paris, 1989

TRIBILLON, Jean-François, *Vocabulaire critique du droit de l´urbanisme*, La Villette, Paris, 1985

VENTURA, Piero, *La maison*, Gründ, Paris, 1993

WODON, Quentin, *Logement, le droit des exclus*, Les Editions Ouvrières, Paris, 1992

YONG, Karbseeg et al., *Institut africain d´architecture, d´urbanisme et d´aménagement à Dakar, Sénégal*, Dissertation de IIIe cycle, CHD, Ecole d´Architecture de Marseille-Luminy, Marseille, 1991

Atlas Mondial, Larousse, Paris, 1988

Il était une fois la France, vingt siècles d´histoire, Sélection du Readeŕs Digest, Paris, 1989

La grande ville: enjeu du XXIe siècle, Mélanges en hommage à Jean BASTIE, PUF, 1991

Provence-Côte d´Azur-Corse, Larousse-Sélecttion du Readeŕs Digest, Paris, 1986

BALL, Michael et al., *Housing and social change in Europe and the USA*, Routledge, London, 1990

HALLETT, Graham, *The new housing shortage*, Routledge, London, 1993

HAMDI, Nabeel, *Housing without house*, Van Nostrand Reinhold, London, 1991

HEIMSATH, Clovis, *Behavioral Architecture*, McGraw-Hill, New York, 1977

JEANNERET, Charles Edouard, *The Modulor*, the MIT press, Cambridge Massachusettes, 1971

LORETO, Richard A. et al., *Urban policy issues: canadian perspectives*, McClelland & Stewart, Toronto, 1990

LYNCH, Kevin, *Site planning*, the MIT press, Cambridge, Ma., 1972

MALPASS, Peter et al., *Implementing housing policy*, Open university press, Buckingham, 1993

MALPASS, Peter, *Reshaping housing policy*, Routledge, London, 1990

MARC, Olivier, *Psychology of the house*, Thames and Hudson, London, 1977

SPRAGUE, Joan Forrester, *More than housing*, Butterworth Architecture, London, 1991

THIEBAUT, Philippe, *Gaudí, builder of visions*, Thames & Hudson, London, 2002

WOLMAN, Harold et al., *Urban politics and policy*, Blackwell, Oxford, 1992

Means Building Construction Cost Data 1994, R.S. Means, Kingston Ma., 1993

Means Square Foot Cost 1994, R.S. Means, Kingston Ma., 1993

The United Nations, Global Outlook 2000, UN Publication, New York, 1993

Time-Saver Standards, a handbook of architectural design, McGraw-Hill, New York, 1966

UNDP, *Human Development Report*, Oxford, 1994

UNESCO, RILEM, CIB, *Building Materials for low-income housing*, E. & F.N. Spon, London, 1987

HA, Sungkyu, *Housing policy and practice*, Bacyoungsa, Séoul, 1992

LEE, Kyunghoe, *Architectural environmental science*, Mounoundang, Séoul, 1986

LIM, Kilchine et al., *Politique de logement en Chine socialiste*, Naname, Séoul, 1991

PARK, Byungjeun, *Habitation*, Kimoundan, Séoul, 1986

TCHOE, Tchanjo, *Pensée de Foun-Shou de Corée*, Mineumesa, Séoul, 1986

YONG, Karbseeg, *Building Construction plus Building Material*, Spacearts, Séoul, 2014

YONG, Karbseeg, *Building Construction plus Landscape garding*, Spacearts, Séoul, 2014

YONG, Karbseeg, *Building Construction plus Temporary Works*, Spacearts, Séoul, 2014

YONG, Karbseeg, *L´aménagement de la maison couverte de sol sur le terrain en pente*, Mémoire de maîtrise, univ. de Yonsei, Séoul, 1987

Bureau des statistiques nationales de Chine, *Annuaire des statistiques, 1989*

Bureau des statistiques de Corée, *L´indice principal de l´économie et la société de Viêt-Nam*, Séoul, 1996

Bureau des statistiques de Corée, *Recensement d´habitants, 1995*

Bureau des statistiques de Japon, Management and coordination agency, *Housing survey of Japan, 1983*

Ministère de la construction de Japon, *Situation de construction territoriale, 1989*

Ministry of Trade & Industry, *Economic Survey of Singapor, 1985*

Statischsches Bundes Amt, *Gebäude und Wohnungs Zählung, 25 October 1968 and 25 May 1987; 1% Wohnungs stich probe 1978*

The Greater London Council, *Housing Layout*, The Architectural Press, London, 1978

The Report of the Girdwood Comittee, 1948 & 1952

찾아보기
Index

한글

ㄱ

ㄴ

ㄷ

ㄹ

ㅁ

ㅂ

ㅅ

ㅇ

ㅈ

ㅊ

ㅋ

ㅌ

ㅍ

ㅎ

외국어

A

B

C

D

E

F

G

H

I

J

K

L

M

N

O

P

Q

R

S

T

U

V

W

X

Y

Z